全国高等职业学校电类专业教材

数字电子技术

（第三版）

周大勇　主　编

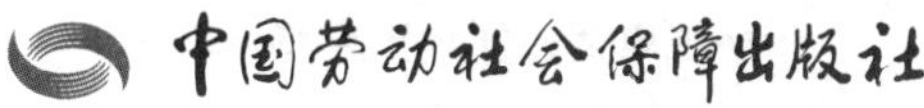

简　介

本书是全国高等职业学校电类专业教材，主要内容包括认识数字电路、组装与测试组合逻辑电路、触发器的应用、组装与测试时序逻辑电路、组装与测试555时基电路和石英晶体多谐振荡器电路、半导体存储器和可编程逻辑器件的应用、数模与模数转换器的应用、制作接口电路等。

本书由周大勇任主编，林捷、廖开喜任副主编，牛为民、孟小幸、张文涛、陈子耕、徐嘉志参加编写；李兆学、肖俊审稿。

图书在版编目（CIP）数据

数字电子技术/周大勇主编. -- 3版. -- 北京：中国劳动社会保障出版社，2023
全国高等职业学校电类专业教材
ISBN 978-7-5167-5583-9

Ⅰ.①数…　Ⅱ.①周…　Ⅲ.①数字电路-电子技术-高等职业教育-教材　Ⅳ.①TN79

中国国家版本馆CIP数据核字（2023）第107530号

中国劳动社会保障出版社出版发行
（北京市惠新东街1号　邮政编码：100029）
*
北京市白帆印务有限公司印刷装订　新华书店经销
787毫米×1092毫米　16开本　17印张　373千字
2023年8月第3版　2025年11月第4次印刷
定价：45.00元

营销中心电话：400-606-6496
出版社网址：http://www.class.com.cn
http://jg.class.com.cn

前言

为了更好地适应全国高等职业学校电类专业教学要求，全面提升教学质量，人力资源社会保障部教材办公室组织有关学校的一线教师和行业、企业专家，充分调研企业生产和学校教学情况，广泛听取各职业技术院校对教材使用情况的反馈意见，对全国高等职业学校电类专业基础课教材和电气自动化技术专业教材进行了修订，并做了适当的补充开发。

本次教材修订（新编）工作的重点主要体现在以下几个方面。

更新教材内容

以《电工（2018 年版）》等国家职业技能标准为依据，根据电类专业毕业生所从事职业的实际需要和教学实际情况的变化，合理确定学生应具备的能力与知识结构，适当调整部分教材的内容及其深度、难度；根据相关工种及专业领域的最新发展，在教材中充实“四新”内容，更新设备型号和软件版本；根据最新的国家标准、行业标准编写教材，保证教材的科学性和规范性。

创新教材形式

在专业课教材中融入工学一体化课改理念，以代表性工作任务为载体，按照工作过程设计和安排教学活动，实现理论与实践的统一，使学生在贴近生产实际的具体情境中学习，从而提高在工作过程中分析问题和解决问题的综合职业能力。

在部分专业课中，配套开发学生用书，按照“资讯、计划、决策、实施、检查、评价”六个步骤进行教学设计，通过引导问题和课堂活动设计体现，贯彻以学生为中心、以能力为本位的教学理念，引导学生自主学习。

增强表现效果

尽可能使用图片、实物照片和表格等形式将知识点生动地展示出来，达到提高学生学习兴趣、提升教学效果的目的，并在《机电工程制图（第三版）》等教材中采用双色印刷方式，在《机械基础（第二版）》教材中采用彩色印刷方式，使内容更加清晰明了，进一步增强表现效果。

提升教学服务

为方便教师教学和学生学习，在传统纸质资源基础上，充分利用信息技术，构建“1 +3”的教学资源体系，即 1 个学生用书或习题册，加上二维码资源、电子课件、习题册参考答案 3 种互联网资源。其中，二维码资源主要为针对重点、难点内容制作的微视频或电子阅读材料，使用移动设备扫描即可在线观看、阅读；电子课件依据教材内容制作，为教师教学提供帮助；习题册参考答案则针对教材配套习题册编写，为教师指导学生练习提供方便。

电子课件和习题册参考答案均可通过技工教育网（http://jg.class.com.cn）下载使用。

致 谢

本次教材的修订（新编）工作得到了北京、江苏、山东、湖北、湖南、广东、广西等省（自治区、直辖市）人力资源社会保障厅（局）及有关学校的大力支持，在此我们表示诚挚的谢意。

人力资源社会保障部教材办公室

2022 年 9 月

目录

课题一 认识数字电路

电子技术自20世纪以来迅速发展，如今已广泛应用于人们工作、生活的方方面面，如手机、数码相机、电子计算机、神舟载人飞船的天地通话系统及互联网等设备和系统都离不开数字电路或数字系统。

电子电路按功能可分为模拟电路和数字电路。电子电路中所处理的信号可以分为两大类，一类是模拟信号，另一类是脉冲信号。模拟信号是指在时间和数值上连续变化的信号，如温度、速度、声音及位置等人们熟知的物理量；用来处理模拟信号的电子电路称为模拟电路。脉冲信号是指在时间和数值上都是离散的信号。图1－1所示为某脉冲信号产生过程示意图，当传送带上的工件通过由发光管和光敏管组成的光电传感器时，在光电转换电路中产生相应的电信号，对该信号进行波形整形，就得到与传送工件数量相同的脉冲信号。

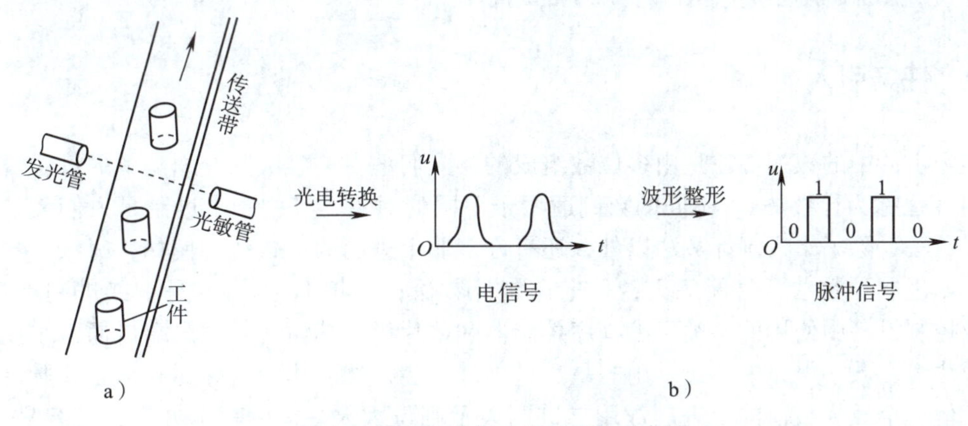

图1－1 某脉冲信号产生过程示意图
a）工件传送 b）信号波形

脉冲信号只有高电平和低电平两种取值，可以分别用数字1或0来表示，故又称数字信号。数字信号的0和1没有大小之分，只代表两种对立的逻辑状态，可以方便地用电子元件的导通或截止状态来实现。用来处理数字信号的电子电路称为数字电路，它具有以下主要特点。

（1）数字电路易于设计、便于集成化、容易制造、体积小、成本低、通用性强。

（2）一般情况下，干扰信号与数字信号在频率和幅度等方面有较大区别，容易识别和滤除干扰信号，且集成电路焊点少、连线少，故数字电路工作可靠性高、抗干扰能力较强。

（3）与模拟信号相比，数字信号更易于存储、传输、压缩和再现。

（4）数字电路又称数字逻辑电路，具有逻辑处理和存储功能，可编程，适用于各种控制电路。

目前，随着超大规模数字集成电路以及计算机技术的发展，数字电路不仅应用于雷达、通信、航天等科学技术领域，还广泛应用于工业电气控制、家庭生活及文化娱乐等方面。

本课程以任务为载体，系统学习数字电子技术。本课题首先学习数制与数制转换、二进制数算术运算、二进制代码等，然后通过测试基本逻辑门、TTL 集成门电路、CMOS 集成门电路、集成门电路的逻辑功能以及化简逻辑函数等任务认识数字电路。

任务 1　认识数制与数制转换

学习目标

1. 能理解常用数制及计数规律。
2. 能掌握常用数制之间的转换。
3. 能用数制描述实际生活和生产中的问题。

任务引入

实际生活中的数据往往是由多位数组成的，人们把多位数从低位到高位的进位规则称为数制（也称为计数法）。不同的数制适用于不同的对象，其中，十进制是人们最熟悉的一种计数法，除了十进制计数法以外，还有许多非十进制的计数法。例如，每天 24 小时，是二十四进制计数法；每周 7 天，是七进制计数法；一年 12 个月，是十二进制计数法；在工业控制设备中使用的各类可编程序控制器和单片机，其输入、输出端口通常采用八进制计数法。在数字电路中，最常用的是二进制计数法，如晶体管的导通和截止、脉冲的有和无，但一个较大数值的十进制数用二进制表示则位数太多，读写不方便，且容易出错。为了便于读写数字电路数据，有时也使用十六进制计数法。因此，不同数制间的转换是经常需要的。

相关知识

一、常见数制的特点

1. 十进制

（1）十进制允许使用 0 ~ 9 十个基本数码，基数为 10。十进制数常在其后加字母 D 表示（或省略），例如，十进制数 12 可表示为 12D 或 12。

（2）大于 9 的数就需要用两位以上的多位数表示。计数时，规则是“逢十进一，借一当十”，所以称为十进制。

（3）多位数中不同位置上的 1 代表的数量大小称为这一位的位权（简称权），权等于该进制基数的若干次方（又称幂或指数）。故十进制数的整数部分从低位至高位的权依次是 10^0（个位），10^1（十位），10^2（百位）……数码和权的乘积，可以将任何一个十进制数表示成多项式的形式。例如，十进制数 451 表示为：

$$[451]_{10}=4\times10^2+5\times10^1+1\times10^0$$

式中，“[ ]”外的下标表示数制。

2. 二进制

（1）二进制由 0、1 两个数码组成，基数是 2。二进制中的 0 和 1 与十进制（以及其他数制）中的 0 和 1 有所区别，通常称为“位”。二进制数常在其后加字母 B 表示。

（2）凡大于 1 的数就需要多位数表示，在多位数中，低位和相邻高位的进位规则是“逢二进一”。

（3）整数部分从低位至高位的权依次是 2^0，2^1，2^2……例如，二进制数 1101 可以表示为：

$$[1101]_2=1\times2^3+1\times2^2+0\times2^1+1\times2^0$$

将上式各项求和，就得到等值的十进制数，即：

$$[1101]_2=8+4+0+1=[13]_{10}$$

表 1－1 中为 11 位二进制整数每一位所表示的权。

表 1－1　11 位二进制整数每一位所表示的权

权	2^{10}	2^9	2^8	2^7	2^6	2^5	2^4	2^3	2^2	2^1	2^0
十进制数	1 024	512	256	128	64	32	16	8	4	2	1

二进制的数字电路在技术上容易实现，可靠性高，所用元件少，运算规则简单，运算操作方便，所以二进制在计算机和数字系统中被广泛使用。

3. 八进制

（1）八进制由 0～7 八个数码组成，基数是 8。八进制数常在其后加字母 O 表示。

（2）凡大于 7 的数就需要多位数表示，在多位数中，低位和相邻高位的进位规则是“逢八进一”。

（3）整数部分从低位至高位的权依次是 8^0，8^1，8^2……例如，八进制数 623 可以表示为：

$$[623]_8=6\times8^2+2\times8^1+3\times8^0$$

将上式各项求和，就得到等值的十进制数，即：

$$[623]_8=384+16+3=[403]_{10}$$

4. 十六进制

（1）十六进制由0~9、A（10）、B（11）、C（12）、D（13）、E（14）和F（15）共十六个数码组成，基数是16。十六进制数常在其后加字母H表示。

（2）凡大于15的数就需要多位数表示，在多位数中，低位和相邻高位的进位规则是“逢十六进一”。

（3）整数部分从低位至高位的权依次是16^0，16^1，16^2……例如，十六进制数6AF可以表示为：

$$[6AF]_{16}=6\times16^2+10\times16^1+15\times16^0$$

将上式各项求和，就得到等值的十进制数，即：

$$[6AF]_{16}=1536+160+15=[1711]_{10}$$

表1－2中为数值16以内应熟记的十进制、二进制、八进制、十六进制数的对照表。各种进制数可加后缀字母进行区别，例如，10可以分别写成10D、1010B、12O和0AH（通常十进制数可不加后缀字母D），十六进制数的最高位数码是字母时应在字母前加数字0。

表1－2　几种数制之间的对照表

数制	在不同数制中的值																
十进制（D）	0	1	2	3	4	5	6	7	8	9	10	11	12	13	14	15	16
二进制（B）	0	1	10	11	100	101	110	111	1000	1001	1010	1011	1100	1101	1110	1111	10000
八进制（O）	0	1	2	3	4	5	6	7	10	11	12	13	14	15	16	17	20
十六进制（H）	0	1	2	3	4	5	6	7	8	9	A	B	C	D	E	F	10

二、二进制整数与十进制整数的相互转换

1. 二进制整数转换成十进制整数

将二进制整数转换成十进制整数的方法是“按权展开求和”，即先写出二进制的位权展开式，然后按十进制相加，就可以得到等值的十进制整数。例如：

$[101]_2=1\times2^2+0\times2^1+1\times2^0=4+0+1=[5]_{10}$

$[1111]_2=1\times2^3+1\times2^2+1\times2^1+1\times2^0=8+4+2+1=[15]_{10}$

$[1000010100]_2=1\times2^9+1\times2^4+1\times2^2=512+16+4=[532]_{10}$

2. 十进制整数转换成二进制整数

十进制整数转换成二进制整数要用“除2取余倒记法”，即将十进制整数除以2，将其余数作为二进制整数最低位的数码，将所得的商再除以2，以同样的方法确定次低位的数码，依次进行，直至商为0，最后得到的余数是二进制整数最高位的数码，然后从下往上读取的余数就是对应的二进制整数。

【例1－1】 将175转换为二进制数。

解：

应用除2取余法得到余数，则为：

除数	被除数/商		余数	
2	175			
2	87	……	1	低位
2	43	……	1	↑
2	21	……	1	从下往上读余数
2	10	……	1	
2	5	……	0	
2	2	……	1	
2	1	……	0	
	0	……	1	高位

所以有：

$$[175]_{10}=[10101111]_2$$

对上述结果进行验证：

$$[10101111]_2=1\times2^7+1\times2^5+1\times2^3+1\times2^2+1\times2^1+1\times2^0=128+32+8+4+2+1=[175]_{10}$$

当十进制数较大时，用上述方法就比较烦琐，可通过熟记表 1－3 中 10 以内的 2 的幂，然后将十进制数和与之相当的 2 的幂进行对比，使转换过程得到简化。

表 1－3　10 以内的 2 的幂

2 的幂	2^0	2^1	2^2	2^3	2^4	2^5	2^6	2^7	2^8	2^9	2^{10}
值	1	2	4	8	16	32	64	128	256	512	1024

【例 1－2】 将 536 转换为二进制数。

解：

由于 $2^9=512$，则 $536-512=24=16+8=2^4+2^3$，则对应二进制数的第 10、5、4 位为 1，其余各位均为 0，所以有：

$$[536]_{10}=[1000011000]_2$$

三、二进制整数与八进制整数的相互转换

1. 二进制整数转换成八进制整数

由于八进制的 8 个数码正好对应于 3 位二进制数的 8 种不同组合，所以二进制数码与八进制数码之间有简单的对应关系，具体见表 1－4。

表 1－4　二进制数码与八进制数码之间的对应关系

二进制数码	000	001	010	011	100	101	110	111
八进制数码	0	1	2	3	4	5	6	7

利用这种关系，可以在二进制整数与八进制整数之间方便地进行数的转换。将多位二进制整数转换成八进制整数时，从低位至高位每 3 位划为一组（最左端分组不足 3 位时可在前面补 0），并且按原来的顺序排列，就得到等值的八进制整数。例如，将二进制数 $[1111010110]_2$ 转换成八进制数，分组后可写出结果为：

$$\begin{aligned}&[001\quad 111\quad 010\quad 110]_2\\=&[1\qquad 7\qquad 2\qquad 6]_8\end{aligned}$$

2. 八进制整数转换成二进制整数

八进制整数转换成二进制整数时，将每位八进制数码用对应3位二进制数表示即可。例如，将八进制数 $[354]_8$ 转换为二进制数，可直接写出结果为：

$$[3 \quad 5 \quad 4]_8$$
$$= [011 \quad 101 \quad 100]_2$$

四、二进制整数与十六进制整数的相互转换

1. 二进制整数转换成十六进制整数

由于十六进制的16个数码正好对应于4位二进制数的16种不同组合，所以二进制数码与十六进制数码之间有简单的对应关系，具体见表1-5。

表1-5　二进制数码与十六进制数码之间的对应关系

二进制数码	0000	0001	0010	…	1010	1011	1100	1101	1110	1111
十六进制数码	0	1	2	…	A	B	C	D	E	F

利用这种关系，可以方便地在二进制整数与十六进制整数之间进行数的转换。将多位二进制整数转换成十六进制整数时，从低位至高位每4位划为一组（最左端分组不足4位时可在前面补0），并且按原来的顺序排列，就得到等值的十六进制数。例如，将二进制数 $[11101011110111]_2$ 转换成十六进制数，分组后可写出结果为：

$$[0011 \quad 1010 \quad 1111 \quad 0111]_2$$
$$= [3 \quad A \quad F \quad 7]_{16}$$

可以看出，当二进制数的位数很多时，转换成十六进制数后其位数大大缩减，方便识别与书写。

2. 十六进制整数转换成二进制整数

将十六进制整数转换成二进制整数时，每位十六进制数码用对应的4位二进制数表示即可。例如，若将十六进制数9CB0H转换成二进制数，可直接写出结果为：

$$[9 \quad C \quad B \quad 0]_{16}$$
$$= [1001 \quad 1100 \quad 1011 \quad 0000]_2$$

五、十进制整数与十六进制整数的相互转换

1. 十进制整数转换成十六进制整数

将十进制整数转换成十六进制整数时，通常采用的方法是首先将十进制整数转换成二进制整数，然后再将二进制整数转换成十六进制整数。

例如，将175转换为十六进制数。

根据【**例1-1**】的结果，则有：

$$175 = 1010\ 1111B = 0AFH$$

2. 十六进制整数转换成十进制整数

将十六进制整数转换成十进制整数时，用“按权展开求和法”即可得到等值的十进制

数。例如：

$$154H=1\times16^2+5\times16^1+4\times16^0=256+80+4=340$$

知识应用

某灯光显示电路由 8 盏灯 $Y_7\sim Y_0$ 组成，符号“¤”表示灯亮，符号“○”表示灯灭，由图 1－2 可知，灯 Y_5、Y_3 和 Y_0 不亮，其余灯均亮。试分别用二进制、十六进制和十进制数表示该灯光显示电路当前的状态。

¤	¤	○	¤	○	¤	¤	○
Y_7	Y_6	Y_5	Y_4	Y_3	Y_2	Y_1	Y_0

图 1－2　由 8 盏灯组成的灯光显示电路

每盏灯可用二进制的一个位来表示，若灯亮，该位状态为 1；若灯灭，该位状态为 0（这种表示方法称为正逻辑，反之称为负逻辑，通常采用正逻辑）。因此，灯 Y_5、Y_3 和 Y_0 的状态用 0 表示，其余灯的状态用 1 表示，则该灯光显示电路的状态用二进制数表示为：

$$Y_B=1101\ 0110B$$

用十六进制数表示时，则将 8 盏灯分为高 4 位和低 4 位两组，高 4 位灯的状态为 0DH，低 4 位灯的状态为 6H，即：

$$Y_H=0D6H$$

用十进制数表示灯的状态时，则可将十六进制数 0D6H 转换成十进制数，即：

$$Y_D=13\times16^1+6\times16^0=214$$

对比三种表示法可以看出，二进制数最直观地表示每一盏灯的亮灭状态，但位数多，读写不便；十六进制数读写方便，转换简单，较直观地表示位状态；十进制数既运算复杂，又不能直观地表示位状态，所以在生产实际中，人们较多地使用十六进制数作为控制数据。

任务 2　认识二进制数算术运算

学习目标

1. 能掌握二进制数绝对值的运算。
2. 能理解符号位表示二进制的正负数。
3. 能准确叙述字节和字的含义。

任务引入

同十进制数运算一样，二进制数也可以进行加、减、乘、除运算，其运算规则类似。

在生产实际控制中，当设备具有多个负载时，每个负载对应一个位元件，如果对每个位元件单独进行控制，不仅程序烦琐，而且控制性能差。为了便于编写控制程序和提高控制能力，常将多个位元件组合为一个整体，这些位元件的组合称为字节元件或字元件。

相关知识

一、二进制数绝对值的运算

1. 加法运算

因为二进制数的每一位只有 0 和 1 两个数，低位向高位的进位关系是“逢二进一”，所以加法运算法则为：

$$0+0=0,\ 0+1=1,\ 1+0=1,\ 1+1=10$$

【例 1-3】 求二进制数 1001 +1011 的和。

解： 计算得到的和为 10100。

$$\begin{array}{r} 1001 \\ +1011 \\ \hline 1\,0100 \end{array}$$

用十进制数验算：

$$\begin{array}{r} 9 \\ +\ 11 \\ \hline 20 \end{array}$$

2. 减法运算

减法运算法则为：

$$0-0=0,\ 1-0=1,\ 1-1=0,\ 10-1=1$$

做减法运算，本位不够减时，向高位借位计算，“借一当二”。

【例 1-4】 求二进制数 1011 -110 的差。

解： 计算得到的差为 101。

$$\begin{array}{r} 1011 \\ -\ 110 \\ \hline 101 \end{array}$$

用十进制数验算：

$$\begin{array}{r} 11 \\ -\ 6 \\ \hline 5 \end{array}$$

3. 乘法运算

乘法运算法则为：

$$0\times0=0,\ 0\times1=0,\ 1\times0=0,\ 1\times1=1$$

【例 1-5】 求二进制数 110 ×10 的积。

解： 计算得到的积为 1100。

$$\begin{array}{r} 110 \\ \times\ \ 10 \\ \hline 000 \\ 110\ \\ \hline 1100 \end{array}$$

用十进制数验算：

$$\begin{array}{r} 6 \\ \times\ 2 \\ \hline 12 \end{array}$$

4. 除法运算

除法是乘法的逆运算。在二进制除法运算中，商的每一位只有 0 和 1 这两个数值，所以除法运算的法则是“从被除数的高位开始减去除数，够减时商为 1，不够减时商为 0”。从高位向低位持续运算下去，就可以得到所求的商。

【例 1-6】 求二进制数 10010 ÷10 的商。

解：计算得到的商为 1001。

```
     1001
10)10010
   10
   ----
    010
     10
   ----
      0
```

用十进制数验算：

```
   9
2)18
  18
  --
   0
```

二、二进制正负数的表示法

在多位二进制数中，规定最高位是符号位，一般约定符号位的数值为 0 表示正数，为 1 表示负数，这种表示方法称为二进制原码表示法。如果用 8 位二进制数来表示带符号位的二进制正负数，则十进制数 +36 和 −36 的原码可分别写作：

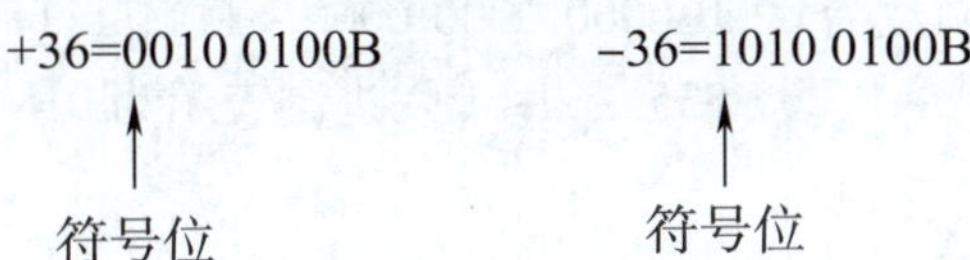

三、字节、字

1. 字节

8 位二进制数的组合称为字节（B），字节是构成数字信息的基本单位。字节的高 4 位和低 4 位称为半字节。表 1−6 中列出了一个字节有符号时二进制数原码的对照表。

表 1−6　一个字节有符号时二进制数原码的对照表

十进制数	原码（带符号位）	十进制数	原码（带符号位）
+127	0111 1111	−1	1000 0001
+126	0111 1110	−2	1000 0010
…	…	…	…
+2	0000 0010	−127	1111 1111
+1	0000 0001	−128	1000 0000
+0	0000 0000		

通常规定用 1000 0000 作为 −128 的原码，而不用来表示 −0，所以一个字节有符号数的数值范围为 −128 ~ +127。

若用来表示无符号数，一个字节的二进制数为 0000 0000 ~ 1111 1111，数值范围为 0 ~ 255（即最大值为 $2^8-1=255$），用十六进制表示为 0H ~ 0FFH。

2. 字

字通常由若干个字节组成，1 个字由 2 个字节组成，有 16 位。表 1−7 中列出了 16 位字有符号二进制数原码的对照表。

表 1-7　16 位字有符号二进制数原码的对照表

十进制数	原码（带符号位）	十进制数	原码（带符号位）
+32 767	0111 1111 1111 1111	-1	1000 0000 0000 0001
+32 766	0111 1111 1111 1110	-2	1000 0000 0000 0010
…	…	…	…
+2	0000 0000 0000 0010	-32 767	1111 1111 1111 1111
+1	0000 0000 0000 0001	-32 768	1000 0000 0000 0000
+0	0000 0000 0000 0000		

从表 1-7 可以看出，16 位字有符号数的数值范围为 -32 768 ~ +32 767，若用来表示无符号数，一个字的二进制数为 0000 0000 0000 0000 ~ 1111 1111 1111 1111，数值范围为 0 ~ 65 535（即最大值为 $2^{16}-1=65\ 535$），用十六进制表示为 0H ~ 0FFFFH。

知识应用

某灯光显示电路由 8 盏灯 $Y_7 \sim Y_0$ 组成，初始状态时 Y_0 和 Y_1 灯亮（表 1-8 中第 0 行）。若要求电路状态按表中指定的状态变化，分析应做何种运算。

表 1-8　灯光显示电路状态表

行数	Y_7	Y_6	Y_5	Y_4	Y_3	Y_2	Y_1	Y_0	十进制	算术运算
0	0	0	0	0	0	0	1	1	3	乘以 2
1	0	0	0	0	0	1	1	0	6	乘以 4
2	0	0	0	1	1	0	0	0	24	乘以 8
3	1	1	0	0	0	0	0	0	192	除以 2
4	0	1	1	0	0	0	0	0	96	除以 4
5	0	0	0	1	1	0	0	0	24	除以 8
6	0	0	0	0	0	0	1	1	3	

初始状态时 Y_0 和 Y_1 灯亮，其余灯灭，第 0 行的数据为 3（即 0000 0011B）。

将第 0 行的数据乘以 2，则第 1 行的数据为 6（即 0000 0110B），电路状态左移 1 位。

将第 1 行的数据乘以 4，则第 2 行的数据为 24（即 0001 1000B），电路状态左移 2 位。

将第 2 行的数据乘以 8，则第 3 行的数据为 192（即 1100 0000B），电路状态左移 3 位。

在第 3、4、5 行中，经过除以 2、除以 4、除以 8 运算后，电路状态分别右移 1、2、3 位。

由此可以得出结论，二进制数据乘以 2，左移 1 位；乘以 4，左移 2 位；乘以 8，左移 3 位……同理，二进制数据除以 2，右移 1 位；除以 4，右移 2 位；除以 8，右移 3 位……

任务3　认识二进制代码

学习目标

1. 能叙述8421BCD码的编码规律。
2. 能叙述格雷码的特点及使用场合。
3. 能使用ASCII代码表并说明其用途。
4. 能叙述2421BCD码、5421BCD码和余3BCD码的特点。

任务引入

前面介绍了用二进制数码表示数字的大小，在数字电路中图形、文字、符号等非数值信息也是采用二进制数码来表示的。用来表示图形、文字、符号等各种特定信息的二进制数的组合称为二进制代码。代码只代表某种信息，并不表示其数值的大小。例如，在体育比赛中，通常给每一名运动员都编一个号码，运动员的号码无论是“1”还是“100”都没有数量上的意义，仅用于识别不同的运动员。

在计算机中，所有的数据在存储和运算时都是二进制形式。如a、b、c这样的字母以及一些常用的符号（+、-、=、@等）均需用二进制代码来表示。

在数字控制系统中的操作数据同样使用二进制形式，但出于习惯，人们常常希望能以十进制形式输入或输出数据，因此，要解决如何用二进制代码表示十进制数0~9的问题。

在工业生产中，为了保证产品质量和控制精度，要求控制系统必须应用可靠性高的代码，如格雷码。代码的种类很多，本任务只介绍BCD码、格雷码等。

相关知识

一、8421BCD码

用一组二进制代码来表示一个十进制数的编码方法称为BCD码，也称二-十进制代码。

BCD码是用4位二进制数来表示1位十进制数。4位二进制数共有16种组合，从中任选出10种组合表示十进制的代码。根据不同的选择，BCD码有多种类型，其中8421BCD码是最常用的一种BCD码，它是从0000~1111十六种组合中选择前10种组合，分别表示十进制数码0~9，见表1-9。

在8421BCD码中，从高位至低位的权分别是8、4、2、1，各位之间仍符合二进制进位规则，若按权展开求和，就可以得到8421BCD码所代表的十进制数。8421BCD码计算方便，是目前用得最多的一种有权码。

表 1-9　十进制数与 8421BCD 码

十进制数	8421BCD 码
0	0000
1	0001
2	0010
3	0011
4	0100
5	0101
6	0110
7	0111
8	1000
9	1001

注：在 8421BCD 码中 1010 ~ 1111 被称为无效码。

【例 1-7】

（1）写出十进制数 256 的 8421BCD 码。

（2）将十进制数 256 转换为二进制数。

解：

（1）每位十进制数对应 4 位 8421BCD 码，所以 $[256]_{8421BCD}=0010\ 0101\ 0110$。

（2）$[256]_{10}=[0001\ 0000\ 0000]_2$。

将（1）、（2）的结果做比较可以看出，8421BCD 码与二进制数是不同的概念，虽然在一组 8421BCD 码中每位的进位也是二进制，但在组与组之间的进位 8421BCD 码则是十进制。

【例 1-8】 求 8421BCD 码 $[110\ 0001\ 0101\ 1001]_{8421BCD}$ 所表示的十进制数。

解：

将 8421BCD 码从低位至高位每 4 位分为一组，最高位不足 4 位者前面补 0，每组表示一个十进制数码，结果为：

$$[110\ 0001\ 0101\ 1001]_{8421BCD}=[0110\ 0001\ 0101\ 1001]_{8421BCD}=6\ 159$$

二、格雷码

在一组数的编码中，若任意两个相邻的代码只有一位二进制数不同，称这种代码为格雷码。实际生产中的数控设备多应用格雷码，格雷码与十进制数的对应关系见表 1-10。格雷码的特点是任意两个相邻码之间仅有一位数码不同（包括首尾数码，所以也称为循环码），即从一个代码转移到下一个相邻代码时，只有一位的状态发生变化，利用这一特点可以避免在控制过程中出现错码，所以是一种可靠性较高的代码。由于格雷码是无权码，故与十进制数的对应关系不够直观。

表 1-10　格雷码与十进制数的对应关系

十进制数	格雷码	十进制数	格雷码
0	0000	1	0001

续表

十进制数	格雷码	十进制数	格雷码
2	0011	9	1101
3	0010	10	1111
4	0110	11	1110
5	0111	12	1010
6	0101	13	1011
7	0100	14	1001
8	1100	15	1000

在生产设备的控制器件中常使用一种称为光电编码器的器件，它可以将光电读取头和代码盘之间的位移转换为相应的代码，以控制工件运动的位置和位移。使用二进制数虽然直观、简单，但对代码盘的制作和安装要求十分严格，否则就会出错。例如，二进制代码盘从0111变化为1000时，若最高位光电转换稍微提前一些，便会出现错码1111，这是不允许的。而采用格雷码代码盘时，仅有最高位变化，它只能从0100变化为1100，从而有效避免了由于安装和制作误差造成的错码。

知识应用

在数控系统中，常用拨码开关输入十进制数据，例如，两位拨码开关的数据范围是0～99，按动拨码开关的按键可以调整输入数据值。

图1－3所示拨码开关产生的是8421BCD码，与“53”对应的数据为“0101 0011”，由于在数控系统中数据的存储和操作都是二进制形式，因此，数控系统还要通过程序将输入的8421BCD码变换为二进制形式后才能作为操作数据，即：

$$拨码开关\ 53 \rightarrow [0101\ 0011]_{8421BCD} \rightarrow [0011\ 0101]_2$$

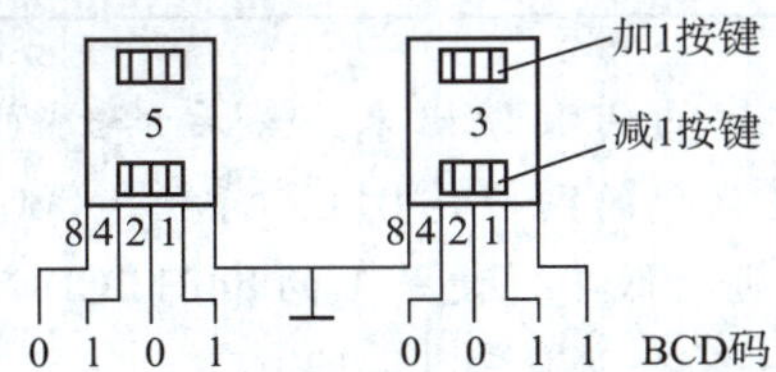

图1－3　两位拨码开关输入的十进制数据

拨码开关的优点是能直观、方便和准确地输入十进制数据，缺点是占用数控系统过多的输入端口。例如，两位拨码开关就需要8个输入端口。

知识拓展

一、ASCII代码

ASCII代码（美国信息交换标准代码），是基于拉丁字母的一套计算机编码系统，主要用于显示现代英语和其他西欧语言，它是现今最通用的单字节编码系统。人们使用键盘上的字母、符号和数值向计算机发送数据和指令，每一个键符都可用一个二进制代码来表示。

ASCII 代码由 7 位二进制数 $b_6\,b_5\,b_4\,b_3\,b_2\,b_1\,b_0$ 组成，一共有 128 种可能的字符，分别用于表示 0～9，大小写英文字母，运算符、控制符和特殊符号，见表 1－11。

表 1－11　ASCII 代码表

$b_3b_2b_1b_0$ \ $b_6b_5b_4$	000	001	010	011	100	101	110	111
0000	NUL	DLE	SP	0	@	P	、	p
0001	SOH	DC1	!	1	A	Q	a	q
0010	STX	DC2	"	2	B	R	b	r
0011	ETX	DC3	#	3	C	S	c	s
0100	EOT	DC4	$	4	D	T	d	t
0101	ENQ	NAK	%	5	E	U	e	u
0110	ACK	SYN	&	6	F	V	f	v
0111	BEL	ETB	,	7	G	W	g	w
1000	BS	CAN	(	8	H	X	h	x
1001	HT	EM	)	9	I	Y	i	y
1010	LF	SUB	*	:	J	Z	j	z
1011	VT	ESC	+	;	K	[	k	{
1100	FF	FS	,	<	L	\	l	|
1101	CR	GS	–	=	M	]	m	}
1110	SO	RS	.	>	N	^	n	~
1111	SI	US	/	?	O	–	o	DEL

查表时，先把每个字符对应的列数读出来，然后读出行数，合在一起即为该字符的 ASCII 代码。例如，1 的 ASCII 代码的列数是 011，行数是 0001，合在一起为 011 0001。可以看出，数字符 1 的 ASCII 代码的低 4 位便是 1 的 8421BCD 码。

ASCII 代码中控制命令代码的含义见表 1－12。

表 1－12　ASCII 代码中控制命令代码的含义

代码	含义	代码	含义
NUL	空白，无效	DC1	设备控制 1
SOH	标题开始	DC2	设备控制 2
STX	正文开始	DC3	设备控制 3
ETX	文本结束	DC4	设备控制 4
EOT	传输结束	NAK	否定

续表

代码	含义	代码	含义
ENQ	询问	SYN	空转同步
ACK	承认	ETB	信息块传输结束
BEL	报警	CAN	取消
BS	退格	EM	媒体用毕
HT	横向制表	SUB	代替，置换
LF	换行	ESC	脱离
VT	垂直制表	FS	文件分隔
FF	换页	GS	组分隔
CR	回车	RS	记录分隔
SO	移出	US	单元分隔
SI	移入	SP	空格
DLE	数据通信换码	DEL	删除

二、其他 BCD 码

除 8421BCD 码外，其他几种 BCD 码见表 1－13，这些代码都有各自的特点，可根据需要选用。

表 1－13　除 8421BCD 码外的其他几种 BCD 码

十进制数	2421BCD 码（有权码）	5421BCD 码（有权码）	余 3 BCD 码（无权码）
0	0000	0000	0011
1	0001	0001	0100
2	0010	0010	0101
3	0011	0011	0110
4	0100	0100	0111
5	1011	1000	1000
6	1100	1001	1001
7	1101	1010	1010
8	1110	1011	1011
9	1111	1100	1100

例如，当采用 2421BCD 码和 5421BCD 码编码时，任何两个十进制数相加等于 10 或大于 10 时，都会向高一位进位，有利于实现“逢十进一”的进位规则。

余 3 BCD 码的每个字符代码比相应的 8421BCD 码多 3，故称为余 3BCD 码。在将两个余3 BCD 码表示的十进制数相加时，能正确产生进位，但对两者之和必须修正。

任务 4　认识基本逻辑关系并测试逻辑门

学习目标

1. 能叙述与门、或门、非门、与非门、或非门、异或门的逻辑功能。
2. 能识别与门、或门、非门、与非门、或非门、异或门的逻辑符号。
3. 能分析与、或、非、与非、或非、异或逻辑的真值表、波形图及逻辑函数式等各种表示方法的特点。
4. 能进行 Multisim 14.0 仿真软件的基本操作。
5. 能使用 Multisim 14.0 仿真软件进行基本逻辑电路的搭建和测试。

任务引入

在工业控制中，经常会遇到开关的接通或断开、负载的通电或断电等一些相互对立的状态现象，这些现象可以分别用“1”或“0”来表示，这里的“1”或“0”并不表示数值的大小，而是表示两种相反的逻辑状态。

数字电路中的基本逻辑关系有与逻辑、或逻辑、非逻辑三种，其他任何复杂的逻辑关系都可以用这三种基本逻辑的组合来表示。能实现某种逻辑功能的数字电路称为逻辑门电路。逻辑门电路是数字电路中最基本的逻辑单元。逻辑门电路可以有一个或多个输入端，但只有一个输出端。当输入条件满足时，逻辑门电路开启，按一定的逻辑关系输出信号，否则逻辑门电路关闭。

Multisim 14.0 软件是一款功能强大的电子电路仿真设计软件，为用户提供了所见即所得的设计环境、互动式的仿真界面、动态显示元件、具有 3D 效果的仿真电路、虚拟仪表、分析功能与图形显示窗口等。该软件操作简便，利用这个仿真平台，不仅可以验证逻辑门电路的功能，还可以完成数字电路的设计与产品开发，是学习电子技术的有力工具。本任务将使用该软件对基本逻辑门电路的功能进行验证。

相关知识

一、与逻辑

只有当决定一件事情的所有条件全部具备时，这件事情才会发生，这种因果关系称为与逻辑。在图 1－4a 所示电路中，只有当开关 A 与 B 都闭合时，灯 Y 才能亮；只要有一个开关断开，灯 Y 就不亮。如果把开关通、断作为条件，把灯的状态作为结果，则串联的开关与灯是与逻辑关系。与门符号如图 1－4b 和图 1－4c 所示，图 1－4b 所示为采用矩形轮廓的图形符号，内加限定字符“&”表示与逻辑（AND）；图 1－4c 所示为采用特定外形的图形符号，在仿真和编程软件中较多使用。A、B 是逻辑变量输入端，Y 是逻辑变量输出端。为了更清晰地表示电路的逻辑关系，门电路符号只标示具有逻辑关系的管脚，而将电源和接地管脚隐去。

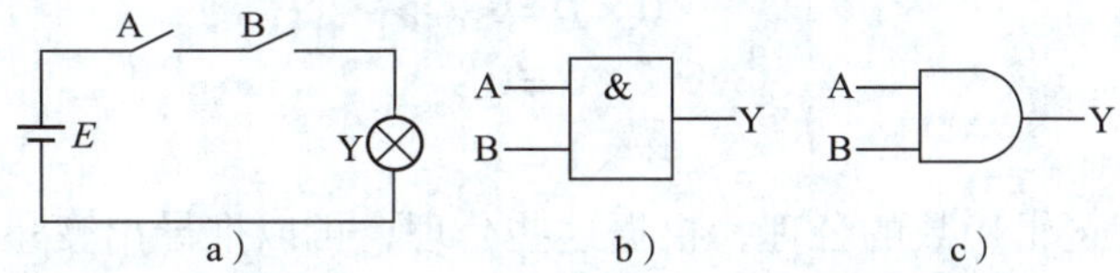

图 1－4　与逻辑电路及与门符号

a）与逻辑电路　b）国标新符号　c）国标旧符号

逻辑变量（简称变量）只有两种取值，即逻辑 0 和逻辑 1。将输入变量所有可能的取值与对应的输出变量值列成表格形式称为逻辑真值表。由于图 1－4 所示逻辑电路的两个输入变量 A、B 有 00、01、10、11 四种取值，所以真值表共有 4 行。设开关接通为 1，断开为 0；灯亮为 1，灯灭为 0（即正逻辑），可列出与逻辑真值表（表 1－14）。

按照与逻辑真值表对应的逻辑关系可绘出与逻辑波形图，如图 1－5 所示。在实际电路中，虽然输入信号是随机变化的，但是输出信号与输入信号的对应关系必须遵从逻辑规律。

表 1－14　与逻辑真值表

A	B	Y
0	0	0
0	1	0
1	0	0
1	1	1

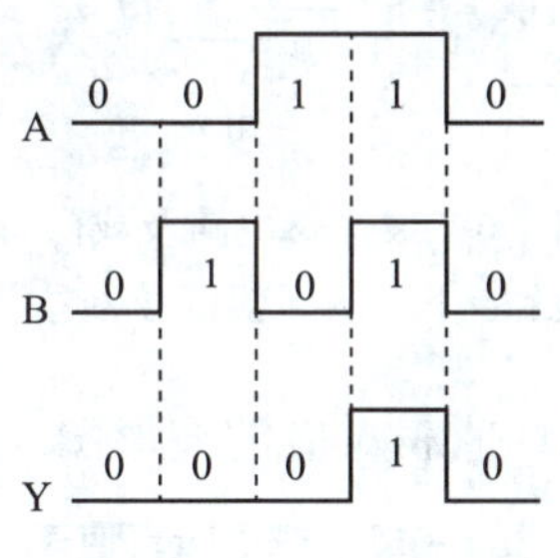

图 1－5　与逻辑波形图

由与逻辑真值表可以看出，与逻辑的功能是有 0 出 0，全 1 出 1。

与逻辑函数式为：

$$Y = A \times B = A \cdot B = AB$$

上式表示输出逻辑变量 Y 是输入逻辑变量 A、B 的逻辑函数，它们之间的关系由等式右边的逻辑函数式给出。其中“·”是与逻辑的运算符号，“A·B”读作“A 与 B”或“A 乘 B”，在不引起混淆的前提下，与逻辑运算符号“·”在运算中可以省略。

逻辑符号、逻辑真值表、逻辑波形图和逻辑函数式都反映了与门电路的逻辑关系。

根据真值表，可以得出与逻辑的运算法则：

$$0\times0=0$$
$$0\times1=0$$
$$1\times0=0$$
$$1\times1=1$$

这4个法则也是逻辑代数的公理，根据这些公理，可以推导出变量与常量相乘以及变量与变量相乘的法则：

$$A\times0=0$$
$$A\times1=A$$
$$A\times A=A$$
$$A\times\bar{A}=0$$（其中 $\bar{A}$ 代表A非）

并可由式 $A\times A=A$ 推得：

$$A\times A\times A\times\cdots=A$$

二、或逻辑

在决定一件事情的全部条件中，只要具备一个或一个以上的条件，这件事情就会发生，这种因果关系称为或逻辑。在图1－6a所示电路中，开关A或B闭合时，灯Y都能亮；只有开关全部断开时，灯Y才不亮。因此，并联的开关和灯是或逻辑关系。或门符号如图1－6b、图1－6c所示，矩形轮廓的图形符号内限定字符“≥1”表示或逻辑（OR）。

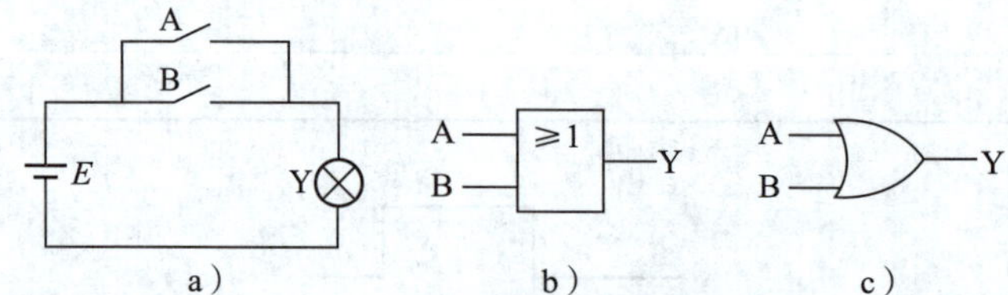

图1－6　或逻辑电路及或门符号
a）或逻辑电路　b）国标新符号　c）国标旧符号

或逻辑真值表见表1－15，与真值表对应的波形图如图1－7所示。

表1－15　或逻辑真值表

A	B	Y
0	0	0
0	1	1
1	0	1
1	1	1

由或逻辑真值表可以看出，或逻辑功能是有1出1，全0出0。

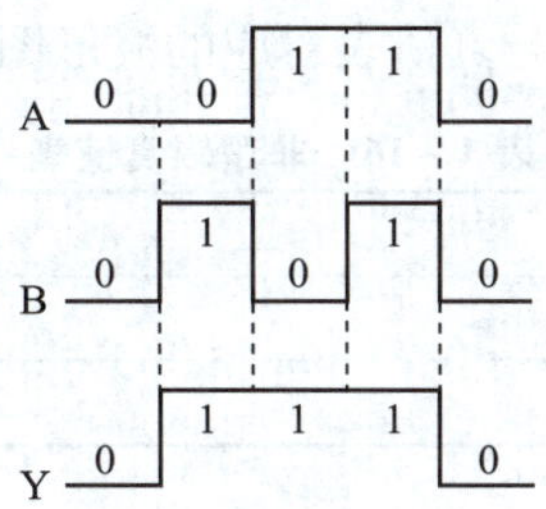

图 1－7　或逻辑波形图

或逻辑函数式为：

$$Y = A + B$$

读作“Y 等于 A 或（或加）B”。

根据真值表，可以得出或逻辑的运算法则：

$$0 + 0 = 0$$

$$0 + 1 = 1$$

$$1 + 0 = 1$$

$$1 + 1 = 1$$

此处出现 1＋1＝1 的结论并不奇怪，因为这里逻辑 1 并不是数值，而是表示电路的状态。由上述公理可以推出下列变量的运算法则：

$$A + 0 = A$$

$$A + 1 = 1$$

$$A + A = A$$

$$A + \overline{A} = 1$$

并可由式 A＋A＝A 推得：

$$A + A + A + \cdots = A$$

三、非逻辑

决定一件事情的条件只有一个，当条件具备时，这件事情不会发生；当条件不具备时，这件事情一定会发生，这种因果关系称为非逻辑，非就是相反的意思。在图 1－8a 所示电路中，开关 A 闭合时，灯 Y 不亮；开关 A 断开时，灯 Y 亮。因此，开关和灯是非逻辑关系。非门符号如图 1－8b、图 1－8c 所示，矩形轮廓的图形符号内加限定字符“1”表示缓冲器，输出端的小圆圈表示非逻辑（NOT）。

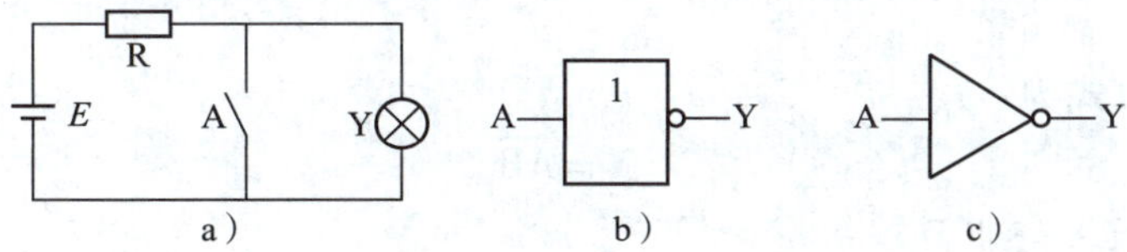

图 1－8　非逻辑电路及非门符号

a）非逻辑电路　b）国标新符号　c）国标旧符号

非逻辑的真值表见表1-16，与真值表对应的波形图如图1-9所示。

表1-16　非逻辑真值表

A	Y
0	1
1	0

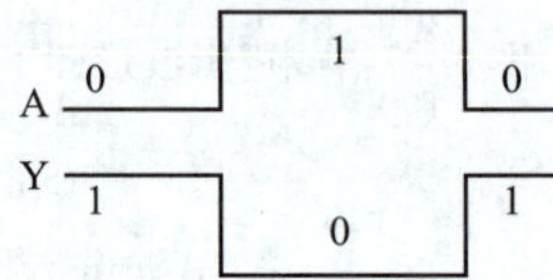

图1-9　非逻辑波形图

由非逻辑真值表可以看出，非逻辑功能是0变1，1变0。

非逻辑函数式为：

$$Y=\overline{A}$$

读作“Y等于A非（或反）”。

根据真值表，可以得出非逻辑的运算法则：

$$\overline{0}=1$$

$$\overline{1}=0$$

同理可推出变量运算法则：　$\overline{\overline{A}}=A$

四、与非逻辑

基本逻辑的简单组合称为复合逻辑，实现复合逻辑的电路称为复合门。常用的复合逻辑有与非逻辑、或非逻辑、异或逻辑等。

与非逻辑是与逻辑和非逻辑的组合逻辑，运算顺序是先“与”后“非”。与非逻辑电路及与非门符号如图1-10所示。

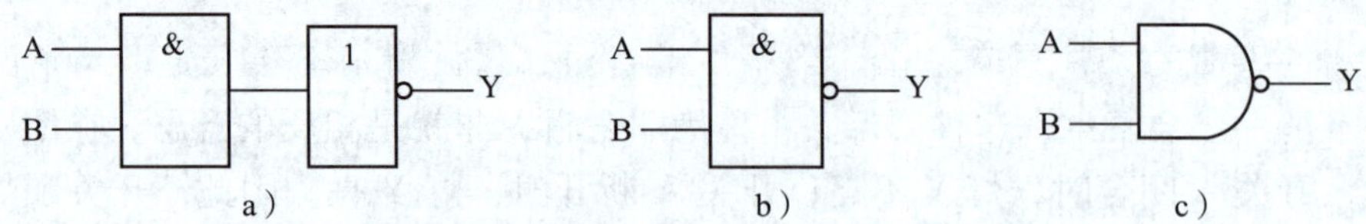

图1-10　与非逻辑电路及与非门符号

a）与非逻辑电路　b）国标新符号　c）国标旧符号

与非逻辑函数式为：

$$Y=\overline{AB}$$

读作“Y等于A与非B”。

与非逻辑真值表见表1-17，为了便于理解，表中附加了“AB”项作为逻辑运算的中间结果。与真值表对应的波形图如图1-11所示。

表 1－17　与非逻辑真值表

A	B	AB	Y
0	0	0	1
0	1	0	1
1	0	0	1
1	1	1	0

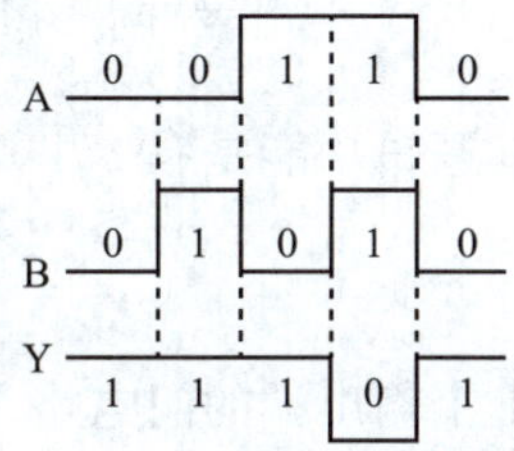

图 1－11　与非逻辑波形图

由与非逻辑真值表可以看出，其逻辑功能是有 0 出 1，全 1 出 0。

五、或非逻辑

或非逻辑是或逻辑和非逻辑的组合逻辑，运算顺序是先“或”后“非”。或非逻辑电路及或非门符号如图 1－12 所示。

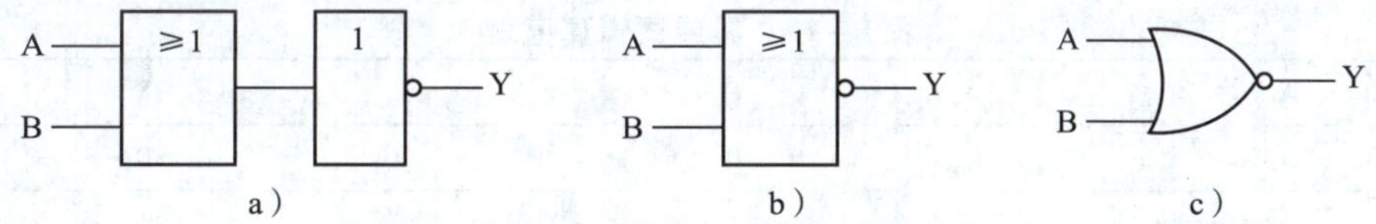

图 1－12　或非逻辑电路及或非门符号

a）或非逻辑电路　b）国标新符号　c）国标旧符号

或非逻辑函数式为：

$$Y = \overline{A + B}$$

读作“Y 等于 A 或非 B”。

或非逻辑真值表见表 1－18，表中附加了“A＋B”项作为逻辑运算的中间结果。与真值表对应的波形图如图 1－13 所示。

表 1－18　或非逻辑真值表

A	B	A＋B	Y
0	0	0	1
0	1	1	0
1	0	1	0
1	1	1	0

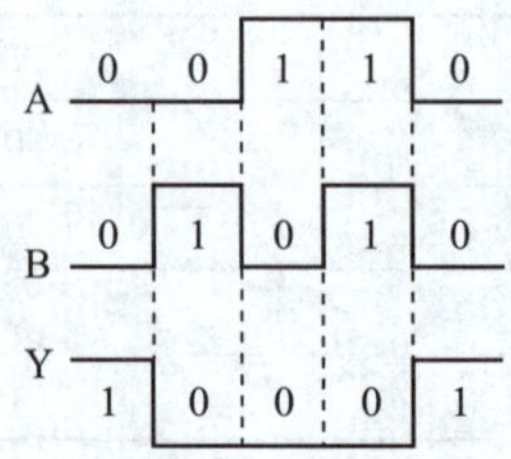

图 1－13　或非逻辑波形图

由或非逻辑真值表可以看出，其逻辑功能是有 1 出 0，全 0 出 1。

六、异或逻辑

异或门是一种有 2 个输入端和 1 个输出端的门电路，异或逻辑功能是当 2 个输入端的电平相同时，输出为低电平；当 2 个输入端的电平相异时，输出为高电平。

异或逻辑真值表见表 1－19，与真值表对应的波形图如图 1－14 所示，异或门符号如图 1－15 所示。

异或逻辑函数式为：

$$Y = A \oplus B = \overline{A}B + A\overline{B}$$

读作“Y 等于 A 异或 B”。

由异或逻辑真值表可以看出，其逻辑功能是相同出 0，相异出 1。

表 1－19　异或逻辑真值表

A	B	Y
0	0	0
0	1	1
1	0	1
1	1	0

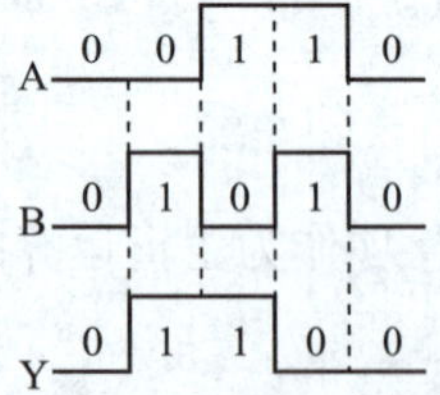

图 1－14　异或逻辑波形图

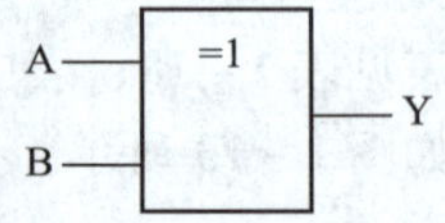

图 1－15　异或门符号

任务实施

一、任务分析

本任务先在 Multisim 14.0 软件平台上分别搭建与门、或门、非门、与非门、或非门、异或门等逻辑的测试电路，然后验证其逻辑功能。通过仿真测试，进一步熟悉数字电子技术中常见逻辑门的逻辑关系及真值表。

二、任务准备

1. 实训器材

计算机、Multisim 14.0 软件。

2. 注意事项

（1）Multisim 默认设置采用的符号标准是美国标准，由于我国的标准与欧洲标准相近，因此，应将符号标准设置为欧洲标准（DIN）。其方法是，单击 Multisim 14.0“选项（Options）”菜单中的“全局偏好（Global Options）”命令，弹出“全局偏好”对话框，单击“元器件”选项卡，选中“DIN”即可，如图 1－16 所示。

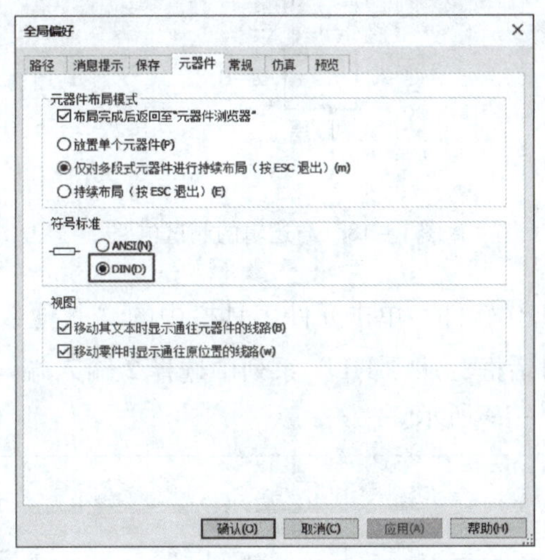

图 1－16　设置符号标准为欧洲标准（DIN）

（2）初次使用 Multisim 14.0 软件，一定要熟悉元件工具栏，如图 1－17 所示。Multisim 14.0 将所有元件模型都放在元件库中，单击元件工具栏中的图标按钮，即可打开元件库内的子元件库，然后根据需要进行选用。

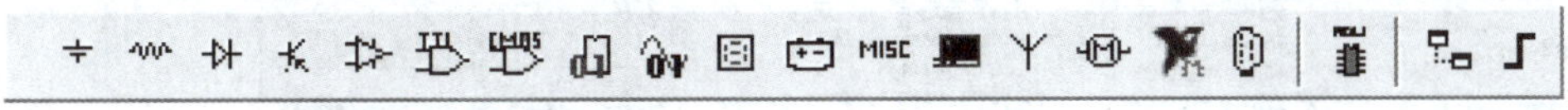

图 1－17　元件工具栏

（3）门逻辑属于其他数字元件库（Misc Digital）中的“TIL”系列，电源 V_{CC} 和接地分别属于源库（Sources）中的“POWER_SOURCES”和“GROUND”系列，电阻和开关分别属于基本元件库（Basic）中的“RESISTOR”和“SWITCH”系列，指示灯属于显示器件库（Indicators）中的“PROBE”系列。

（4）在仿真运行过程中，对电路进行的设计修改，需要重启仿真运行后才能生效。

三、操作步骤

1. 与逻辑仿真测试

与逻辑的测试电路如图 1－18 所示，操作步骤如下。

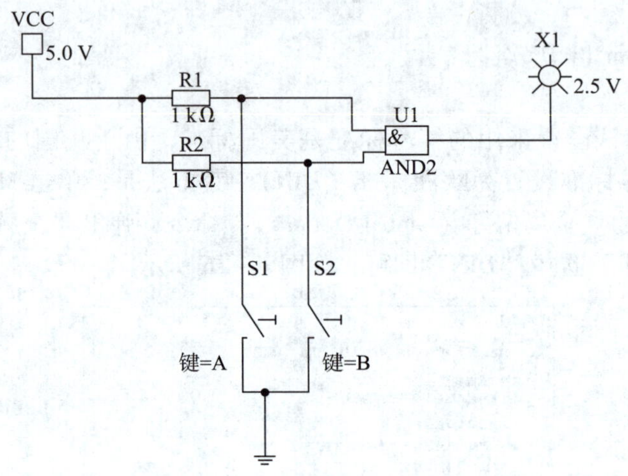

图 1－18　与逻辑的测试电路

（1）启动 Multisim 14.0 软件，单击元件工具栏中的“其他数字元件库”按钮，弹出“选择一个元器件”对话框，从“TIL”系列中选择 2 输入端与逻辑符号“AND2”，单击“确认”按钮，如图 1－19 所示。

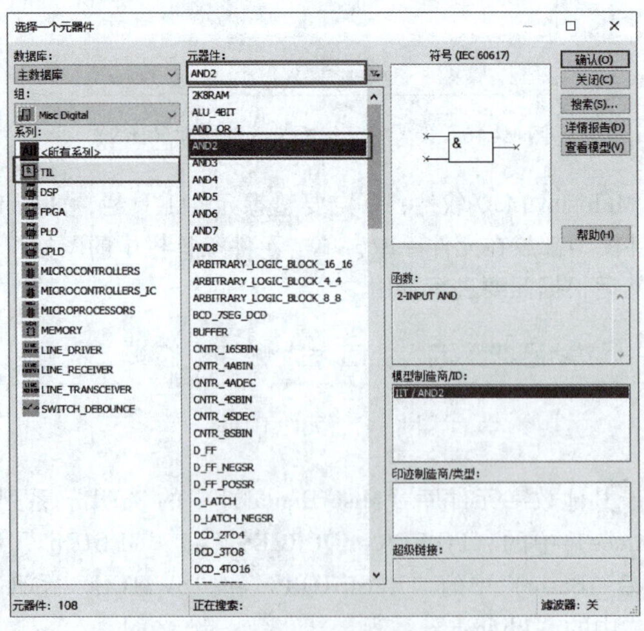

图 1－19　从其他数字元件库选择与逻辑符号

（2）单击元件工具栏中的“源库”按钮 ÷，弹出“选择一个元器件”对话框，依次选择电源 V_{CC}（默认 5 V）和接地符号，如图 1－20、图 1－21 所示。选择接地符号时，为符合识读习惯，可将元件符号标准设置为“ANSI”。

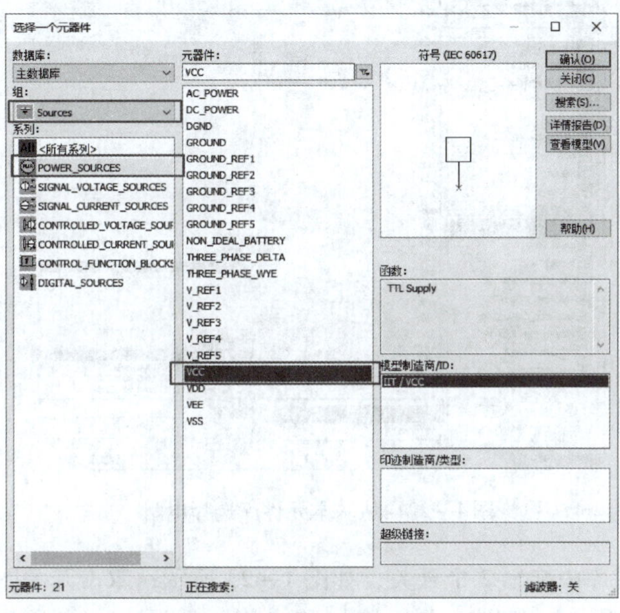

图 1－20　从源库选择电源 V_{CC}

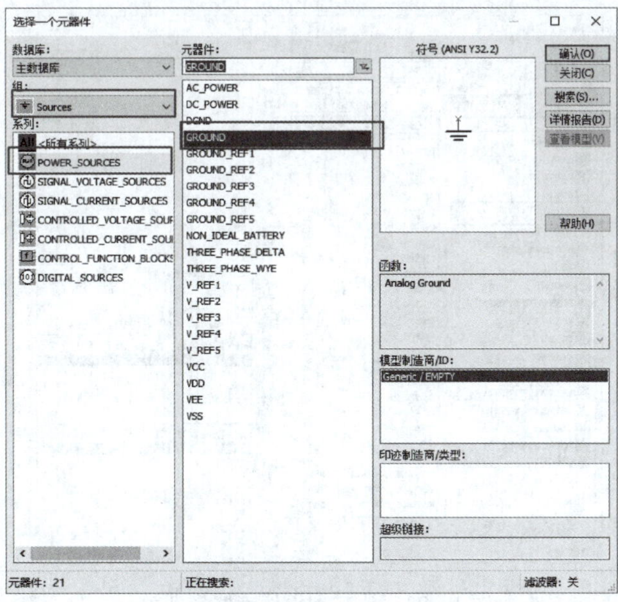

图 1－21　从源库选择接地

（3）从基本元件库中拖出 2 个电阻（阻值为 1 kΩ），如图 1－22 所示。

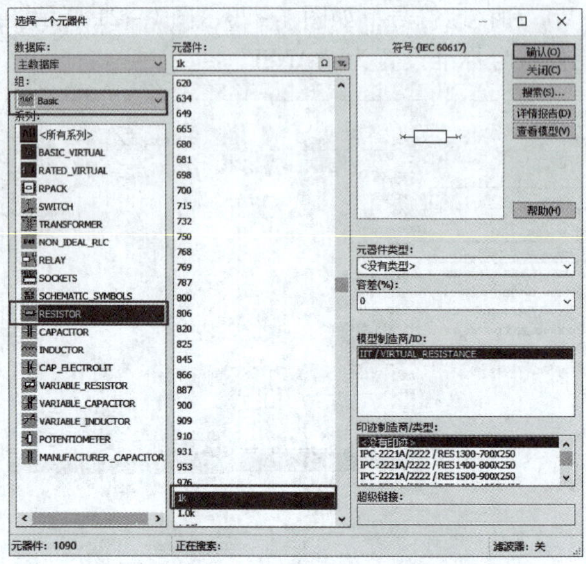

图 1－22　从基本元件库选择电阻

（4）从基本元件库中拖出 2 个开关，如图 1－23 所示；双击开关图标，弹出开关属性对话框，如图 1－24 所示，分别在“标签”和“值”选项卡中将开关的“RefDes”定义为 S1、S2，将“切换键”定义为 A、B。

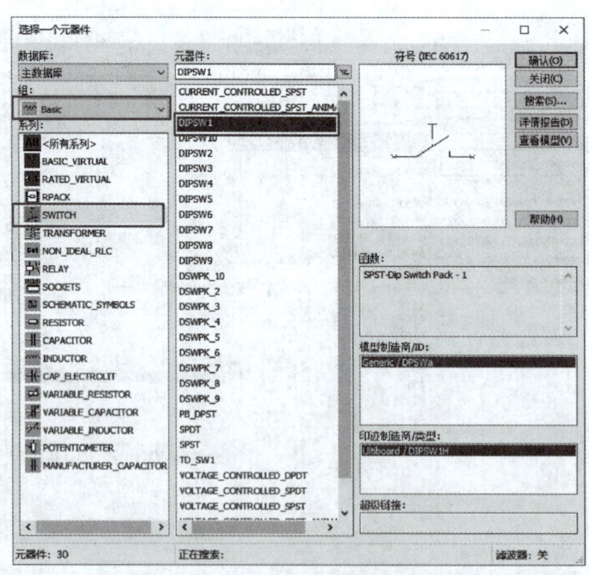

图 1－23　从基本元件库选择开关

（5）从显示器件库中拖出指示灯 X1（默认 2.5 V），如图 1－25 所示。

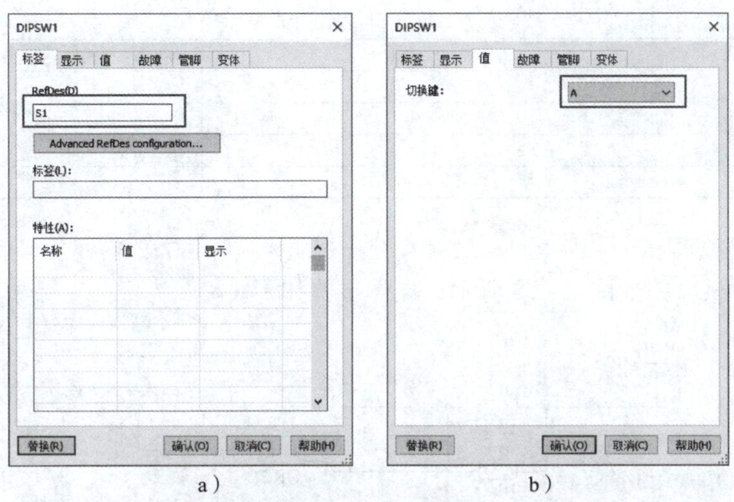

a）　　　　　　　　　　b）

图 1－24　开关属性对话框

a）设置“RefDes”　b）设置“切换键”

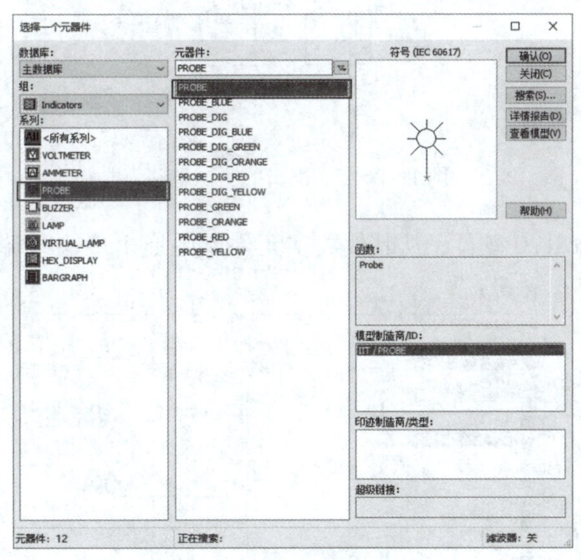

图 1－25　从显示器件库选择指示灯

（6）调整元件到合适的位置，完成电路连接，如图 1－18 所示。

（7）按照表 1－20 中所列数据，依次操作按键 A 或 B（开关闭合为输入 0，开关断开为输入 1），单击仿真工具栏中的“运行”按钮 ▶ 进行测试，将每一次测试的输出结果 Y 填入表中。

（8）分析测试结果是否符合与逻辑。

（9）单击“文件”菜单中的“另存为”命令，将电路以“课题一任务 4－1. ms14”为文件名保存。

表 1－20　与逻辑测试表

输入 A	输入 B	输出 Y
0	0	
0	1	
1	0	
1	1	

2. 或逻辑仿真测试

或逻辑的测试电路如图 1－26 所示，操作步骤如下。

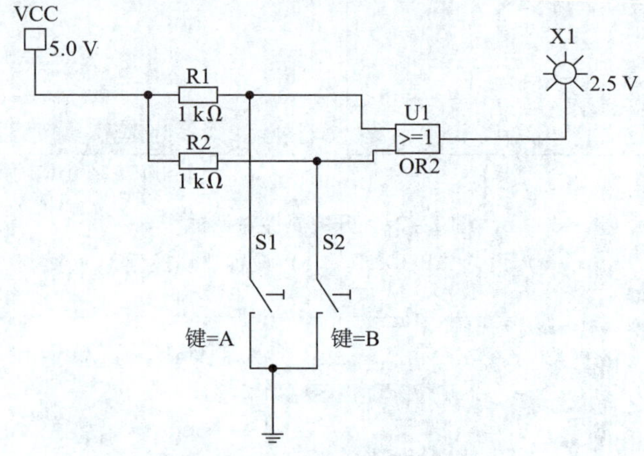

图 1－26　或逻辑的测试电路

（1）启动 Multisim 14.0 软件，从其他数字元件库中拖出 2 输入端或逻辑符号“OR2”，如图 1－27 所示。

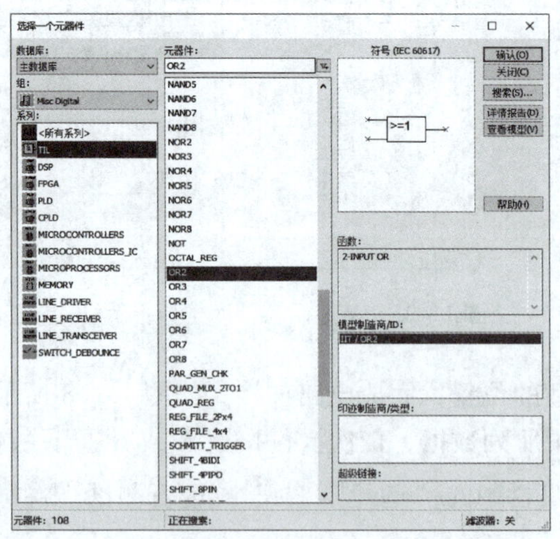

图 1－27　从其他数字元件库选择或逻辑符号

（2）参照与逻辑的操作步骤进行电路连接和测试，最后将仿真测试输出结果 Y 填入表 1－21 中，分析测试结果是否符合或逻辑。

表 1－21　或逻辑测试表

输入 A	输入 B	输出 Y
0	0	
0	1	
1	0	
1	1	

（3）将电路以“课题一任务 4－2. ms14”为文件名保存。

此外，也可直接将“课题一任务 4－1. ms14”另存为“课题一任务 4－2. ms14”，将图中与门元件替换为或门元件，连接电路后，再进行逻辑功能测试。

3. 非逻辑、与非逻辑、或非逻辑和异或逻辑仿真测试

参考前面的操作步骤，从库中拖出相关逻辑符号、电源 V_{CC}、接地、电阻、开关和指示灯等，设置相关属性，完成电路连接并测试。将输出结果 Y 填入相应的表中，分析测试结果是否符合相关逻辑。

（1）非逻辑

测试电路如图 1－28 所示，测试表见表 1－22。

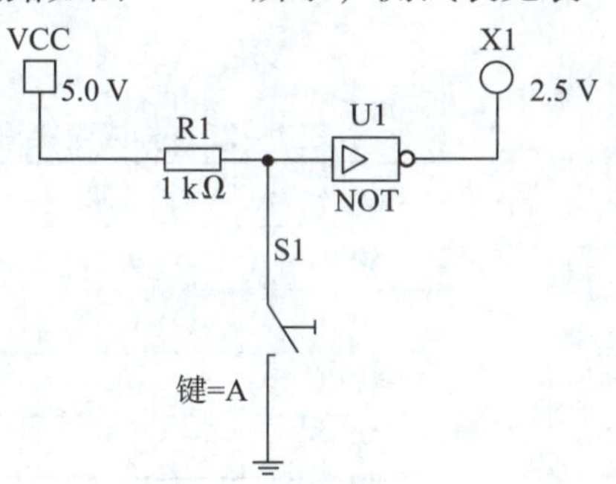

图 1－28　非逻辑测试电路

表 1－22　非逻辑测试表

输入 A	输出 Y
0	
1	

（2）与非逻辑

测试电路如图 1－29 所示，测试表见表 1－23。

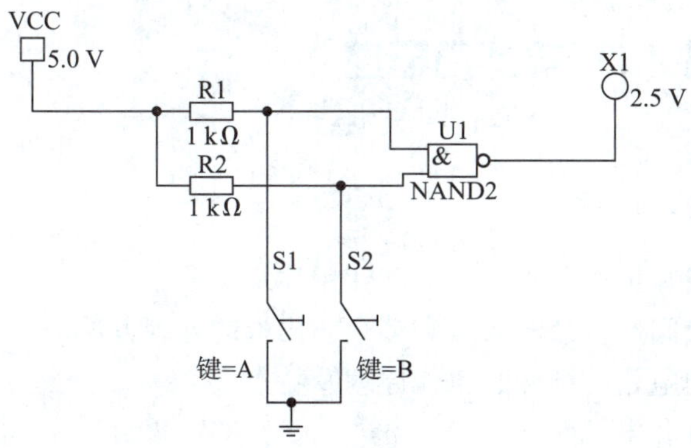

图 1－29　与非逻辑测试电路

表 1－23　与非逻辑测试表

输入 A	输入 B	输出 Y
0	0	
0	1	
1	0	
1	1	

（3）或非逻辑

测试电路如图 1－30 所示，测试表见表 1－24。

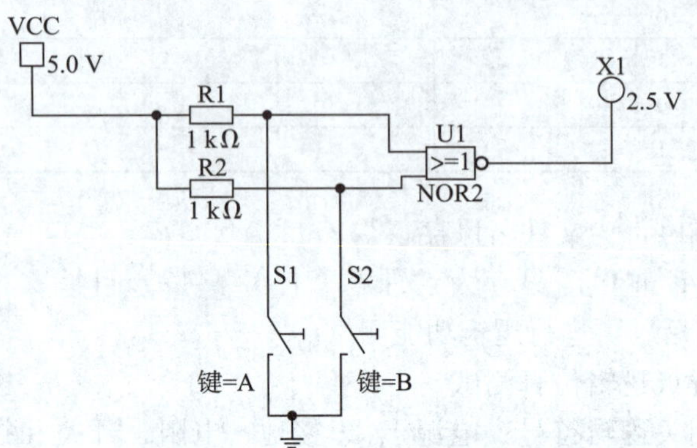

图 1－30　或非逻辑测试电路

表 1－24　或非逻辑测试表

输入 A	输入 B	输出 Y
0	0	
0	1	
1	0	
1	1	

（4）异或逻辑

测试电路如图 1－31 所示，测试表见表 1－25。

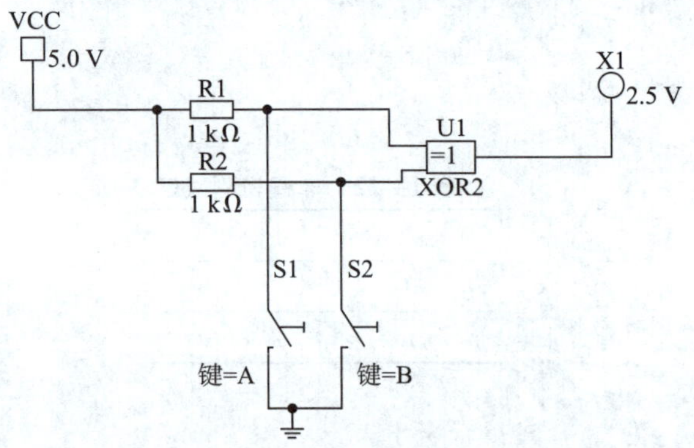

图 1－31　异或逻辑测试电路

表 1－25　异或逻辑测试表

输入 A	输入 B	输出 Y
0	0	
0	1	
1	0	
1	1	

实训全部结束后，做好实训室 8S 管理，整理数据，填写实训报告。

任务 5　测试 TTL 集成门电路

学习目标

1. 能叙述 TTL 集成门电路的结构组成、工作原理、分类和使用注意事项。
2. 能叙述 TTL 集成门电路中闲置逻辑门、多余输入端和多余输出端的处理方法。
3. 能分析 TTL 集电极开路门和三态门电路的结构、工作原理及特点。
4. 能叙述 TTL 集成门电路的使用条件和电气参数。
5. 能测试 TTL 集成门电路管脚阻值。
6. 能测试 TTL 与非门电压传输特性。

任务引入

在数字电路中普遍使用集成电路（简称 IC），集成电路是将一个完整逻辑电路中的全部元件和连线制作在一块很小的硅片上，它具有体积小、质量轻、速度快、功耗低和可靠性高等优点。数字电路按集成电路的集成度不同，可分为小规模、中规模、大规模和超大规模集成电路。常用的数字集成逻辑电路有 TTL 和 CMOS 两大类。TTL 电路的输入级和输出级均采用晶体管，所以称为晶体管 - 晶体管逻辑（Transistor-Transistor Logic）电路，简称 TTL 电路。TTL 电路的生产工艺成熟，产品性能稳定，开关速度高，是应用最早的集成电路，但随着大规模集成电路的发展，要求每个逻辑单元电路的结构简单、功耗低，TTL 电路逐渐被 CMOS 电路替代。CMOS 电路将在本课题任务 6 中介绍。目前 TTL 集成门电路主要用于简单的中小规模数字电路中。

在多数情况下，人们只需要判断所用集成门电路的好坏，可使用万用表进行检测。其方法是将待检测集成门电路的各管脚与接地管脚之间的阻值与正常集成门电路的阻值相比较，从而判断被测集成门电路的好坏。

集成门电路空载时输出电压 U_O 随输入电压 U_I 变化的曲线称为电压传输特性曲线。通过测试电压传输特性可获得集成门电路的一些重要参数，如输出高电平 U_{OH}、输出低电平 U_{OL}、关门电平 U_{OFF}、开门电平 U_{ON} 等。

相关知识

一、TTL 集成门电路的概念

1. 电路结构

典型的 TTL 集成与非门电路结构和逻辑符号如图 1 - 32 所示，A、B 是信号输入端，Y 是信号输出端，V_{CC} 接 5 V 直流电源正极，GND 接负极。TTL 集成与非门内部电路按功能可分为输入级、中间级和输出级 3 部分。

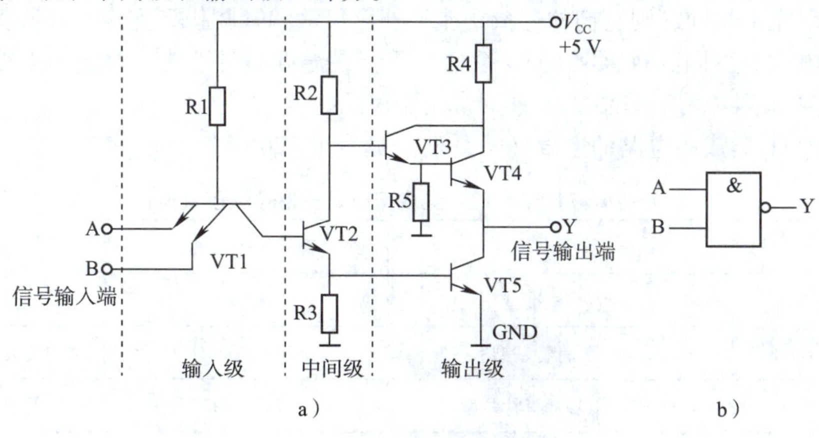

图 1 - 32　TTL 集成与非门
a）电路结构　b）逻辑符号

（1）输入级

输入级由 VT1、R1 组成。多发射极晶体管 VT1 的发射极作为逻辑输入端，实现多个输入信号的逻辑与运算。

（2）中间级

中间级由 VT2、R2 和 R3 组成。它的主要作用是从三极管 VT2 的集电极和发射极上同时输出两个相位相反的电压信号，作为 VT3 和 VT5 的驱动信号，以保证 VT4 和 VT5 一个导通时另一个截止。

（3）输出级

输出级由 VT3、VT4、VT5 和 R4、R5 组成，其中 VT3 和 VT4 构成复合管。由于该复合管与 VT5 的输入信号相反，所以当 VT5 导通时，VT4 截止；VT4 导通时，VT5 截止。这种电路形式称为推挽式结构，具有较强的带负载能力。输出级完成逻辑非运算。

2. 工作原理

当输入信号全为高电平（$U_{IH}=3.6\ V$）时，电源 +5 V 经 R1、VT1 向 VT2、VT5 提供基极电流，VT2、VT5 导通，VT4 截止，输出电压为低电平，门电路导通电压值为：

$$U_Y = U_{CES5} = 0.3\ V$$

当输入信号有一个或全为低电平（$U_{IL}=0.3\ V$）时，VT1 导通，VT1 基极电位为 1 V（0.3 V + 0.7 V = 1 V），不足以向 VT2、VT5 提供基极电流，所以 VT2、VT5 截止，电源 +5 V 经 R2 向 VT3、VT4 提供基极电流，VT4 导通，输出电压为高电平，门电路截止电压值为：

$$U_Y = V_{CC} - I_B R_2 - U_{be3} - U_{be4} \approx 5\ V - 0.7\ V - 0.7\ V = 3.6\ V$$

显然，输出与输入是“有 0 出 1，全 1 出 0”的与非逻辑关系，其逻辑函数式为：

$$Y = \overline{AB}$$

3. 分类

自 20 世纪 60 年代 TTL 电路应用以来，为了降低功耗和提高工作效率，人们对 TTL 电路不断地进行改进，我国主要有 74 系列和 54 系列两大系列。这两大系列，只要器件型号的后几位数码完全相同，则它们的逻辑功能、外形尺寸和管脚排列完全一样，但工作环境温度、电源电压等不同。54 系列比 74 系列更适合在温度条件恶劣、供电电源变化大的环境中工作。54 系列常用于军品，74 系列常用于民品。

74 系列 TTL 集成门电路的型号（子系列）见表 1-26。

表 1-26　74 系列 TTL 集成门电路的型号（子系列）

型号（子系列）	名称	型号（子系列）	名称
74××	标准型	74AS××	先进肖特基型
74S××	肖特基型	74ALS××	先进低功耗肖特基型
74LS××	低功耗肖特基型	74F××	高速型

4. 使用注意事项

（1）选用的 TTL 集成门电路的性能指标应满足设计要求，而且还要留有余量。

（2）V_{CC}电压范围为 4.75 ~ 5.25 V，应尽量稳定在额定值 5 V，以免损坏 TTL 集成门电路。

（3）通常输入信号电压不得高于 V_{CC}，也不得低于 GND（即不允许信号负极性。芯片输入端有晶体二极管钳位保护电路，用于防止可能出现的负极性干扰脉冲）。

（4）TTL 集成门电路的输入端通过电阻接地时，从输入端流出电流的大小和接地电阻阻值 R 的大小直接影响电路所处的状态。通常，当 $R \leqslant 1\ \mathrm{k\Omega}$ 时，输入端相当于逻辑 0；当 $R \geqslant 10\ \mathrm{k\Omega}$ 时，输入端相当于逻辑 1。不同系列的 TTL 器件，要求的阻值不同。

（5）严禁带电操作。插拔 TTL 集成门电路前，一定要切断电源。

（6）焊接时，要将 TTL 集成门电路从 TTL 集成门电路插座上拔下后再焊接。焊点要小，避免相邻管脚短路。

（7）不得将电源的正极和地线接错，否则会因电流过大使器件损坏。

（8）防止外界电磁干扰时，TTL 集成门电路及其引线应远离脉冲高压源等装置，引线要尽量短，最好用绞合线。

5. 闲置逻辑门的处理

通常在 TTL 集成门电路中有 1 ~ 6 个逻辑门，为了降低整个电路的功耗，TTL 集成门电路中未使用的逻辑门应处于截止状态（即输出端为高电平）。例如，对于与非门，至少将其中一个输入端接地；对于或非门，应将全部输入端接地。

6. 多余输入端的处理

TTL 集成门电路多余输入端悬空相当于接入高电平，并不影响与逻辑关系，但悬空容易受干扰，可采用以下方法进行处理。

（1）与门和与非门电路的多余输入端可直接或通过电阻（1 ~ 10 kΩ）与电源 V_{CC} 相连接，或将多余的输入端与正常使用的输入端并联使用。图 1 – 33 所示为与门电路多余输入端的处理方法。

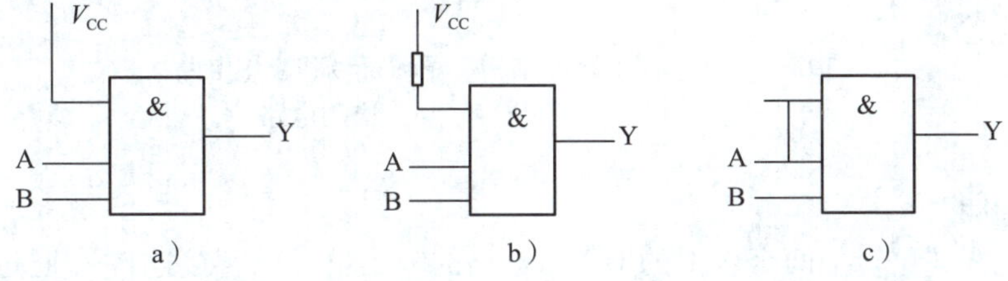

图 1 – 33　与门电路多余输入端的处理方法

a）直接与电源相连接　b）通过电阻与电源相连接　c）将多余的输入端与正常使用的输入端并联

（2）或门和或非门电路的多余输入端不能悬空，可直接接地，否则将影响或逻辑关系。图 1 – 34 所示为或非门电路多余输入端的处理方法。

7. 多余输出端的处理

通常 TTL 集成门电路（OC 门、三态门除外）的输出端不允许并联使用，否则当各逻

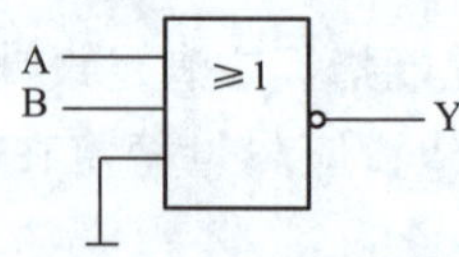

图 1－34　或非门电路多余输入端的处理方法

辑门输出状态不同时，会出现较大的短路电流，从而损坏元件。对于多余的输出端，应悬空处理，不允许直接与电源或地相连接。但有时为了增大驱动负载的能力，对于同片相同功能的输出端可以并接，同时输入端也必须并接。

二、TTL 集电极开路门（OC 门）电路

TTL 集成门电路的逻辑门除了与非门外，还有集电极开路门、三态门、或非门和异或门等。它们虽然逻辑功能各不相同，但都是在与非门的基础上发展而来的。

1. 电路结构

集电极开路门电路是指集电极开路（Open-Collector）的 TTL 门，简称 OC 门，它与普通的 TTL 与非门不同，其 VT3 的集电极是断开的，输出端 Y 未连接负载电阻。OC 门电路工作时需要外接负载电阻 R 和驱动电压 V_{CC}（$V_{CC}=5\sim30$ V），才能实现与非逻辑功能。OC 门电路的结构、逻辑符号和应用电路如图 1－35 所示。其逻辑函数式为 $Y=\overline{AB}$。

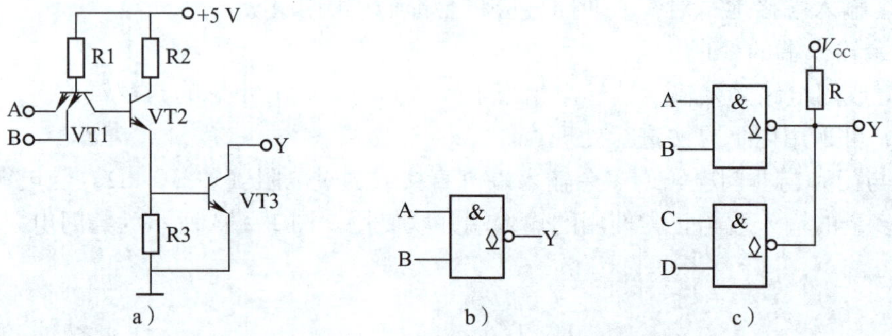

图 1－35　OC 门电路的结构、逻辑符号和应用电路

a）结构　b）逻辑符号　c）应用电路

2. 电路功能

（1）实现线与逻辑。两个以上的 OC 门电路的输出端可以直接连接（通过负载电阻接电源），当某一个输出端为低电平时，公共输出端 Y 为低电平，即实现“线与”逻辑功能。图 1－35c 所示为两个 OC 门电路的“线与”逻辑电路，其逻辑函数式为：

$$Y=\overline{AB}\cdot\overline{CD}$$

（2）实现电平转换。OC 门电路常作为接口电路，驱动不同电压等级的负载。例如，在图 1－36 所示电路中，74LS03 是四 2 输入与非门集成电路（OC 门电路），工作电压为 5 V，输出电流 I_{OL}的最大值为 8 mA。负载是发光二极管 LED 和限流电阻 R 串联。电路逻

辑关系和输出电压、电流实际测试值见表1－27。

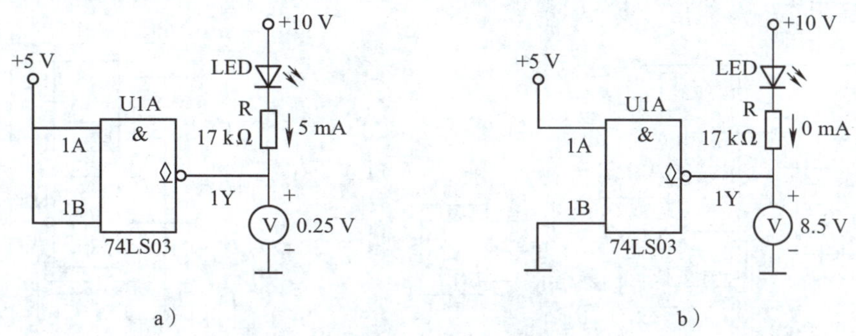

图1－36　OC门接口电路
a）OC门导通　b）OC门截止

表1－27　电路逻辑关系和输出电压、电流实际测试值

电路	输入端逻辑		输出端逻辑	输出端电压	输出端电流	LED
	1A	1B	1Y			
图1－36a	1	1	0	0.25 V	5 mA	亮
图1－36b	1	0	1	8.5 V	0	灭

三、TTL三态门电路

1. 工作原理

TTL门电路和CMOS门电路都有三态门。三态门电路除高电平和低电平两种输出状态外，还有第三种输出状态——高阻态（或称禁止状态），简称TSL（Tristate Logic）。TTL三态与非门的电路结构和逻辑符号如图1－37所示，它是在TTL与非门电路的基础上进行了改进，它的一个输入端在内部通过二极管VD1与三极管VT2集电极相连，该端不再用作输入端，而用作控制端（或使能端），常用“EN”表示。

当使能端EN＝0（0 V）时，VT1导通，其基极电压为0.7 V，该电压无法使VT2、VT4导通，所以VT2、VT4截止。此时，VD1导通，VT2集电极电压为0.7 V，该电压无法使VT3、VD2导通，所以VT3、VD2截止。因为VT3、VT4同时处于截止状态，输出端Y既不与地接通，又不与电源相通，这时电路输出端呈现高阻状态，即输出端Y与外部电路隔离。

当使能端EN＝1（5 V）时，与EN端相连的VT1的发射极和VD1都处于截止状态，相当于开路，这时电路相当于普通的2输入端与非门，按与非逻辑输出。

2. 电路特点

三态门电路的特点是在一根导线L（常称为总线）上可以连接多个三态门电路的输出端，轮流接收来自不同三态门电路的输出信号，在接收某个三态门电路的输出信号时，其他三态门电路必须处于高阻态。所以，三态门电路的主要用途是实现总线传输。例如，在图1－38所示电路中，总线L并接了两个三态与非门电路N1和N2，当控制信号EN＝1

时，N1 门工作，N2 门处于高阻态，总线信号 $L=\overline{AB}$；当控制信号 EN = 0 时，N2 门工作，N1 门处于高阻态，总线信号 $L=\overline{CD}$。

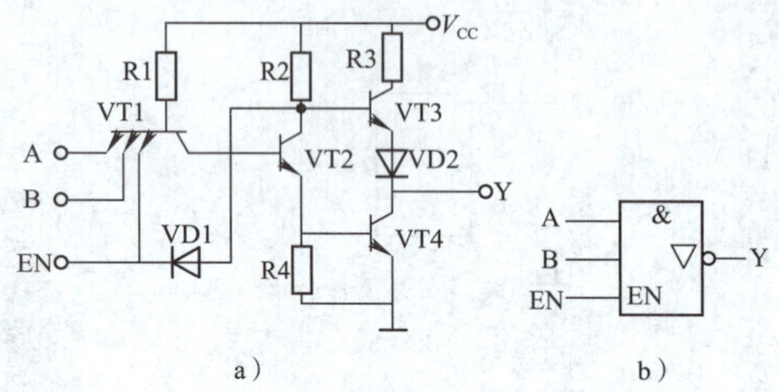

图 1－37　TTL 三态与非门的电路结构和逻辑符号
a）电路结构　b）逻辑符号

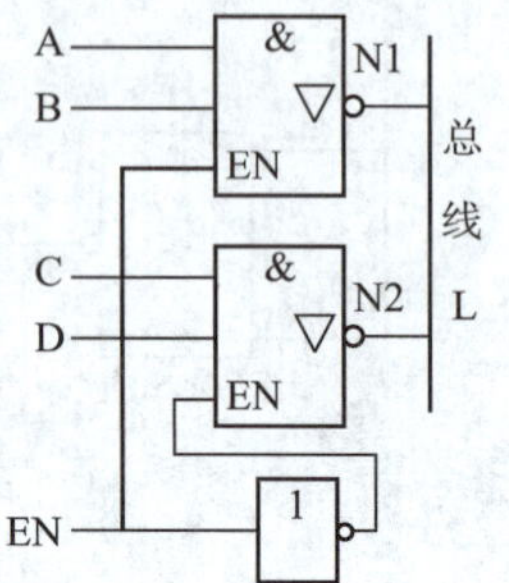

图 1－38　TTL 三态门电路的应用

四、TTL 集成门电路的使用条件和电气参数

74LS 系列 TTL 集成门电路功耗较低、工作速度高，是目前 TTL 集成门电路中应用最多的产品系列。下面以 74LS00 为例介绍 TTL 集成门电路的使用条件和电气参数。某 IC 生产厂商推荐 74LS00 的使用条件见表 1－28。

表 1－28　某 IC 生产厂商推荐 74LS00 的使用条件

符号	名称	最小值（Min）	额定值（Nom）	最大值（Max）
V_{CC}/V	电源电压	4.75	5	5.25
U_{IH}/V	输入高电平	2		
U_{IL}/V	输入低电平	0		0.8
I_{OH}/mA	高电平输出电流			－0.4
I_{OL}/mA	低电平输出电流			8
T_A/℃	自然通风时的环境温度	0		70

注：流入 IC 逻辑端口的电流为正值，流出 IC 逻辑端口的电流为负值。高/低电平输出电流分别指输入为高/低电平时的输出电流。

该 IC 生产厂商发布的 74LS00 电气测试参数见表 1－29。其中，典型值是在 $V_{CC}=5$ V、$T_A=25$ ℃时测得的。

表 1－29　74LS00 的电气测试参数

符号	名称	测试条件	最小值（Min）	典型值（Typ）	最大值（Max）
U_I/V	输入钳位电压	V_{CC} = Min，I_I = －18 mA			－1.5
U_{OH}/V	输出高电平	V_{CC} = Min，I_{OH} = Max，U_{IL} = Max	2.7	3.4	
U_{OL}/V	输出低电平	V_{CC} = Min，I_{OL} = Max，U_{IH} = Min		0.35	0.5
		V_{CC} = Min，I_{OL} = 4 mA		0.25	0.4

续表

符号	名称	测试条件	最小值(Min)	典型值(Typ)	最大值(Max)
I_I/mA	最高输入电压时的输入电流	V_{CC} = Max，U_I = 7 V			0.1
I_{IH}/μA	高电平输入电流	V_{CC} = Max，U_I = 2.7 V			20
I_{IL}/mA	低电平输入电流	V_{CC} = Max，U_I = 0.4 V			-0.36
I_{OS}/mA	输出短路电流	V_{CC} = Max	-20		-100
I_{CCH}/mA	输出高电平时电源电流	V_{CC} = Max		0.8	1.6
I_{CCL}/mA	输出低电平时电源电流	V_{CC} = Max		2.4	4.4

1. TTL 与非门输入、输出电平幅度

由表 1－28、表 1－29 可知，输入低电平信号 U_{IL} 的最大值为 0.8 V，电平范围为 0～0.8 V；输入高电平信号 U_{IH} 的最小值为 2 V。输入信号电平不能在 0.8～2 V，否则系统无法判断逻辑值，会发生逻辑错误。输出低电平信号 U_{OL} 的典型值为 0.35 V，最大不超过 0.5 V；输出高电平信号 U_{OH} 的典型值为 3.4 V，最小不低于 2.7 V。由上述数据可绘出 74LS00 的输出、输入电平幅度，如图 1－39 所示。可以看出，在多级 TTL 电路中，后级输出信号幅度满足前级输入信号幅度要求。

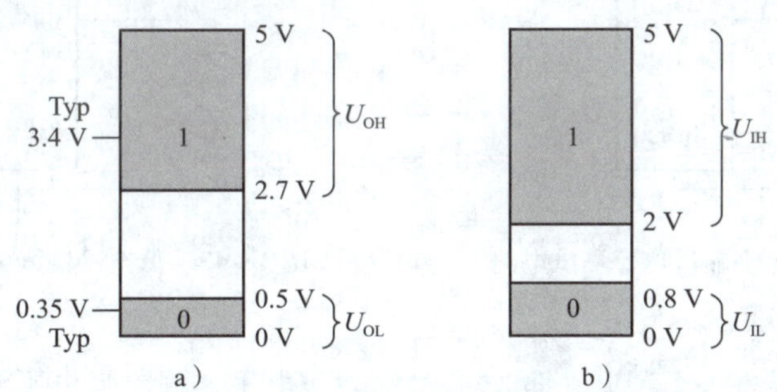

图 1－39　74LS00 输出、输入电平幅度
a）输出电平幅度　b）输入电平幅度

2. 输出低电平时电源电流 I_{CCL}

I_{CCL} 是指全部输入端悬空，输出端空载，与非门处于导通状态时电源提供给与非门的电流。I_{CCL} 与电源电压 V_{CC} 的乘积为空载功率，所以 I_{CCL} 的大小反映了空载导通时功耗的大小。输出低电平时电源电流测试电路如图 1－40 所示，实测 I_{CCL} = 2.82 mA，空载导通功耗为 2.82 mA × 5 V = 14.1 mW。

3. 输出高电平时电源电流 I_{CCH}

I_{CCH} 是指输出端空载，全部输入端接地，与非门处于截止状态时电源提供给与非门的电流。I_{CCH} 的大小反映了空载截止功耗的大小。输出高电平时电源电流测试电路如图 1－41 所示，实测 I_{CCH} = 0.96 mA，空载截止功耗为 0.96 mA × 5 V = 4.8 mW。

比较可知，I_{CCL} 大于 I_{CCH}，因此，为了降低功耗，不使用的逻辑门应处于截止状态。

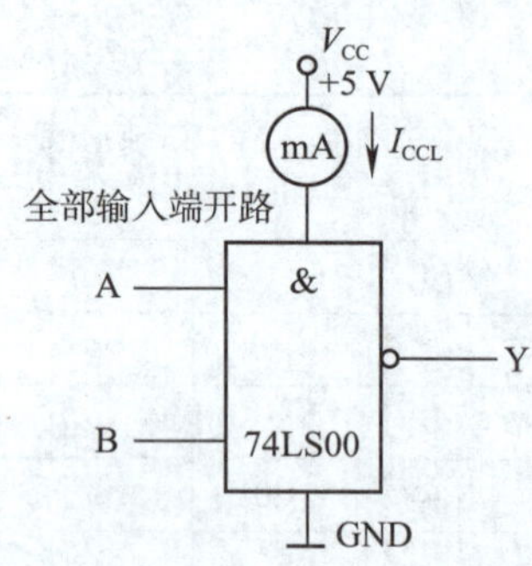

图 1－40　输出低电平时电源电流测试电路

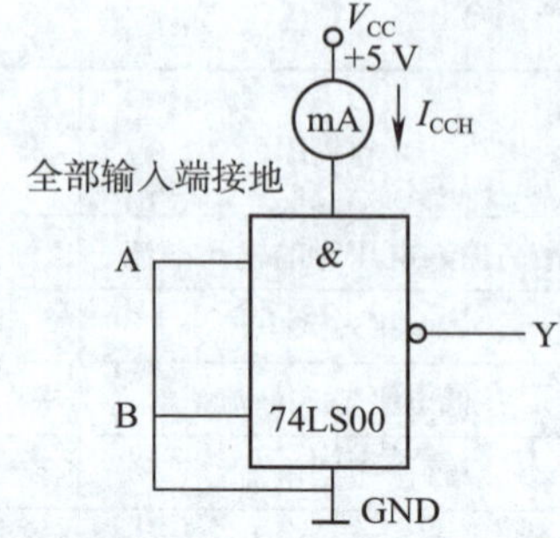

图 1－41　输出高电平时电源电流测试电路

4. 高电平输入电流 I_{IH}

I_{IH}是指被测输入端接高电平 2.7 V 时流入被测输入端的电流值。高电平输入电流测试电路如图 1－42 所示，实测 $I_{IH}=0.3\ \mu A$。

5. 低电平输入电流 I_{IL}

I_{IL}是指被测输入端接低电平 0.4 V 时流出被测输入端的电流值。低电平输入电流测试电路如图 1－43 所示，实测 $I_{IL}=-0.22\ mA$。

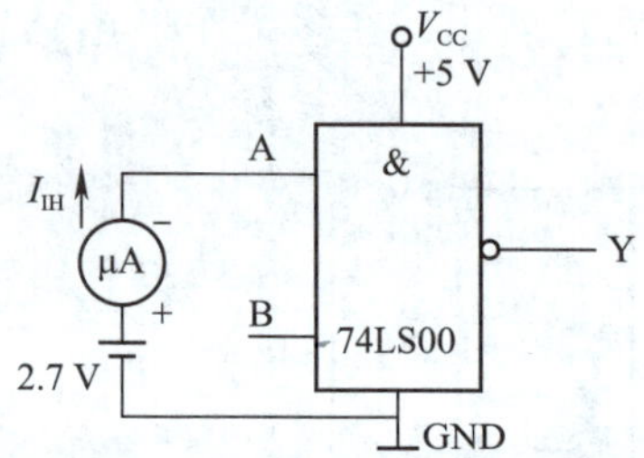

图 1－42　高电平输入电流测试电路

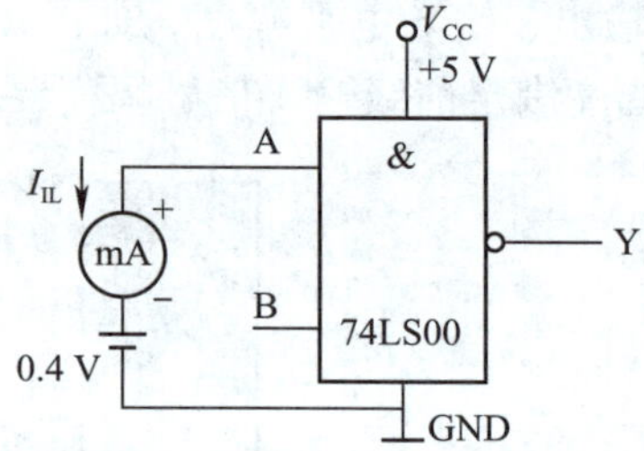

图 1－43　低电平输入电流测试电路

6. 输出高电平 U_{OH}

U_{OH}是指当输入端有一个或几个低电平时的输出电平。输出高电平测试电路如图 1－44 所示，U_{IL}最大为 0.8 V，I_{OH}最大为 0.4 mA（反向），所以负载电阻 $R=U_{OH}/I_{OH}=3.4\ V/0.4\ mA=8.5\ k\Omega$。实测输出端的电压 $U_{OH}=3.51\ V$。

7. 输出低电平 U_{OL}

U_{OL}是指输入端全部为高电平时的输出电平。输出低电平测试电路如图 1－45 所示，U_{IH}最小为 2 V，I_{OL}最大为 8 mA，所以负载电阻 $R=(V_{CC}-U_{OL})/I_{OL}=(5\ V-0.35\ V)/8\ mA=0.58\ k\Omega$。实测输出端的电压 $U_{OL}=0.39\ V$。

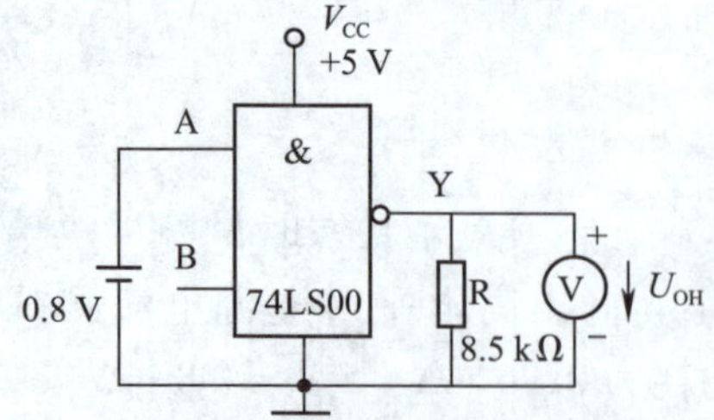

图 1－44　输出高电平测试电路

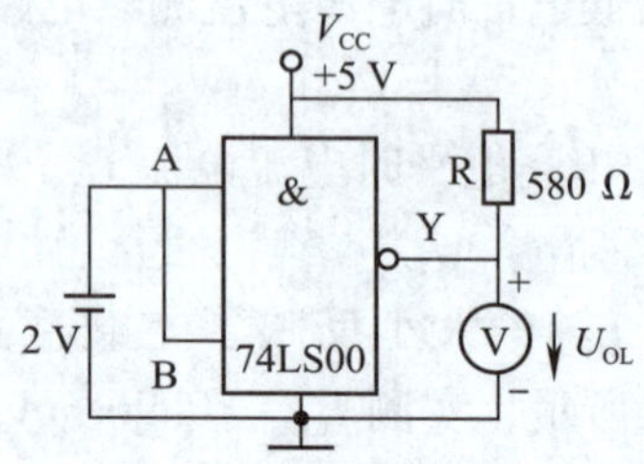

图 1－45　输出低电平测试电路

任务实施

一、任务分析

在安装和调试数字电路时，通常要对集成电路进行测试并分析判断其性能。本任务以TTL 四 2 输入与非门 74LS00 集成电路为例进行 TTL 集成门电路管脚阻值测试，要求能正确识别 74LS00 的管脚排列，分别对提供的两片 74LS00 的正向、反向阻值进行测试，记录测试结果，并根据测试结果判断 74LS00 的好坏。

本任务还要进行 TTL 与非门电压传输特性测试，并根据测试数据绘制曲线，最后分析TTL 电路的几个重要参数。

在实施任务前首先来认识 74LS00 芯片和面包板。

1. 74LS00 芯片

常用的集成电路芯片多为双列直插式封装，其管脚数有 14、16、20、24 根等多种。74LS00 共有 14 根管脚，如图 1－46 所示，其管脚序号排列是凹口（小圆点）处左下角管脚为①，从正面（商标面）看按逆时针方向顺序编号。74LS00 内部有 4 个逻辑相互独立的与非门，分别为 U1A、U1B、U1C 和 U1D，其作用是实现与非门的功能，如可使用 74LS00 制作三人表决器。每个与非门可以单独使用，但它们共用一根电源引线和一根地线。不管使用哪个与非门，都必须将 V_{CC} 接 +5 V 电源，GND 接电源负极。

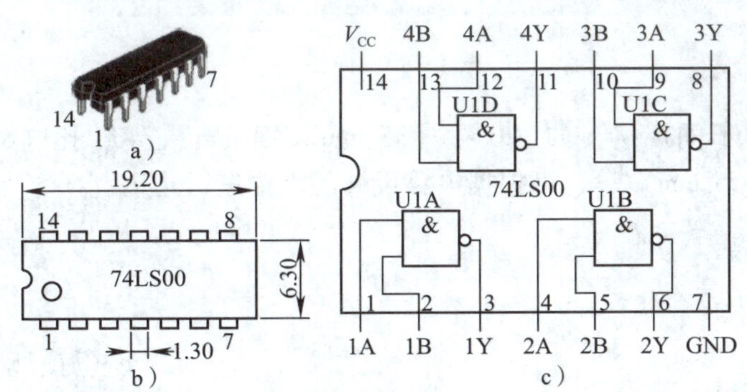

图 1－46　74LS00 的外形、管脚排列及内部结构

a）外形　b）管脚排列　c）内部结构

74 系列集成电路管脚数多为 14～24 根，不管集成电路管脚数为多少，绝大多数集成电路从正面看右下角均为接地脚（负电源脚，符号为 GND），左上角均为正电源脚（5 V，符号为 V_{CC}）。但个别 74 系列集成电路的电源管脚排列不同，所以在实训前应查明集成电路的管脚。通常在电路图上不画出电源管脚，但连接实际电路时一定要用导线连上。

2. 面包板

面包板是专供电子电路的无焊接组装、调试和训练用。面包板正面布满小插孔，这些小插孔是按一定规则连接在一起的，可供插入 IC、电阻器、电容器、发光二极管和数码管等元器件，宜使用 ϕ（0.52～0.6）mm 的单芯导线通过插接连成电路。使用面包板时可根据需要随意插入或拔出各种电子元器件，免去了焊接，节省了电路的组装时间，且元器件可以重复使用。有些面包板背面有背胶，方便其贴在不同的仪器上。

面包板如图 1－47 所示，其整板使用热固性酚醛树脂制造，板底有金属条，在板上对应位置打孔，使得元器件插入孔中时能够与金属条接触，从而达到导电的目的。最上面标有“＋”的一行有 5 组插孔，每组 5 个（一般将每 5 个孔用一条金属条连接），通常作为电源正极或高电平端；标有“－”的一行作为电源负极或低电平端。面包板下方第一行与第二行结构同上，如需用到整个面包板，通常将“＋”与“＋”用导线连接起来，“－”与“－”用导线连接起来。面包板中间一般有一条凹槽，中间凹槽两侧每 5 个插孔为 1 列，在同一列中的 5 个插孔（即 a－b－c－d－e，f－g－h－i－j）是互相连通的；列和列（即 1～30）之间以及凹槽上下部分（如 e－f）是不连通的。

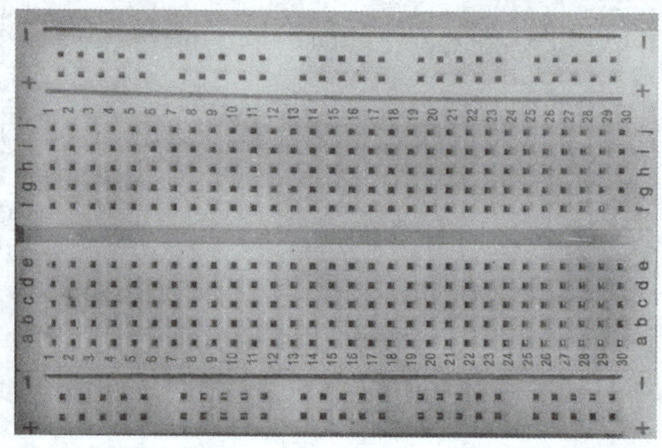

图 1－47　面包板

面包板有多种不同规格，如 170 孔（35 mm×47 mm）、400 孔（85 mm×55 mm）、800 孔（165 mm×55 mm）等，可根据电路设计的需要进行选用。

二、任务准备

1. 实训器材

（1）74LS00	2 片（好、坏各 1 片）
（2）面包板（170 孔）	2 块
（3）直流电源（5 V）	1 台
（4）万用表或直流电压表	1 块
（5）电位器（10 kΩ，3 个端子已焊上插接线）	1 个
（6）IC 起拔器、镊子	各 1 个

2. 注意事项

（1）安装 IC 前，要用镊子将管脚扳直。安装 IC 时，IC 凹口方向要向左，如果安装方向相反，造成电源极性接错，通电后 IC 将烧毁。安装过程中，管脚应插入面包板中间凹槽两侧的插孔内，将各根管脚对准面包板上的插孔，稍用力压入；要记清楚定位标记，不得插反。起拔时，要用 IC 起拔器，防止管脚别弯或折断。

（2）在连接电路之前，应检测直流电源的输出电压是否为 5 V（V_{CC} 接＋5 V 电源，输出电压不能高于5 V），如有偏差要进行调整；检查电源输出端的极性是否连接正确（红色线接“+”极，黑色线接“-”极），电源极性不能接错，以免损坏芯片。

（3）测电压时，要检查万用表是否为直流电压挡位、20 V量程，表笔接线是否正确。

（4）一定要安全操作，不要在带电状态下插拔集成电路，否则容易造成集成电路损坏。实训过程中，若需改动接线，必须先断开电源，连接好后再通电。

（5）如果测试数值偏差太大，应先断电，然后检查电路和仪表。

三、操作步骤

1. 测试TTL集成门电路管脚阻值

（1）将74LS00芯片插入面包板，IC凹口方向朝向测量人员的左侧。

（2）选择万用表 $R\times1\text{k}$ 挡，用万用表黑表笔接管脚⑦，用红表笔依次接其他管脚，测试各管脚的正向阻值，将测试结果填入表1-30中。

（3）用万用表红表笔接管脚⑦，用黑表笔依次接其他管脚，测试各管脚的反向阻值，将测试结果填入表1-30中。

表1-30　74LS00管脚测试阻值

管脚	⑭	⑬	⑫	⑪	⑩	⑨	⑧
正向阻值/kΩ							
反向阻值/kΩ							
管脚	①	②	③	④	⑤	⑥	⑦
正向阻值/kΩ							
反向阻值/kΩ							

（4）根据测试结果判断74LS00的好坏。用MF500型万用表 $R\times1\text{k}$ 挡测试正常74LS00的管脚阻值，得到的数据见表1-31。可以看出，TTL集成门电路的各管脚具有不对称的正、反向阻值，并且同类管脚的阻值接近。逻辑输入端的正向阻值均为3.8 kΩ，反向阻值均为∞；逻辑输出端的正向阻值均为5.5 kΩ，反向阻值均为600 kΩ。如果某一根管脚与接地管脚之间的正、反向阻值均较小或为∞，说明该管脚与接地管脚之间存在击穿或开路等故障，显然，这样的集成电路已损坏，或者性能已变差。因为不同型号万用表的内阻不同，不同厂家和批号的IC有差异，所以表1-31中的数值仅供参考。

表1-31　74LS00管脚参考阻值

管脚	⑭	⑬	⑫	⑪	⑩	⑨	⑧
正向阻值/kΩ	4.7	3.8	3.8	5.5	3.8	3.8	5.5
反向阻值/kΩ	38	∞	∞	600	∞	∞	600
管脚	①	②	③	④	⑤	⑥	⑦
正向阻值/kΩ	3.8	3.8	5.5	3.8	3.8	5.5	0
反向阻值/kΩ	∞	∞	600	∞	∞	600	0

（5）按照实训室管理制度和8S要求，整理实训器材和实训现场。

2. 测试TTL与非门电压传输特性

TTL与非门电压传输特性的测试电路如图1－48所示，首先按图连接电路，然后进行TTL与非门电压传输特性测试，并根据测试数据绘制曲线，最后分析TTL电路的几个重要参数。

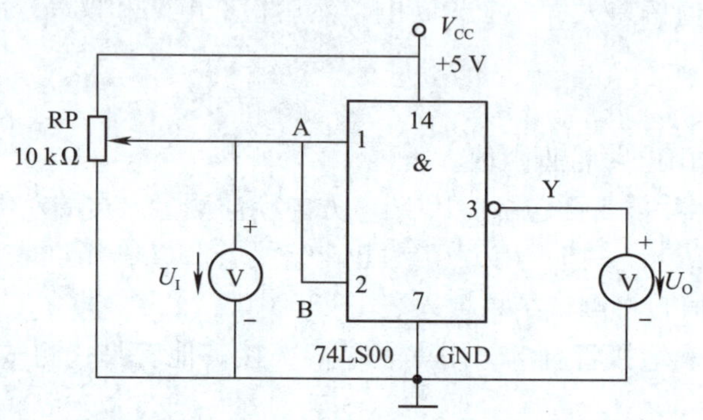

图1－48　TTL与非门电压传输特性的测试电路

（1）将74LS00芯片插入面包板，凹口方向向左。

（2）用红色插接线连接＋5 V电源正极与管脚⑭，用黑色插接线连接电源负极与管脚⑦。

（3）将电位器连线插入面包板。

（4）用插接线连接电路，连接完毕自检无误并经指导教师检查后再接通电源。

（5）测试时调节电位器RP，使U_I从0 V向高电平缓慢变化，逐点测试U_I和U_O，并将测试值填入表1－32中。

表1－32　TTL与非门电压传输特性测试

U_I/V	0	0.6	0.7	0.8	0.9	1.0	1.1	1.2	1.3	1.4	1.5	1.6	1.8	2.0
U_O/V														

（6）将表1－32中的测试数值通过描点作图法绘在图1－49中，即可得出TTL与非门电压传输特性曲线。该传输特性曲线大致可分为3个区域：截止区、转折区和饱和区。

在截止区，与非门输出高电平；在饱和区，与非门输出低电平；截止区与饱和区之间为转折区，其间输出电压会急剧变化。

截止区向转折区过渡的输入电平称为开门电平U_{ON}，饱和区向转折区过渡的输入电平称为关门电平U_{OFF}。

（7）根据测试结果在图1－49中标出74LS00门电路输出高电平U_{OH}、输出低电平U_{OL}、开门电平U_{ON}和关门电平U_{OFF}。

（8）按照实训室管理制度和8S要求，整理实训器材和实训现场。

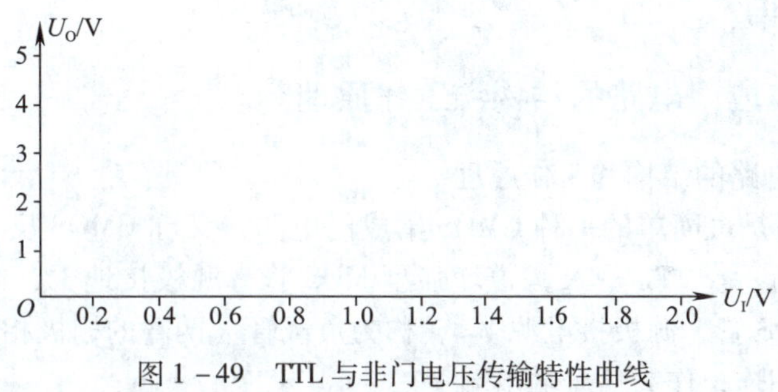

图 1－49 TTL 与非门电压传输特性曲线

任务 6 测试 CMOS 集成门电路

学习目标

1. 能叙述 CMOS 集成门电路的结构和工作原理。
2. 能叙述 CMOS 集成门电路的型号及其特点。
3. 能叙述 CMOS 集成门电路的电气参数和使用注意事项。
4. 能使用万用表测试 CMOS 集成门电路各管脚与接地管脚之间的阻值，并判断被测 CMOS 集成门电路的好坏。

任务引入

根据电路结构和逻辑功能，数字电路可以分为组合逻辑电路（简称组合电路）和时序逻辑电路（简称时序电路）。TTL 集成门电路和 CMOS 集成门电路就是组合电路的基本单元。

随着大规模集成电路的发展和应用，要求组合逻辑电路的结构简单且功耗低，而 TTL 集成门电路无法满足这个条件，于是 CMOS 集成门电路应运而生。CMOS 是互补金属氧化物半导体器件的英文简称，它由绝缘栅场效应管 PMOS 和 NMOS 共同组成互补型电路，其输入阻抗高，功耗远低于 TTL 集成门电路，发热量小，结构简单，易于集成，这些优点使 CMOS 集成门电路在大规模数字集成电路中得到广泛应用，在集成电路中占有主导地位。国产 CMOS 集成门电路主要有 4000 系列和高速系列，如楼道的声光双控灯电路就常用 CD4011 集成电路。

由于 CMOS 结构的原因，CMOS 集成块也较容易损坏，所以使用中应遵守相关注意事项。判断被测 CMOS 集成门电路好坏的方法与用万用表测试 TTL 集成门电路类似，即用万用表测试 CMOS 集成门电路各管脚与接地管脚之间的阻值，并与正常的 CMOS 集成门电路阻值相比较。

相关知识

一、CMOS 集成门电路的结构和工作原理

1. CMOS 非门电路的结构和工作原理

CMOS 非门电路是最简单的一种 CMOS 集成门电路，又称 CMOS 反相器，其结构和逻辑符号如图 1－50 所示。VT1 是 N 沟道增强型 MOS 管，源极接地 V_{SS}，称为驱动管；VT2 是 P 沟道增强型 MOS 管，源极接电源 V_{CC}，称为负载管（两管的栅极相连，作为信号输入端 A；两管的漏极相连，作为信号输出端 Y）。

当输入端 A 接高电平 V_{CC}时，PMOS 管 VT2 的栅极与源极之间电压为 0，没有形成导电沟道，所以 VT2 管截止，输出端与电源 V_{CC}隔离。NMOS 管 VT1 的栅极与源极之间有足够大的正向电压，吸引电子形成 N 型导电沟道，将漏极和源极两个 N 型区接通，所以 VT1 管导通，输出端 Y 为低电平，输出电平为：

$$U_Y = U_{OL} = 0\ \text{V}$$

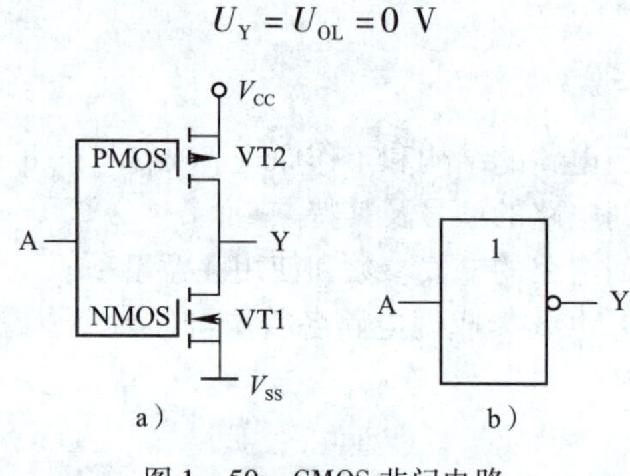

图 1－50　CMOS 非门电路

a）电路结构　b）逻辑符号

同理，当输入端 A 接低电平 0 V 时，NMOS 管截止，输出端与地隔离；PMOS 管导通，输出端 Y 为高电平，输出电平为：

$$U_Y = U_{OH} \approx V_{CC}$$

因此，输出信号与输入信号之间符合“非”逻辑关系，即：

$$Y = \overline{A}$$

由于两个管子始终有一个处于截止状态，所以 CMOS 电路的静态电流和功耗极小。

2. CMOS 与非门电路的结构和工作原理

CMOS 与非门电路又称互补型 MOS 与非门电路。CMOS 与非门电路的结构和逻辑符号如图 1－51 所示，它由四个 MOS 管组成，其中两个 PMOS 管并联连接，只要有一个管子导通，输出就为高电平；两个 NMOS 管串联连接，必须两个管子都导通，输出才能为低电平。每个输入信号同时控制一个 PMOS 管和一个 NMOS 管。当输入信号有一个或全部为 0 时，相应的 PMOS 管导通，NMOS 管截止，输出为高电平 V_{CC}；当输入信号全部为高电平 V_{CC}时，两个 NMOS 管导通，PMOS 管截止，输出为低电平 0。

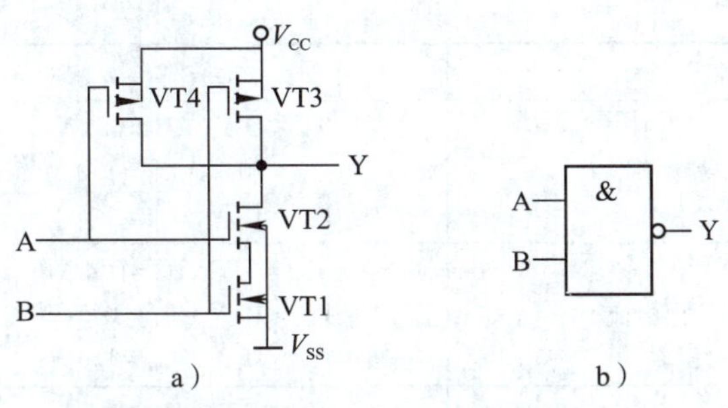

图 1 - 51 CMOS 与非门电路
a）电路结构 b）逻辑符号

因此，输出信号与输入信号之间符合“与非”逻辑关系，即：

$$Y=\overline{AB}$$

二、CMOS 集成门电路的型号及其特点

1. CMOS 集成门电路的型号

（1）CC 或 CD 表示为标准 4000 系列。

（2）HC 表示为高速 CMOS 系列。

（3）HCT 表示为与 TTL 兼容的 HCMOS 系列。

高速 CMOS 主要有 54 系列（军用品）及 74 系列（民用品）两大类。HCMOS 比 CMOS 4000 系列具有更高的工作速度和更强的输出驱动负载的能力，同时保留了 CMOS 4000 系列低功耗、强抗干扰能力的优点。

2. CMOS 集成门电路的特点

与 TTL 集成门电路相比，CMOS 集成门电路主要有以下特点：静态功耗低、电源电压范围宽、噪声容限大、输出信号摆幅大、输入阻抗高、扇出系数（门电路输出低电平时允许带同类门电路的个数）大。

三、CMOS 集成门电路的电气参数

某品牌 CMOS 与非门 CD4011 的电气参数见表 1 - 33。

表 1 - 33 某品牌 CMOS 与非门 CD4011 的电气参数

符号	名称	条件	典型值（25 ℃时）
I_{CC}	静态电流	$V_{CC}=5\sim15$ V	0.004 ~ 0.006 μA
U_{OL}	输出低电平	$V_{CC}=5\sim15$ V，$I_O<1$ μA	0 V
U_{OH}	输出高电平	$V_{CC}=5\sim15$ V，$I_O<1$ μA	V_{CC}
U_{IL}	输入低电平	$V_{CC}=5$ V，$U_O=4.5$ V $V_{CC}=10$ V，$U_O=9.0$ V $V_{CC}=15$ V，$U_O=13.5$ V	2 V 4 V 6 V

续表

符号	名称	条件	典型值（25 ℃时）
U_{IH}	输入高电平	V_{CC} =5 V，U_O =0.5 V V_{CC} =10 V，U_O =1.0 V V_{CC} =15 V，U_O =1.5 V	3 V 6 V 9 V
I_{OL}	低电平输出电流	V_{CC} =5 V，U_O =0.4 V V_{CC} =10 V，U_O =0.5 V V_{CC} =15 V，U_O =1.5 V	0.88 mA 2.25 mA 8.8 mA
I_{OH}	高电平输出电流	V_{CC} =5 V，U_O =4.6 V V_{CC} =10 V，U_O =9.5 V V_{CC} =15 V，U_O =13.5 V	0.88 mA 2.25 mA 8.8 mA
I_{IN}	输入电流	V_{CC} =15 V，U_O =0 ~ 15 V	10^{-5} μA

通常陶瓷封装的 CMOS 电路的工作温度范围为 -55 ~ 125 ℃，塑料封装的 CMOS 电路的工作温度范围为 -40 ~ 85 ℃。

CMOS 集成门电路的工作电压范围为 3 ~ 18 V，工作电压越高，电路的抗干扰能力越强，运行速度越快，但相应的功耗也大。在条件允许的情况下，应尽可能降低电源电压。如果电路的工作频率比较低，用 5 V 电源供电最好，可以与 TTL 集成门电路兼容。

四、CMOS 集成门电路的使用注意事项

CMOS 器件用一层极薄的二氧化硅材料作为电极的绝缘层，输入电阻非常大，使得栅极上的感应电荷不易泄漏，栅极只要有少量的电荷，便可产生较强的电场，绝缘层易被击穿而损坏。在使用 CMOS 器件时，应注意以下事项。

（1）存放 CMOS 器件时要将其屏蔽，一般放在金属容器内，CMOS 器件应插在导电泡沫橡胶上或用锡箔纸包好，将管脚短路存放。

（2）手拿 CMOS 器件时，应持芯片的两头，避免触碰其管脚。

（3）在组装、调试时，所用的仪表、工作台等必须良好接地。

（4）应尽量使用集成电路插座，待焊接完成后再插入 CMOS 集成门电路。如果需要焊接，必须使电烙铁良好接地，最好将电烙铁断电后利用余热进行焊接。

（5）开机时，应先加电源电压，再加输入信号；关机时，应先关掉输入信号，再切断电源。在未加电源电压的情况下，不允许在 CMOS 集成门电路输入端接入信号。

（6）CMOS 集成门电路的信号输入端电压不应超过电源电压 V_{CC} 或低于地电位。

（7）CMOS 器件输入端不能悬空，多余的输入端按逻辑要求经电阻接 V_{CC}（电源正极）或 V_{SS}（电源负极），否则会由于感应静电或各种脉冲信号造成干扰，破坏电路逻辑状态，甚至损坏集成门电路。由于 CMOS 输入端电流约为 0，所以若输入端接地电阻值较大时，输入端仍相当于逻辑 0。

（8）CMOS 集成门电路的输出端不允许与 V_{CC} 或 V_{SS} 直接短接。一般情况下，不同的集成门电路，其输出端不得直接并接，但对于同片且功能相同的输出端，为了增加驱动能力，可以将输出端并接，同时输入端也应并接。

任务实施

一、任务分析

本任务以测试 CMOS 四 2 输入与非门 CD4011 为例，学习使用万用表判断被测 CMOS 集成门电路好坏的方法。

CD4011 集成门电路为常用逻辑电路之一，共有 14 根管脚，其管脚功能及封装形式如图 1－52 所示，内部有 4 个相互独立的与非门单元（四个 2 输入与非门），分别为 U1A、U1B、U1C 和 U1D，具有抗干扰性能好、功耗低、输入阻抗大、输出驱动能力强等特点。CD4011 主要有双列直插（DIP）及贴片（SOP）封装两种封装形式。CD4011 的管脚①、⑤、⑧、⑫为四个与非门输入端 A，管脚②、⑥、⑨、⑬为四个与非门输入端 B，管脚③、④、⑩、⑪为四个与非门输出端，管脚⑦为电源负极 GND，管脚⑭为电源正极。

一般芯片管脚图中字母 A、B、C、D、I 为电路的输入端，E、G 为电路的使能端，NC 为空脚，Y、Q 为电路的输出端。

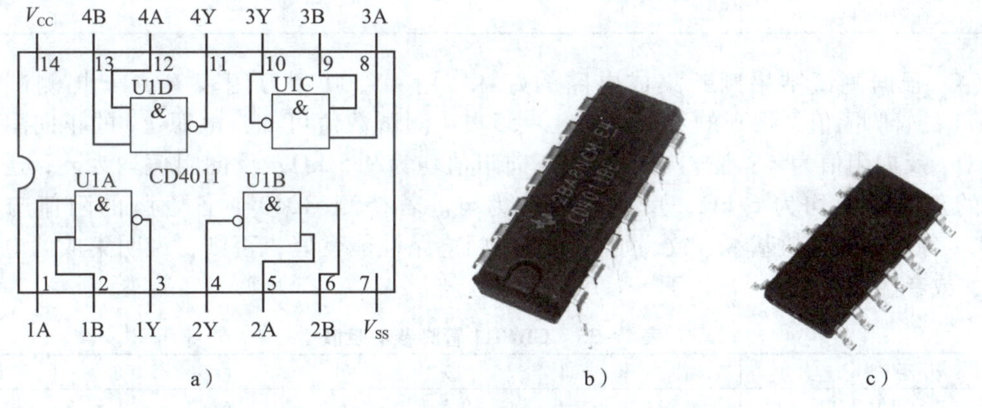

图 1－52　CD4011 管脚功能及封装形式

a）CD4011 管脚功能　b）CD4011 双列直插封装　c）CD4011 贴片封装

二、任务准备

1. 实训器材

（1）CD4011	2 片（好、坏各 1 片）
（2）面包板	1 块
（3）万用表	1 块
（4）集成电路起拔器、镊子	各 1 个

2. 注意事项

（1）操作过程中一定要避免静电损坏芯片。

（2）测试逻辑输出端的反向阻值时，不能将输入端悬空，应将同一个逻辑单元的一个

或全部输入端与 V_{SS} 连接，否则感应电压会造成测试不准确。

（3）同一个逻辑单元的输入端是否与 V_{SS} 连接，会造成其输出端阻值的较大变化，利用这个特点，可以分辨出同一个逻辑单元的输入端和输出端。

三、操作步骤

（1）将 CD4011 芯片插入面包板，IC 凹口方向朝向测量人员的左侧。

（2）选择万用表 $R\times1\text{k}$ 挡，用万用表黑表笔接管脚⑦，用红表笔依次接其他管脚，测试各管脚的正向阻值，将测试结果填入表 1－34 中。

（3）用万用表红表笔接管脚⑦，用黑表笔依次接其他管脚，测试各管脚的反向阻值，将测试结果填入表 1－34 中。

表 1－34　CD4011 管脚测试阻值

管脚	⑭	⑬	⑫	⑪	⑩	⑨	⑧
正向阻值/kΩ							
反向阻值/kΩ							
管脚	①	②	③	④	⑤	⑥	⑦
正向阻值/kΩ							
反向阻值/kΩ							

（4）根据测试结果判断集成电路的好坏。用 MF500 型万用表 $R\times1\text{k}$ 挡测试正常 CD4011 的管脚阻值，得到的数据见表 1－35。从测试数值可知，电源 V_{CC} 的正向阻值为 4. 8 kΩ，反向阻值为∞；逻辑输入端的正向阻值均为 9. 5 kΩ，反向阻值均为∞；逻辑输出端的正向阻值均为 6 kΩ，反向阻值均为∞。若待测 CD4011 各管脚的阻值与正常 CD4011 各管脚的阻值基本一致，则说明集成门电路性能良好；否则，说明集成门电路已损坏，或者性能已变差。

表 1－35　CD4011 管脚参考阻值

管脚	⑭	⑬	⑫	⑪	⑩	⑨	⑧
正向阻值/kΩ	4. 8	9. 5	9. 5	6	6	9. 5	9. 5
反向阻值/kΩ	∞	∞	∞	∞	∞	∞	∞
管脚	①	②	③	④	⑤	⑥	⑦
正向阻值/kΩ	9. 5	9. 5	6	6	9. 5	9. 5	0
反向阻值/kΩ	∞	∞	∞	∞	∞	∞	0

（5）按照实训室管理制度和 8S 要求，整理实训器材和实训现场。

任务 7　测试集成门电路的逻辑功能

学习目标

1. 能叙述 TTL 与非门、CMOS 与非门外接负载电路的结构和工作原理。

2. 能区分 TTL 与 CMOS 接口电路的功能及特点。
3. 能用合适的方法检测集成门电路的逻辑功能。

任务引入

由于集成门电路的种类齐全，价格低廉，所以 IC 芯片在数字电路中已被广泛使用，掌握 IC 芯片逻辑电平的测试方法，是开发和维护数字电子设备的必要技能。IC 芯片逻辑电平的测试是指在各逻辑输入端分别接入不同的电平值，用万用表测量逻辑输出端的电平值，并分析输入与输出是否符合逻辑关系。通常，TTL 集成门电路的负载电流远远大于 CMOS 集成门电路的负载电流，可以直接驱动发光二极管（LED），所以也可以根据 LED 的发光状态判断 TTL 集成门电路输出端的逻辑电平。

相关知识

一、TTL 与非门的负载驱动电路

TTL 电路的高电平输出电流 I_{OH} 远远小于低电平输出电流 I_{OL}，因此，当负载要求提供较大的电流时，应当用 TTL 电路的低电平去驱动负载。在图 1－53 所示 TTL 与非门的负载驱动电路中，U1A 是四 2 输入与非门 74LS00 的一个逻辑单元，负载为 LED 和限流电阻 R 串联，负载电压为 5 V。图 1－53 中各电路的逻辑关系和输出端电压、电流实际测试值见表 1－36。

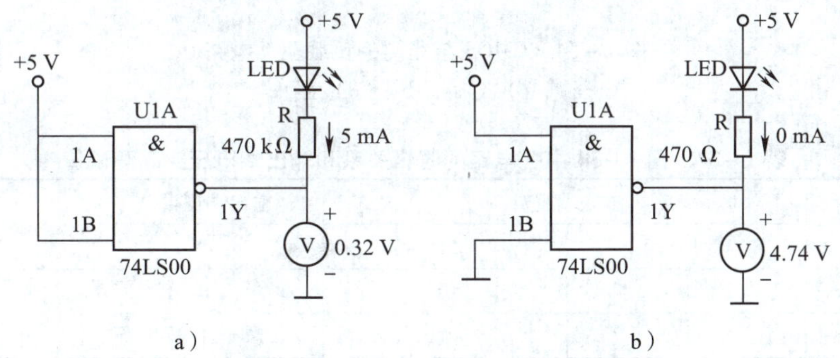

图 1－53　TTL 与非门的负载驱动电路
a）导通　b）截止

表 1－36　图 1－53 中各电路的逻辑关系和输出端电压、电流实际测试值

电路	输入端逻辑		输出端逻辑	输出端电压/V	输出端电流/mA	LED
	1A	1B	1Y			
图 1－53a	1	1	0	0.32	5	亮
图 1－53b	1	0	1	4.74	0	灭

二、CMOS 与非门的负载驱动电路

CMOS 电路的高电平输出电流 I_{OH} 和低电平输出电流 I_{OL} 通常是相等的，因此，CMOS 电路的高、低电平都可以驱动负载。在图 1－54 所示电路中，U1A 是四 2 输入与非门 CD4011 的一个逻辑单元，电源电压为 5 V，负载为 10 kΩ 电阻。在图 1－54a、图 1－54b 所示电路中，负载连接在电源与输出端之间。在图 1－54c、图 1－54d 所示电路中，负载连接在输出端与地之间。图 1－54 中各电路的逻辑关系和输出端电压实际测试值见表 1－37。

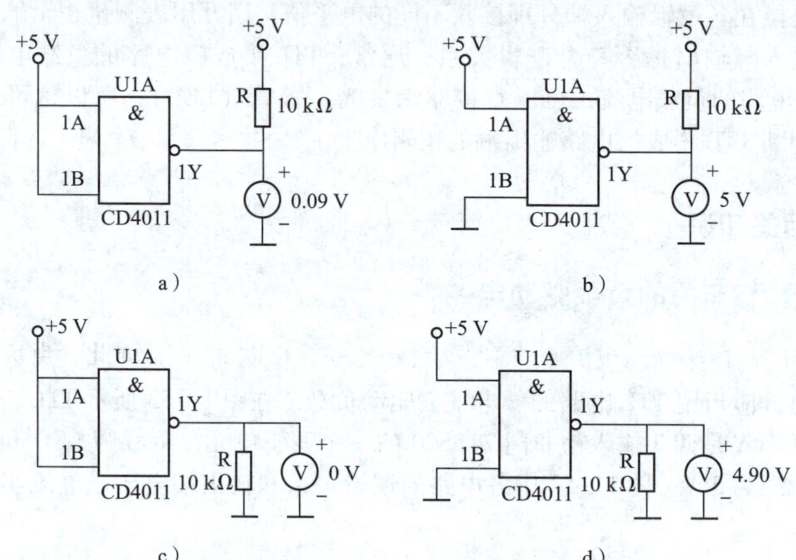

图 1－54　CMOS 与非门的负载驱动电路

a）、c）导通　b）、d）截止

表 1－37　图 1－54 中各电路的逻辑关系和输出端电压实际测试值

电路	输入端逻辑		输出端逻辑/V	输出端电压/V
	1A	1B	1Y	
图 1－54a	1	1	0	0.09
图 1－54b	1	0	1	5
图 1－54c	1	1	0	0
图 1－54d	1	0	1	4.90

三、TTL 与 CMOS 接口电路

在数字电路系统中，经常将不同类型的集成电路混合使用，TTL 和 CMOS 混合逻辑电路也比较常见。由于这两种器件的电压、电流值不相同，两者之间不能直接耦合，因此需要采用合适的接口电路。接口电路是指位于不同类型的逻辑电路之间或逻辑电路与外部电路之间，使两者有效连接、正常工作的中间电路。设计接口电路时，一般要考虑电平匹配

和电流匹配两个问题。

1. 用 TTL 电路驱动 CMOS 电路

用 TTL 电路驱动 CMOS 电路时，主要考虑 TTL 电路输出的电平是否符合 CMOS 电路输入电平的要求，因为 CMOS 电路的高电平值往往高于 TTL 电路的高电平值，CMOS 电路的输入电流几乎为零，所以用 TTL 电路驱动 CMOS 电路时，必须将 TTL 电路的输出电平升高。如图 1－55a 所示，当 TTL 电路与 CMOS 电路的电源相同时，可在 TTL 电路输出端与电源之间连接上拉电阻 R，以提高输出高电平的值。如图 1－55b 所示，当 TTL 电路与 CMOS 电路的电源不同时，就必须同时采用连接 OC 门和上拉电阻 R 的方法。

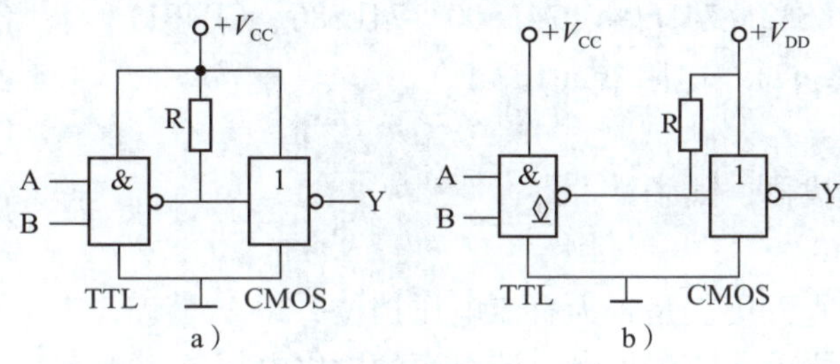

图 1－55　用 TTL 电路驱动 CMOS 电路

a）直接连接　b）OC 门连接

2. 用 CMOS 电路驱动 TTL 电路

用 CMOS 电路作为驱动电路时，电平匹配是符合要求的，主要就是驱动电流不足，因此，用 CMOS 电路驱动 TTL 电路时，应提高 CMOS 电路的驱动电流，其接口电路如图 1－56 所示。

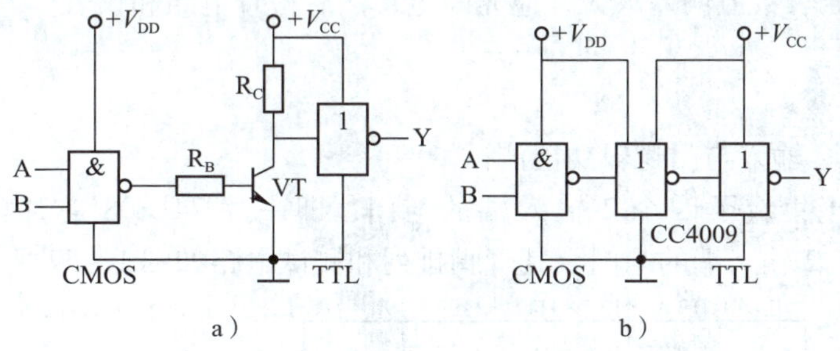

图 1－56　用 CMOS 电路驱动 TTL 电路

a）三极管连接　b）专用接口电路连接

任务实施

一、任务分析

本任务通过搭建由 74LS08、74LS32、74LS04、74LS00、74LS86、CD4011 等芯片分别组成的测试电路，观察发光二极管是否发光，同时测量电路输出端的电平值，分析输入与输出是否符合逻辑关系，进一步验证 74LS08 四 2 输入与门、74LS32 四 2 输入或门、

74LS04 六非门、74LS00 四 2 输入与非门、74LS86 四异或门、CD4011 四 2 输入与非门等的逻辑功能。

二、任务准备

1. 实训器材

（1）面包板	1 块
（2）直流稳压电源（5 V）	1 台
（3）直流电压表或万用表	1 块
（4）74LS08、74LS32、74LS04、74LS00、74LS86、CD4011	各 1 片
（5）电阻器（220 Ω）、电阻器（10 kΩ）	各 1 个
（6）发光二极管	1 只
（7）集成电路起拔器、镊子	各 1 个

2. 注意事项

（1）测量前应检查万用表是否为直流电压挡位、20 V 量程，表笔接线是否正确。

（2）在连接电路之前，应先检测直流电源的输出电压是否为 5 V，如有偏差则进行调整，特别注意电源输出端的极性不要接错。

（3）安装集成电路时要注意其凹口方向向左，管脚对齐孔洞，稍用力压入。

（4）起拔集成电路时要用起拔器，防止管脚别弯或折断。

（5）用插接线连接电路，连接完毕自检无误并经指导教师检查后才能接通电源。不要在带电状态下插拔集成电路，否则容易造成集成电路损坏。

（6）如果电压表数值偏差太大，应先断电，然后检查电路和仪表。

三、操作步骤

1. 74LS08 四 2 输入与门逻辑功能测试

74LS08 芯片上集成了四个 2 输入端的与门，即一片 74LS08 芯片内有 U1A、U1B、U1C、U1D 共四个 2 输入端的与门。其管脚排列和测试电路如图 1－57 所示。

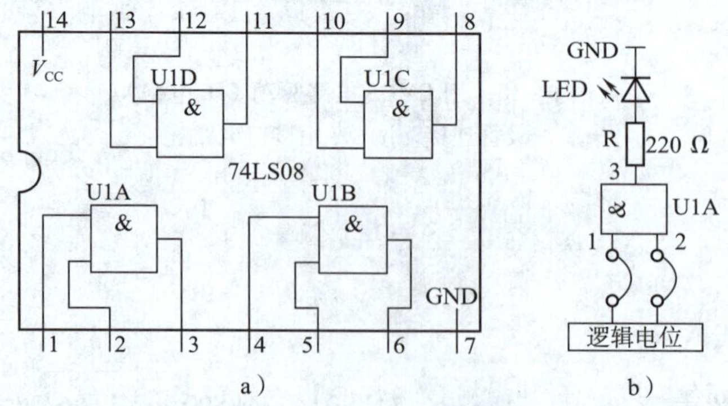

图 1－57 74LS08 四 2 输入与门的管脚排列和测试电路
a）管脚排列 b）测试电路

74LS08 的测试操作步骤如下。

（1）关闭直流稳压电源开关，将 74LS08 插入面包板。

（2）将 +5 V 电源接到 IC 的管脚⑭，将电源负极接到 IC 的管脚⑦。

（3）将逻辑门的输入端管脚①、②用插接线接到逻辑电位上，高电平为逻辑 1，低电平为逻辑 0。

（4）将电阻与 LED 串联接入逻辑门的输出端管脚③和接地管脚⑦之间。

（5）将直流电压表接入逻辑门的输出端管脚③和接地管脚⑦之间。

（6）检查无误后接通电源。

（7）用插接线改变输入端的电位，并将测试结果填入表 1－38 中。

（8）分析并判断测试结果是否符合与门逻辑。

表 1－38　74LS08 四 2 输入与门逻辑功能测试表

输入端①逻辑	输入端②逻辑	输出端③逻辑	输出端③电压
0	0		
0	1		
1	0		
1	1		

2. 74LS32 四 2 输入或门逻辑功能测试

74LS32 芯片上集成了四个 2 输入端的或门，常用在单片机系统及各种数字电路中，其管脚排列和测试电路如图 1－58 所示。

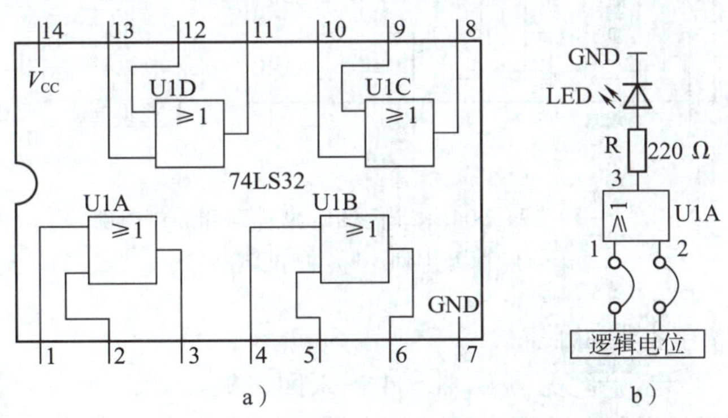

图 1－58　74LS32 四 2 输入或门的管脚排列和测试电路

a）管脚排列　b）测试电路

74LS32 的测试操作步骤如下。

（1）关闭直流稳压电源开关，将 74LS32 插入面包板。

（2）将 +5 V 电源接到 IC 的管脚⑭，将电源负极接到 IC 的管脚⑦。

（3）将逻辑门的输入端管脚①、②用插接线接到逻辑电位上。

（4）将电阻与 LED 串联接入逻辑门的输出端管脚③和接地管脚⑦之间。

（5）将直流电压表接入逻辑门的输出端管脚③和接地管脚⑦之间。

（6）检查无误后接通电源。

（7）用插接线改变输入端的电位，并将测试结果填入表 1－39 中。

（8）分析并判断测试结果是否符合或门逻辑。

表 1－39　74LS32 四 2 输入或门逻辑功能测试表

输入端①逻辑	输入端②逻辑	输出端③逻辑	输出端③电压
0	0		
0	1		
1	0		
1	1		

3. 74LS04 六非门逻辑功能测试

74LS04 芯片是一个数字控制开关芯片，它集成了六个非门，也就是其内部有六个反相器，可应用在节日彩灯中，控制彩灯按设计的顺序亮和灭。其管脚排列和测试电路如图 1－59 所示。

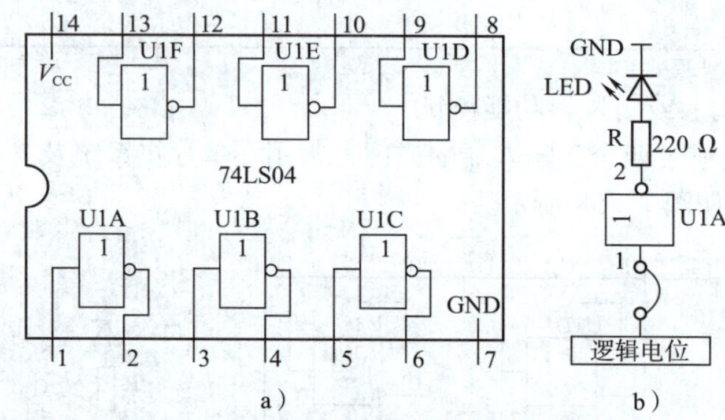

图 1－59　74LS04 六非门的管脚排列和测试电路

a）管脚排列　b）测试电路

74LS04 的测试操作步骤如下。

（1）关闭直流稳压电源开关，将 74LS04 插入面包板。

（2）将 +5 V 电源接到 IC 的管脚⑭，将电源负极接到 IC 的管脚⑦。

（3）将逻辑门的输入端管脚①用插接线接到逻辑电位上。

（4）将电阻与 LED 串联接入逻辑门的输出端管脚②和接地管脚⑦之间。

（5）将直流电压表接入逻辑门的输出端管脚②和接地管脚⑦之间。

（6）检查无误后接通电源。

（7）用插接线改变输入端的电位，并将测试结果填入表 1－40 中。

（8）分析并判断测试结果是否符合非门逻辑。

表 1-40 74LS04 六非门逻辑功能测试表

输入端①逻辑	输出端②逻辑	输出端②电压
0		
1		

4. 74LS00 四 2 输入与非门逻辑功能测试

74LS00 芯片上集成了四个 2 输入端的与非门，其管脚排列和测试电路如图 1-60 所示。

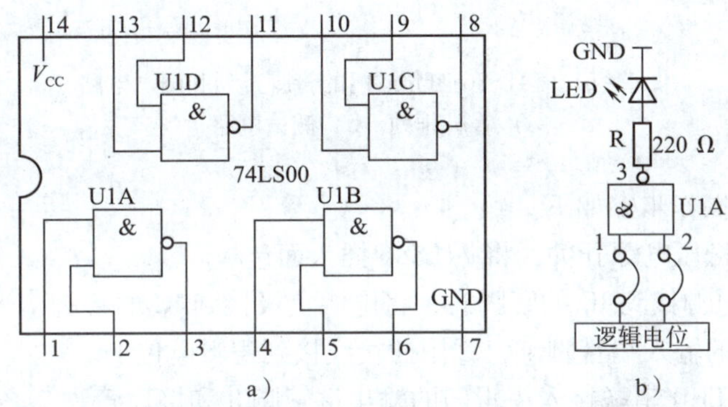

图 1-60 74LS00 四 2 输入与非门的管脚排列和测试电路

a）管脚排列 b）测试电路

74LS00 的测试操作步骤如下。

（1）关闭直流稳压电源开关，将 74LS00 插入面包板。

（2）将 +5 V 电源接到 IC 的管脚⑭，将电源负极接到 IC 的管脚⑦。

（3）将逻辑门的输入端管脚①、②用插接线接到逻辑电位上。

（4）将电阻与 LED 串联接入逻辑门的输出端管脚③和接地管脚⑦之间。

（5）将直流电压表接入逻辑门的输出端管脚③和接地管脚⑦之间。

（6）检查无误后接通电源。

（7）用插接线改变输入端的电位，并将测试结果填入表 1-41 中。

（8）分析并判断测试结果是否符合与非门逻辑。

表 1-41 74LS00 四 2 输入与非门逻辑功能测试表

输入端①逻辑	输入端②逻辑	输出端③逻辑	输出端③电压
0	0		
0	1		
1	0		
1	1		

5. 74LS86 四异或门逻辑功能测试

74LS86 芯片上集成了四个异或门，其管脚排列和测试电路如图 1-61 所示。

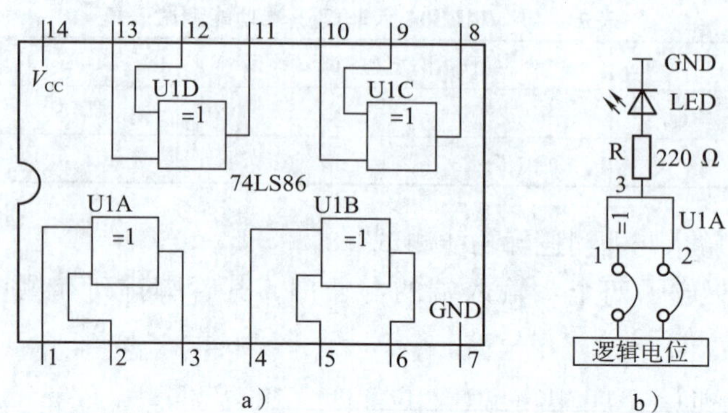

图 1－61　74LS86 四异或门的管脚排列和测试电路
a）管脚排列　b）测试电路

74LS86 的测试操作步骤如下。

（1）关闭直流稳压电源开关，将 74LS86 插入面包板。

（2）将 +5 V 电源接到 IC 的管脚⑭，将电源负极接到 IC 的管脚⑦。

（3）将逻辑门的输入端管脚①、②用插接线接到逻辑电位上。

（4）将电阻与 LED 串联接入逻辑门的输出端管脚③和接地管脚⑦之间。

（5）将直流电压表接入逻辑门的输出端管脚③和接地管脚⑦之间。

（6）检查无误后接通电源。

（7）用插接线改变输入端的电位，并将测试结果填入表 1－42 中。

（8）分析并判断测试结果是否符合异或门逻辑。

表 1－42　74LS86 四异或门逻辑功能测试表

输入端①逻辑	输入端②逻辑	输出端③逻辑	输出端③电压
0	0		
0	1		
1	0		
1	1		

6. CD4011 四 2 输入与非门逻辑功能测试

CD4011 芯片上集成了四个 2 输入端的与非门，其管脚排列和测试电路如图 1－62 所示。

CD4011 四 2 输入与非门的测试操作步骤如下。

（1）关闭直流稳压电源开关，将 CD4011 插入面包板。

（2）将 +5 V 电源接到 IC 的管脚⑭，将电源负极接到 IC 的管脚⑦。

（3）将逻辑门的输入端管脚①、②用插接线接到逻辑电位上。

（4）将电阻 R 接入逻辑门的输出端管脚③和接地管脚⑦之间。

（5）将直流电压表接入逻辑门的输出端管脚③和接地管脚⑦之间。

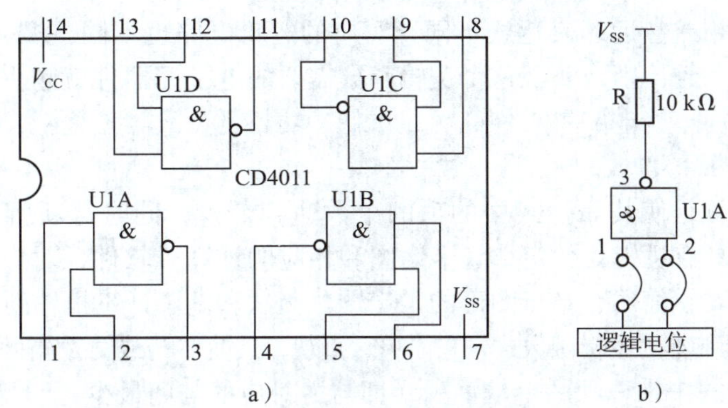

图 1－62　CD4011 四 2 输入与非门的管脚排列和测试电路
a）管脚排列　b）测试电路

（6）CMOS 器件不用的输入端不能悬空，将其他 3 个门的输入端（⑤、⑥、⑧、⑨、⑫、⑬脚）接地。

（7）检查无误后接通电源。

（8）用插接线改变输入端的电位，并将测试结果填入表 1－43 中。

（9）分析并判断测试结果是否符合与非门逻辑。

表 1－43　CD4011 四 2 输入与非门逻辑功能测试表

输入端①逻辑	输入端②逻辑	输出端③逻辑	输出端③电压
0	0		
0	1		
1	0		
1	1		

任务 8　化简逻辑函数

学习目标

1. 能熟记逻辑代数的运算法则及基本定律，并能用公式化简法对逻辑函数进行化简。
2. 能运用卡诺图化简逻辑函数。
3. 能运用 Multisim 14.0 仿真软件化简逻辑函数，并分析逻辑变换器的功能。
4. 能叙述化简逻辑函数的意义及 3 种化简逻辑函数方法的特点。

任务引入

在数字电路中，相同的逻辑功能可以用不同形式的逻辑函数式表示，而这些逻辑函数式的繁简程度往往相差甚远，表达式不同，对应的逻辑电路也不同。逻辑函数式越简单，它所表示的逻辑关系越清晰，实现这个逻辑函数需要的电子元器件就越少，与之对应的逻辑电路也越简单。简单的电路可靠性高、成本低、功耗低、故障率也低，所以化简逻辑函数有其重要意义。

化简逻辑函数就是使其表达式中的项的个数达到最少，同时每项所含变量的个数最少。常用的化简工具有逻辑代数定律、卡诺图和相应的计算机软件，对应的化简方法有基于表达式变换的公式化简法、基于图形的卡诺图化简法和基于计算机辅助的软件化简法。

“与或”式是最基本的逻辑函数式，它简单、直观，最简“与或”逻辑函数式的标准如下。

（1）逻辑函数式中乘积项的个数最少（即与之对应的与门最少）。

（2）每个乘积项中的逻辑变量数最少（即每个与门的输入端最少）。

相关知识

逻辑代数和普通代数一样也用字母表示变量，但是，逻辑代数的变量取值只有“1”和“0”两种，即逻辑“1”和逻辑“0”，没有第三种可能。这里“1”和“0”所表示的不是数量的大小，而是两种不同的状态，这是逻辑代数与普通代数本质上的区别。

一、逻辑代数的运算法则和基本定律

1. 逻辑代数的运算法则

逻辑代数的运算法则见表1-44。

表1-44 逻辑代数的运算法则

逻辑乘	逻辑加	反转律
$A\times 0=0$	$A+0=A$	$\overline{\overline{A}}=A$
$A\times 1=A$	$A+1=1$	
$A\times A=A$	$A+A=A$	
$A\times \overline{A}=0$	$A+\overline{A}=1$	

2. 逻辑代数的交换律、结合律和分配律

逻辑代数的交换律、结合律和分配律见表1-45。

表1-45 逻辑代数的交换律、结合律和分配律

交换律	$A+B=B+A$
	$AB=BA$
结合律	$A+B+C=(A+B)+C=A+(B+C)$
	$ABC=(AB)C=A(BC)$
分配律	$A(B+C)=AB+AC$
	$A+BC=(A+B)(A+C)$

例如，证明分配律 $A+BC=(A+B)(A+C)$。

证明：右边 $=AA+AC+AB+BC=A+AC+AB+BC=A(1+C+B)+BC=A+BC=$ 左边，证毕。

3. 逻辑代数的吸收律

逻辑代数的吸收律见表 1－46。

表 1－46　逻辑代数的吸收律

吸收律	证明
$A+AB=A$	$A+AB=A(1+B)=A$
$A(A+B)=A$	$A(A+B)=AA+AB=A+AB=A(1+B)=A$
$A+\overline{A}B=A+B$	$A+B=(A+\overline{A})(A+B)=A+AB+\overline{A}B=A+\overline{A}B$

4. 逻辑代数的摩根定律（反演律）

逻辑代数的摩根定律见表 1－47。

表 1－47　逻辑代数的摩根定律

摩根定律	摩根定律的推广式
$\overline{AB}=\overline{A}+\overline{B}$	$\overline{A\cdot B\cdot C\cdots}=\overline{A}+\overline{B}+\overline{C}+\cdots$
$\overline{A+B}=\overline{A}\cdot\overline{B}$	$\overline{A+B+C+\cdots}=\overline{A}\cdot\overline{B}\cdot\overline{C}\cdots$

例如，证明 $ABC+\overline{A}+\overline{B}+\overline{C}=1$。

证明：根据摩根定律，左边 $=ABC+\overline{ABC}=1=$ 右边，证毕。

二、逻辑函数的公式化简法

逻辑函数的公式化简法就是利用逻辑代数的运算法则和基本定律，对逻辑函数表达式进行恒等变换。

1. 用并项法化简逻辑函数

运用公式 $A+\overline{A}=1$，将两项合并为一项，消去一个变量。

【例 1－9】 化简函数 $Y=A(BC+\overline{B}\overline{C})+A(B\overline{C}+\overline{B}C)$。

解：

$$
\begin{aligned}
Y&=A(BC+\overline{B}\overline{C})+A(B\overline{C}+\overline{B}C)\\
&=ABC+A\overline{B}\overline{C}+AB\overline{C}+A\overline{B}C\\
&=AB(C+\overline{C})+A\overline{B}(\overline{C}+C)\\
&=AB+A\overline{B}\\
&=A(B+\overline{B})\\
&=A
\end{aligned}
$$

2. 用吸收法化简逻辑函数

运用吸收律 $A+AB=A$，消去多余的与项。例如：

$$Y=A\overline{B}+A\overline{B}(C+DE)=A\overline{B}$$

3. 用消去法化简逻辑函数

运用吸收律 $A+\overline{A}B=A+B$ 消去多余的逻辑变量。例如：

$$Y=\overline{A}+AB+\overline{B}C=\overline{A}+B+\overline{B}C=\overline{A}+B+C$$

4. 用配项法化简逻辑函数

先通过乘以（$A+\overline{A}$）或加上 $A\overline{A}$，增加必要的乘积项，再进行化简。

【例 1-10】 化简函数 $Y=A\overline{B}+B\overline{C}+\overline{B}C+\overline{A}B$。

解：

$$\begin{aligned}Y&=A\overline{B}+B\overline{C}+\overline{B}C+\overline{A}B\\&=A\overline{B}+B\overline{C}+(A+\overline{A})\overline{B}C+\overline{A}B(C+\overline{C})\\&=A\overline{B}+B\overline{C}+A\overline{B}C+\overline{A}\overline{B}C+\overline{A}BC+\overline{A}B\overline{C}\\&=A\overline{B}(1+C)+B\overline{C}(1+\overline{A})+\overline{A}C(\overline{B}+B)\\&=A\overline{B}+B\overline{C}+\overline{A}C\end{aligned}$$

用公式法化简逻辑函数时，必须熟悉逻辑代数基本定律，灵活运用上述方法，才能化为最简逻辑函数式。但是当表达式比较复杂、项数较多时，化简就比较困难，而且不易判断结果是否最简。因此，该方法只能作为逻辑函数化简的辅助方法。

三、逻辑函数的卡诺图化简法

1. 真值表与逻辑函数的最小项

每一个逻辑函数所表达的逻辑关系都可由与其对应的一张真值表加以描述，逻辑真值表根据给定的逻辑要求，将所有输入变量做各种可能的组合，一一对应地确定其输出的函数值并列制成表，用来分析逻辑电路的工作情况。取 0 值的变量称为反变量，取 1 值的变量称为原变量。这种包含全部变量的乘积项称为变量的“最小项”，用 m_n 表示，在某一个最小项中，每个变量只能以原变量或反变量的形式出现一次。

例如，A、B 两个变量的最小项有 $\overline{A}\overline{B}$、$\overline{A}B$、$A\overline{B}$和 AB，共 4 个（即 2^2 个）。同理，三变量的最小项有 2^3 个，四变量的最小项有 2^4 个。以此类推，n 个变量的最小项有 2^n 个。

表 1-48 ~ 表 1-50 分别是两变量、三变量、四变量逻辑真值表中最小项的基本形式。

表 1-48　两变量逻辑真值表中最小项的基本形式

AB	Y=(A，B)	AB	Y=(A，B)
00	$m_0=\overline{A}\overline{B}$	10	$m_2=A\overline{B}$
01	$m_1=\overline{A}B$	11	$m_3=AB$

表 1-49　三变量逻辑真值表中最小项的基本形式

ABC	Y=(A，B，C)	ABC	Y=(A，B，C)
000	$m_0=\overline{A}\overline{B}\overline{C}$	100	$m_4=A\overline{B}\overline{C}$
001	$m_1=\overline{A}\overline{B}C$	101	$m_5=A\overline{B}C$
010	$m_2=\overline{A}B\overline{C}$	110	$m_6=AB\overline{C}$
011	$m_3=\overline{A}BC$	111	$m_7=ABC$

表 1－50　四变量逻辑真值表中最小项的基本形式

ABCD	Y =（A，B，C，D）	ABCD	Y =（A，B，C，D）
0000	$m_0=\overline{A}\overline{B}\overline{C}\overline{D}$	1000	$m_8=A\overline{B}\overline{C}\overline{D}$
0001	$m_1=\overline{A}\overline{B}\overline{C}D$	1001	$m_9=A\overline{B}\overline{C}D$
0010	$m_2=\overline{A}\overline{B}C\overline{D}$	1010	$m_{10}=A\overline{B}C\overline{D}$
0011	$m_3=\overline{A}\overline{B}CD$	1011	$m_{11}=A\overline{B}CD$
0100	$m_4=\overline{A}B\overline{C}\overline{D}$	1100	$m_{12}=AB\overline{C}\overline{D}$
0101	$m_5=\overline{A}B\overline{C}D$	1101	$m_{13}=AB\overline{C}D$
0110	$m_6=\overline{A}BC\overline{D}$	1110	$m_{14}=ABC\overline{D}$
0111	$m_7=\overline{A}BCD$	1111	$m_{15}=ABCD$

【例 1－11】 写出逻辑函数 Y = A(B + C) 的真值表。

解：

函数有三个变量 A、B、C，全部变量的组合数为 $2^3=8$ 种，用配项法将逻辑函数式转换为标准的与或式（最小项式）。按原变量对应 1，反变量对应 0 的关系，确定各最小项的值，得到的真值表见表 1－51。

$$
\begin{aligned}
Y &= A(B+C)\\
&= AB+AC\\
&= AB(C+\overline{C})+AC(B+\overline{B})\\
&= ABC+AB\overline{C}+ABC+A\overline{B}C\\
&= ABC+AB\overline{C}+A\overline{B}C
\end{aligned}
$$

表 1－51　Y = A(B + C) 真值表

ABC	Y = A(B + C)	ABC	Y = A(B + C)
000	0	100	0
001	0	101	1
010	0	110	1
011	0	111	1

2. 卡诺图的制作

卡诺图又称真值图，是用方格图表示自变量取值和相应的函数值。它和真值表一样，均可用来表示一个逻辑函数，但各有特点，卡诺图适用于化简逻辑函数。将函数自变量的组合看成是函数的坐标，则在真值表中，坐标是按一维方式排列的。如果将函数的坐标分成两组，按行和列两个方向排列（其中两坐标按循环码的次序是 00、01、11、10），称为卡诺图，卡诺图中的每一个小方块对应一个最小项。图 1－63 所示为二变量、三变量和四变量的卡诺图。

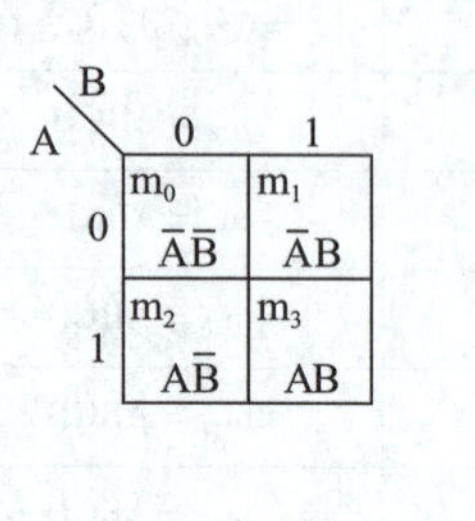

a）

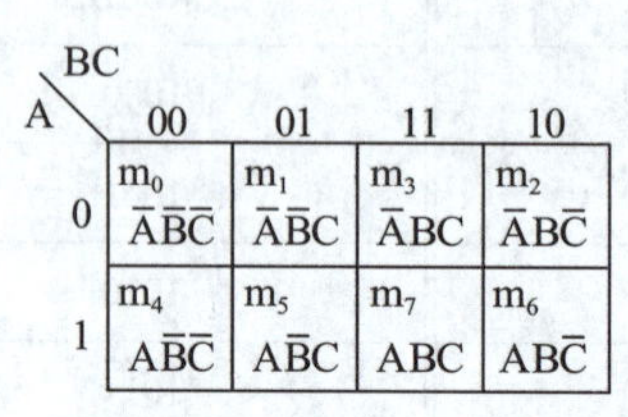

b）

AB \ CD	00	01	11	10
00	m_0 $\bar{A}\bar{B}\bar{C}\bar{D}$	m_1 $\bar{A}\bar{B}\bar{C}D$	m_3 $\bar{A}\bar{B}CD$	m_2 $\bar{A}\bar{B}C\bar{D}$
01	m_4 $\bar{A}B\bar{C}\bar{D}$	m_5 $\bar{A}B\bar{C}D$	m_7 $\bar{A}BCD$	m_6 $\bar{A}BC\bar{D}$
11	m_{12} $AB\bar{C}\bar{D}$	m_{13} $AB\bar{C}D$	m_{15} $ABCD$	m_{14} $ABC\bar{D}$
10	m_8 $A\bar{B}\bar{C}\bar{D}$	m_9 $A\bar{B}\bar{C}D$	m_{11} $A\bar{B}CD$	m_{10} $A\bar{B}C\bar{D}$

c）

图 1－63　二变量、三变量和四变量的卡诺图

a）二变量的卡诺图　b）三变量的卡诺图　c）四变量的卡诺图

【例 1－12】 制作逻辑函数 Y＝A(B＋C) 的卡诺图。

解：

第 1 步，将逻辑函数式转换为标准的与或式。

$$Y = A(B+C) = ABC + AB\bar{C} + A\bar{B}C = m_7 + m_6 + m_5$$

第 2 步，画出三变量的空白卡诺图，然后在 3 个最小项所在的方格中填入 1（其余格中的 0 可以不填），得到的卡诺图如图 1－64 所示。

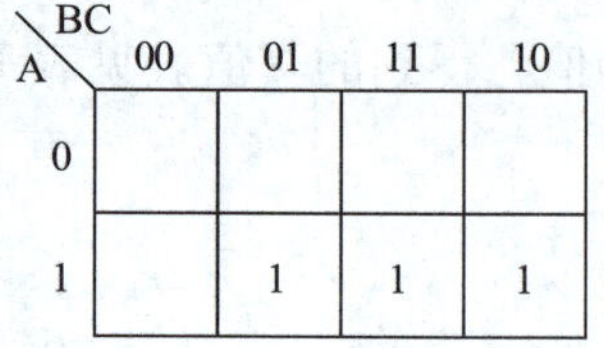

图 1－64　例 1－12 的卡诺图

对逻辑函数的一般与或式也可以应用行列法找出最小项，然后填制卡诺图。

【例 1－13】 制作逻辑函数 $Y = AD + A\bar{C}\bar{D} + \bar{A}CD + BCD$ 的卡诺图。

解：

逻辑函数 $Y = AD + A\bar{C}\bar{D} + \bar{A}CD + BCD$ 中的乘积项不是标准的与或式，因此应采用行列法找出其最小项。

（1）对于 AD 项找 A＝1 的行与 D＝1 的列相交的方格，最小项有 m_9、m_{11}、m_{13}、m_{15}。

（2）对于 $A\bar{C}\bar{D}$ 项找 A＝1 的行与 CD＝00 的列相交的方格，最小项有 m_8、m_{12}。

（3）对于 $\bar{A}CD$ 项找 A＝0 的行与 CD＝11 的列相交的方格，最小项有 m_3、m_7。

（4）对于 BCD 项找 B＝1 的行与 CD＝11 的列相交的方格，最小项有 m_7、m_{15}。

（5）在最小项对应的方格中填入 1，制作的卡诺图如图 1－65 所示。

【例 1－14】 制作逻辑函数 $Y = \sum m$（0，2，4，6，7，12，14，15）的卡诺图。

解：

该逻辑函数式已直接给出包含的所有最小项，因此直接按照各最小项的位置在方格中填写 1 即可，如图 1－66 所示。

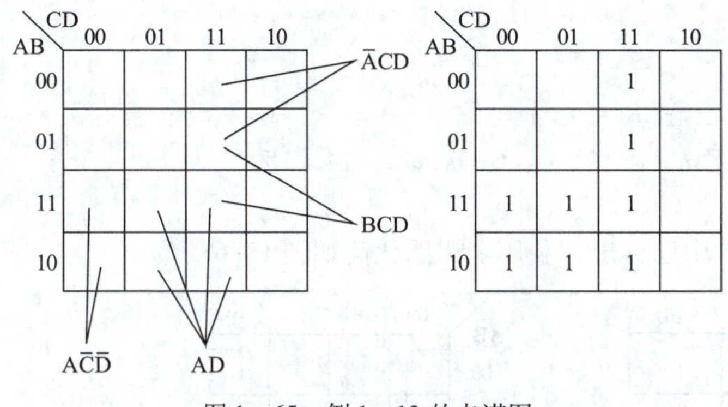

AB \ CD	00	01	11	10
00	1			1
01	1		1	1
11	1		1	1
10				

图 1－65　例 1－13 的卡诺图　　　　图 1－66　例 1－14 的卡诺图

3. 用卡诺图化简逻辑函数

由于卡诺图采用循环码编排，使得卡诺图上任何两个相邻小方格中的最小项只有一对变量不同。根据公式 $AB+A\overline{B}=A$，可将相邻的最小项圈为一组，同时消去一对不同的变量，只保留相同的变量。

用卡诺图化简逻辑函数的步骤如下。

（1）画出逻辑函数的卡诺图。

（2）找出可以合并的最小项并在卡诺图上画圈 1（0）。

（3）根据画圈结果写出最简的与或式。

合并最小项的原则如下。

（1）处于同一行（列）或同一行（列）两端的两个相邻小方格，可圈为一组，同时消去一对不同的变量。

（2）4 个小方格组成一个大方块，或组成一行（列），或在相邻两行（列）的两端，或处于 4 个角，可以圈为一组，同时消去两对不同的变量。

（3）8 个小方格组成一个长方形，或处于两边的两行（列），可以圈为一组，同时消去三对不同的变量。

（4）每个取值为 1 的相邻最小项至少圈一次，但可以圈多次。

（5）圈的个数要最少，并要尽可能大。

（6）每个圈内至少有一个最小项之前未被圈过。

4. 用卡诺图化简逻辑函数举例

【例 1－15】 化简逻辑函数 $Y=AD+A\overline{C}\overline{D}+\overline{A}CD+BCD$。

解：

此逻辑函数的卡诺图在图 1－65 中已标出，利用卡诺图化简如图 1－67 所示。

卡诺图中 m_8、m_9、m_{12} 和 m_{13} 几何相邻，可以用一个卡诺圈把它们圈起来。此卡诺圈中变量 B 和 D 互非，因此消去 B 和 D。保留两个相同的变量 A 和 C，其中 A 是原变量形式，C 是反变量形式。

卡诺图中 m_3、m_7、m_{11} 和 m_{15} 四个变量处于同一列，可以用一个卡诺圈把它们圈起来。此卡诺圈中变量 A 和 B 互非，因此消去 A 和 B。保留两个相同的变量 C 和 D，C 和 D 均是原变量形式。

化简结果为：

$$Y = A\overline{C} + CD$$

【例 1-16】 化简逻辑函数 $Y = \sum m$（0，2，4，6，7，12，14，15）。

解：

此逻辑函数的卡诺图在图 1-66 中已标出，利用卡诺图化简如图 1-68 所示。

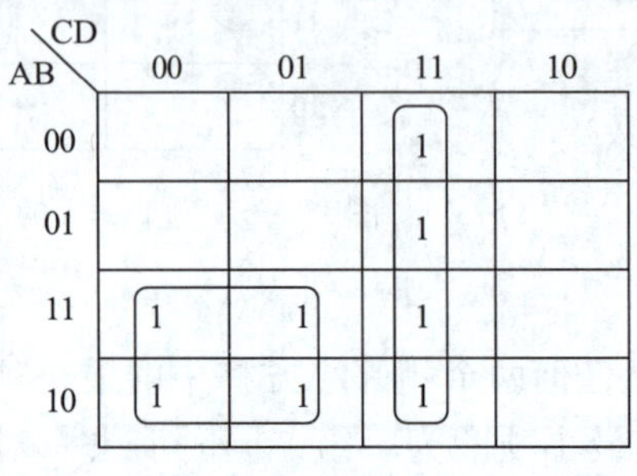

图 1-67　例 1-15 的卡诺图

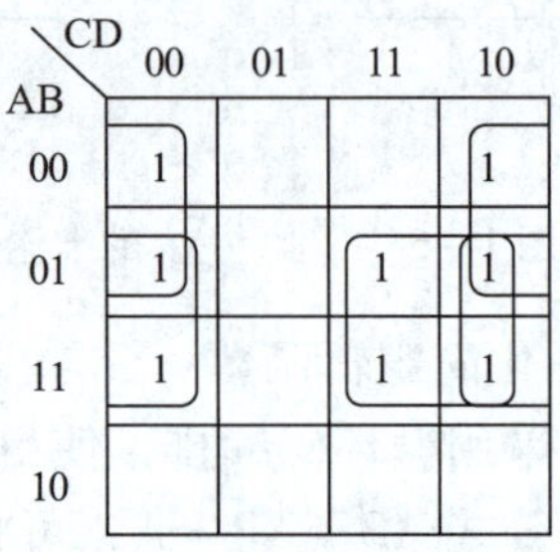

图 1-68　例 1-16 的卡诺图

卡诺图中 m_6、m_7、m_{14} 和 m_{15} 几何相邻，因此可以用一个卡诺圈把它们圈起来，保留的变量 B 和 C 均是原变量形式。

卡诺图中 m_0、m_4、m_2 和 m_6 几何相邻，可以用两个卡诺半圈把它们圈起来，保留的变量 A 和 D 均是反变量形式。

卡诺图中 m_4、m_{12}、m_6 和 m_{14} 几何相邻，可以用两个卡诺半圈把它们圈起来，保留变量 B 和 D，其中 B 是原变量形式，D 是反变量形式。

化简结果为：

$$Y = \overline{A}\overline{D} + B\overline{D} + BC$$

四、逻辑函数仿真软件化简法

用卡诺图化简逻辑函数直观方便，但只适用于变量较少的情况，如果变量太多，化简就比较困难。在变量较多时采用计算机仿真软件化简逻辑函数是一个很好的选择，仿真软件最多可以化简 8 个变量的逻辑函数。

仿真软件 Multisim 14.0 的虚拟仪器中有一个逻辑变换器，逻辑变换器不但可以实现逻辑电路、真值表和逻辑函数式之间的相互转换，而且可以化简逻辑函数式。

任务实施

一、任务分析

本任务利用 Multisim 14.0 仿真软件的逻辑变换器来化简逻辑函数，并对比与用其他方法化简的结果是否一致；分析用仿真软件化简逻辑函数的特点，进一步认识 Multisim 14.0 仿真软件逻辑变换器的功能。

二、任务准备

1. 实训器材

计算机、Multisim 14.0 仿真软件。

2. 注意事项

（1）在 Multisim 14.0 仿真软件中输入函数时，用“′”表示“逻辑非运算”，如：$A' = \overline{A}$。

（2）在函数式输入栏中输入逻辑函数式，一定要切换到半角状态，否则无法输入。

三、操作步骤

1. 化简逻辑函数 $Y = AD + A\overline{C}\overline{D} + \overline{A}CD + BCD$

（1）启动 Multisim 14.0，进入软件工作界面后，单击“仪器”工具栏中的“逻辑变换器”按钮，鼠标指针上就会出现逻辑变换器的图标。移动鼠标指针到电路编辑区窗口合适的位置单击，放置逻辑变换器 XLC1，如图 1-69 所示。

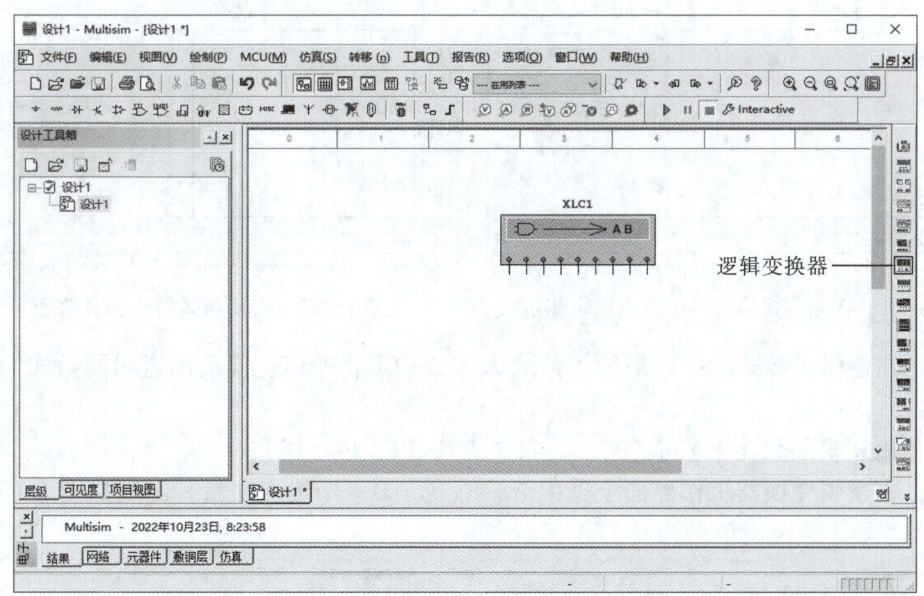

图 1-69 放置逻辑变换器

（2）双击逻辑变换器图标，显示逻辑变换器工作界面，如图 1-70 所示。

（3）在函数式输入栏中输入逻辑函数式 AD + AC′D′ + A′CD + BCD，如图 1-71 所示。

（4）单击逻辑变换器面板上右侧第四行的“函数式→真值表”按钮，在工作界面上出现该逻辑函数的真值表，如图 1-72 所示。

（5）单击逻辑变换器面板上右侧第三行的“真值表→最简函数式”按钮，在函数式输入栏中出现该逻辑函数的最简函数式 AC′ + CD，如图 1-73 所示。

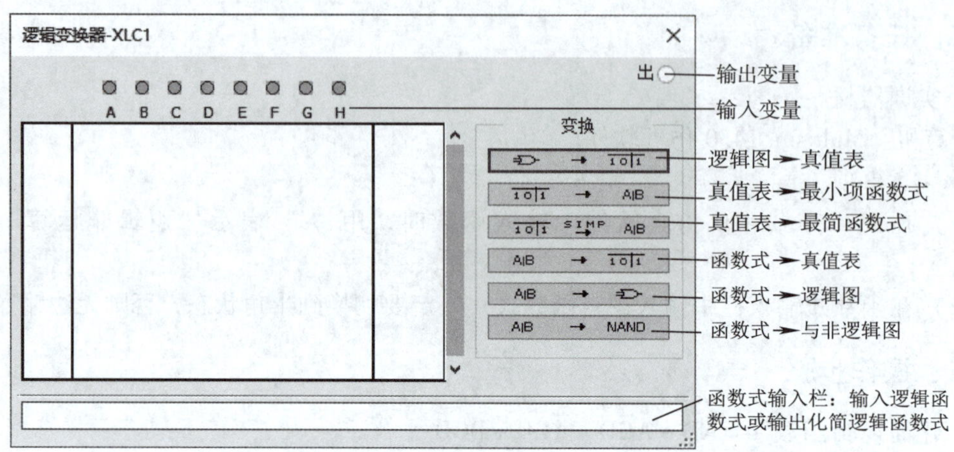

图 1－70　逻辑变换器工作界面

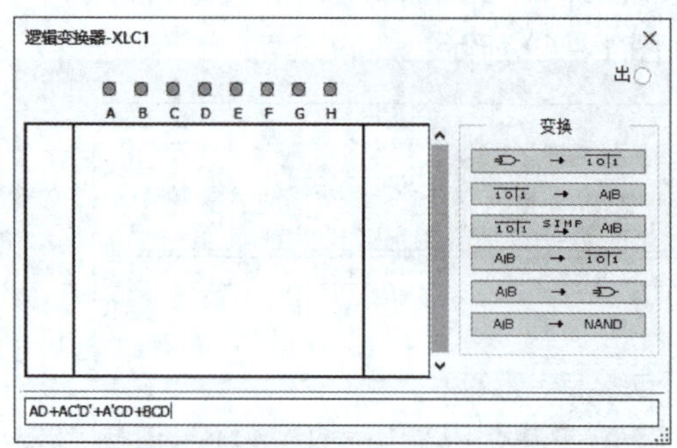

图 1－71　在函数式输入栏中输入逻辑函数式

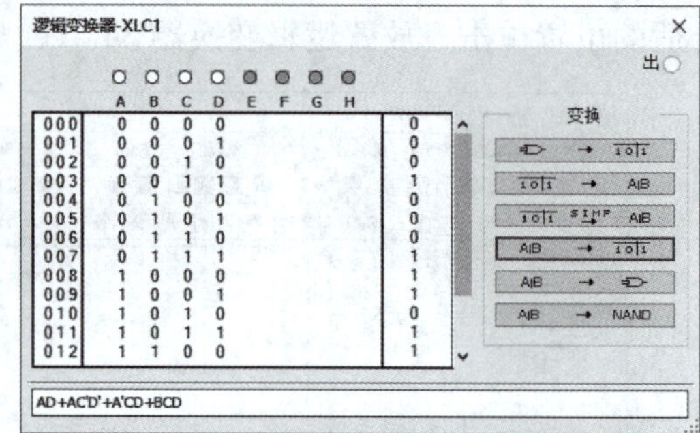

图 1－72　将函数式转换为真值表

（6）在逻辑函数式栏中其最简函数式为 AC′＋CD，所以化简后的逻辑函数式为：

$$Y = A\overline{C} + CD$$

2. 化简逻辑函数 Y＝∑m（0，2，4，6，7，12，14，15）。

（1）在逻辑变换器工作界面上选中 A、B、C、D 4 个输入变量，出现如图 1－74 所示的界面，各最小项逻辑值均为“？”。

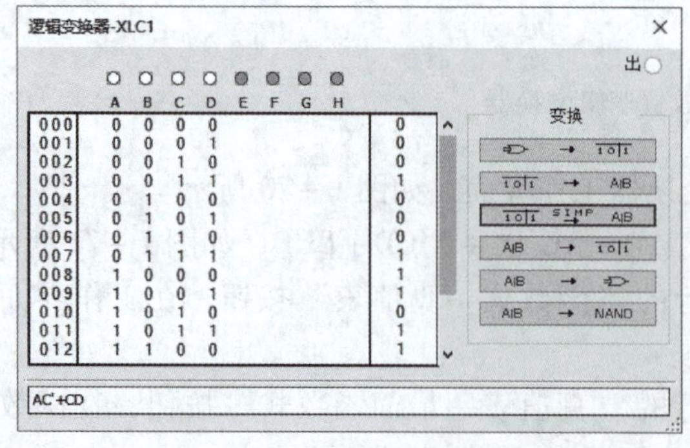

图 1－73　将真值表转换为最简函数式

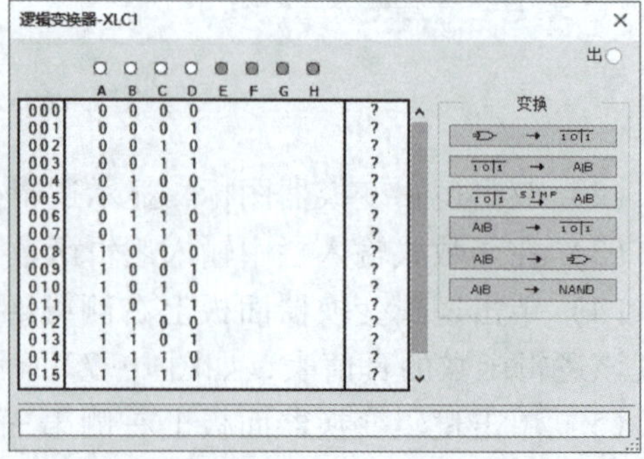

图 1－74　在逻辑变换器中选中 4 个变量

（2）分别单击“?”，将该逻辑函数所包含的最小项的逻辑值改为1，其余改为0，如图1－75所示。

（3）单击逻辑变换器面板上右侧第三行的“真值表→最简函数式”按钮，在函数式输入栏中出现该逻辑函数的最简函数式 A′D′＋BD′＋BC，如图1－76所示。

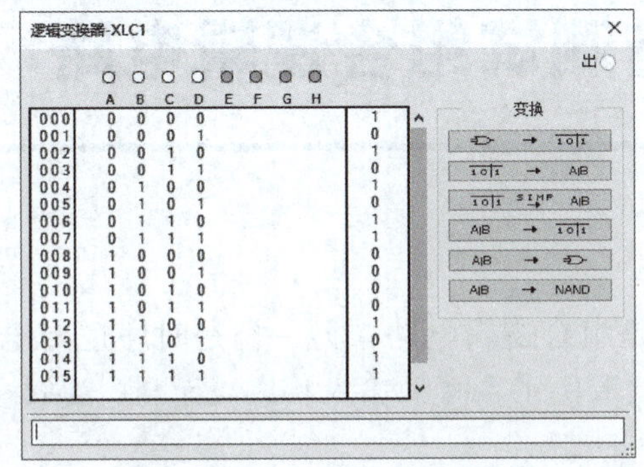

图1－75　填入最小项逻辑值

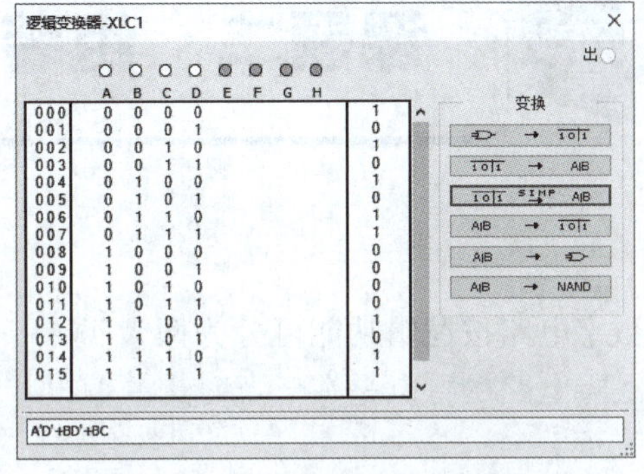

图1－76　将真值表转换为最简函数式

（4）在函数式输入栏中其最简函数式为 A′D′＋BD′＋BC，所以化简后的逻辑函数式为：

$$Y=\overline{A}\overline{D}+B\overline{D}+BC$$

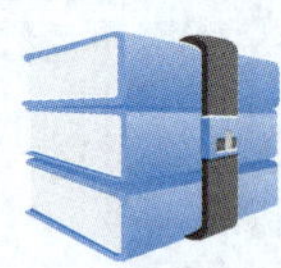

课题二 组装与测试组合逻辑电路

数字电路按逻辑功能可分为两大类，一类是组合逻辑电路，另一类是时序逻辑电路。组合逻辑电路的特点是在任意时刻的输出状态仅取决于当时的输入状态，而与电路过去的状态无关。

为了保证组合逻辑电路与过去的状态无关，电路中输入、输出之间不能有反馈延迟电路和记忆元件。在组合逻辑电路中，信号只能从输入端向输出端单方向传送，没有任何信号反馈，这是确认组合逻辑电路的关键。实际应用中，凡具有以上特性的电路，如编码器、译码器、选择器、加法器、比较器等均采用组合逻辑电路来实现。

本课题主要介绍组合逻辑电路的分析步骤和设计方法，并以偶校验位逻辑电路、“四舍五入”逻辑电路、十进制数码显示电路、三地开关控制电路、8421BCD 码转余 3 码电路、组装工件规格识别电路等典型组合逻辑电路为例介绍组合逻辑电路的组装与测试方法，进而熟练掌握编码器、译码器、选择器、加法器、比较器等逻辑电路的工作原理和应用。

任务 1 分析和测试给定的组合逻辑电路

学习目标

1. 能叙述组合逻辑电路的分析步骤。
2. 能按信号传递方向由后向前逐级写出组合逻辑电路的逻辑函数式。
3. 能根据组合逻辑电路的逻辑函数式列出真值表。
4. 能根据组合逻辑电路的真值表分析电路的逻辑功能。
5. 能对 3 位数据偶校验位组合逻辑电路进行组装和测试。

任务引入

组合逻辑电路是数字电路的一个重要组成部分，功能繁多，使用非常广泛，可以直接用小规模、中规模或大规模集成电路实现。对于给定的组合逻辑电路，找出其输出信号与输入信号之间的逻辑关系，确定电路的逻辑功能称为组合逻辑电路的分析。对组合逻辑电路进行分析不但可以了解该电路的逻辑功能和用途，而且也是调试和维护组合逻辑电路的重要手段。某组合逻辑电路如图2-1所示，本任务要求通过分析确定其逻辑功能，并对该组合逻辑电路进行组装和测试。

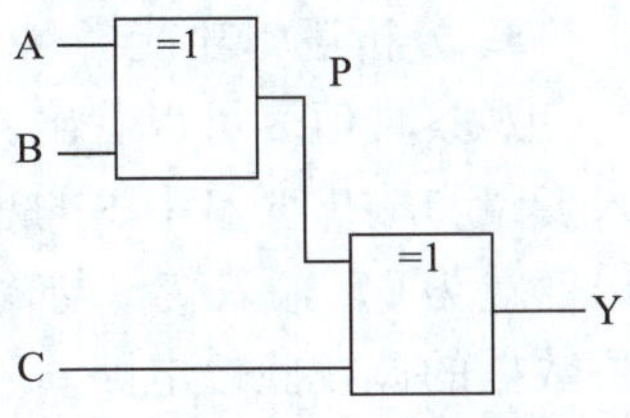

图2-1　某组合逻辑电路

相关知识

一、组合逻辑电路的分析步骤

习惯上将组合逻辑电路的输入信号A、B、C(A是最高位，B是次高位，以此类推)绘在组合逻辑电路图的左侧（或下侧），而将输出信号Y绘在组合逻辑电路图的右侧（或上侧），信号传递方向为从左至右（或从下至上）。

分析给定的组合逻辑电路可按如下步骤进行。

(1) 根据给定的组合逻辑电路图，按信号传递方向由后向前逐级写出电路的逻辑函数式，并化简逻辑函数。

(2) 由最简逻辑函数式列出真值表。

(3) 根据真值表分析逻辑功能。

二、组合逻辑电路分析

1. 写出逻辑函数式

在图2-1所示组合逻辑电路中，使用了2个异或门，A、B、C为输入逻辑变量，Y为输出逻辑变量，P为中间逻辑变量，其逻辑函数式为：

$$P = A \oplus B$$

$$Y = P \oplus C = (A \oplus B) \oplus C = A \oplus B \oplus C$$

读作“Y等于A异或B异或C”。

2. 列出真值表

虽然逻辑函数式已经确定组合逻辑电路的逻辑功能，但逻辑函数式不能直观地显示出Y与A、B、C之间的逻辑关系，所以要进一步列出Y的真值表，见表2-1。

表2-1　图2-1组合逻辑电路的真值表

输入			中间值		输出
A	B	C	$P = A \oplus B$	C	$Y = A \oplus B \oplus C$
0	0	0	0	0	0
0	0	1	0	1	1
0	1	0	1	0	1
0	1	1	1	1	0
1	0	0	1	0	1
1	0	1	1	1	0
1	1	0	0	0	0
1	1	1	0	1	1

3. 分析逻辑功能

观察真值表可以看出，当 A、B、C 输入变量中 1 的个数为奇数时，输出变量为 1，输入变量与输出变量中 1 的总个数为偶数；当 A、B、C 输入变量中 1 的个数为偶数时，输出变量为 0，输入变量与输出变量中 1 的总个数仍为偶数，所以图 2－1 所示电路是一个 3 位数据的偶校验位电路。

任务实施

一、任务分析

本任务首先利用 Multisim 14.0 仿真软件搭建 3 位数据偶校验位组合逻辑电路并进行测试，然后用硬件组装并进行测试，验证其逻辑功能。该测试电路由 74LS86 的 2 个异或门 U1A 和 U1B 构成。3 位数据偶校验位组合逻辑电路和接线图如图 2－2 所示。由于组合逻辑电路在任意时刻的输出只与当时的输入有关，电路没有记忆功能，因此本任务只进行静态测试，而不必进行动态测试。

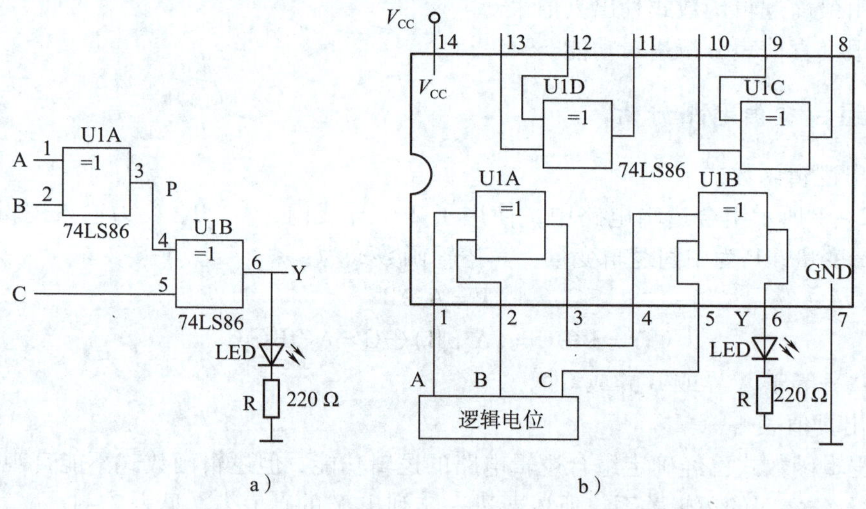

图 2－2　3 位数据偶校验位组合逻辑电路和接线图
a）逻辑电路　b）接线图

二、任务准备

1. 实训器材

（1）面包板　　1 块

（2）直流稳压电源（5 V）　　1 台

（3）74LS86　　1 片

（4）电阻器（220 Ω）　　1 个

（5）LED　　1 个

（6）集成电路起拔器、镊子　　　　　　　　各1个

（7）插接线（杜邦线）　　　　　　　　　　若干

（8）Multisim 14.0 仿真平台　　　　　　　　1套

2. 注意事项

（1）在连接电路之前，应先检测直流稳压电源的输出电压是否为5 V，如有偏差则进行调整，并检查电源输出端的极性是否连接正确。

（2）安装集成电路块时要注意其凹口方向向左，管脚对齐孔洞，稍用力压入。起拔集成电路块时要用起拔器，防止管脚别弯或折断。

（3）用插接线连接电路，连接完毕自检无误并经指导教师检查后才能接通电源。不准在带电状态下插拔集成电路，否则容易造成集成电路损坏。

（4）在 Multisim 14.0 仿真软件中，放置某一元件后，右击鼠标，在弹出的快捷菜单中选择水平翻转、垂直翻转、顺时针旋转 90°或逆时针旋转 90°等命令，可以调整该元件的放置方向。

三、操作步骤

1. 3位数据偶校验位组合逻辑电路仿真测试

（1）双击桌面上的“NI Multisim 14.0”图标，启动 Multisim 14.0 软件。

（2）单击“绘制”菜单中的“元器件”命令或按快捷键【Ctrl + W】，弹出“选择一个元器件”对话框，如图2－3所示，在对话框的“元器件”框中分别搜索74LS86、V_{CC}和接地 GROUND，依次完成元器件的放置。

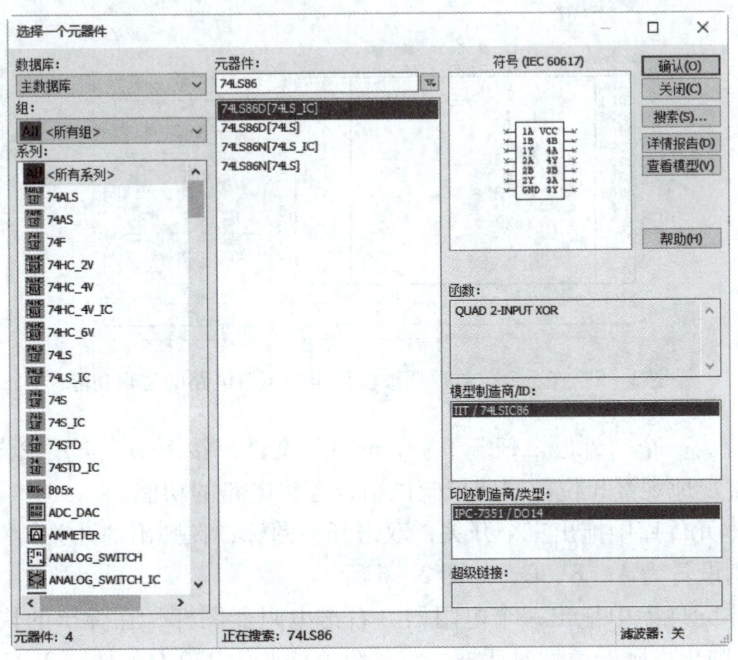

图2－3　“选择一个元器件”对话框

（3）单击“仿真”菜单“仪器”子菜单中的“逻辑变换器”命令，将“逻辑变换器”放置到合适的位置，参考图 2－2 进行线路连接；连接完成后，3 位数据偶校验位组合逻辑电路仿真测试图如图 2－4 所示。

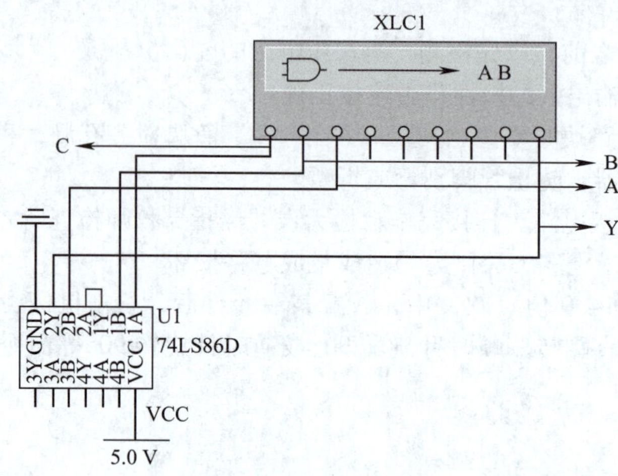

图 2－4　3 位数据偶校验位组合逻辑电路仿真测试图

（4）双击逻辑变换器图标，在打开的逻辑变换器面板上单击右侧第一行的“逻辑图→真值表”按钮，查看逻辑变换器中的数值是否正确，如图 2－5 所示，最后分析该电路的逻辑功能。

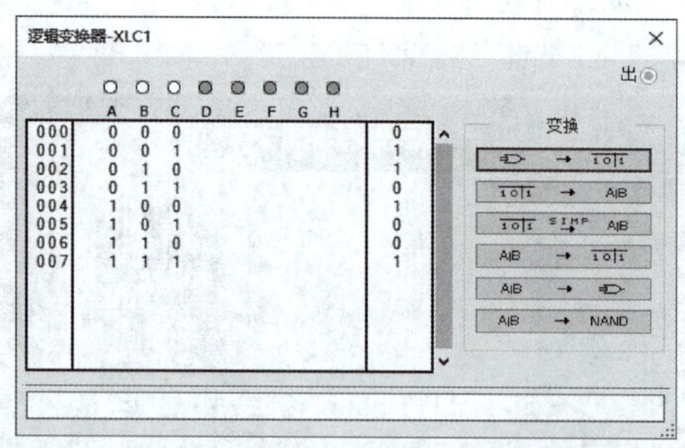

图 2－5　查看 3 位数据偶校验位组合逻辑电路的逻辑功能

（5）先另存为一个“课题二任务 1－1. ms14”文件。接下来，再用发光二极管代替逻辑变换器，更直观地观察 3 位数据偶校验位组合逻辑电路的功能。

（6）从基本元件库中拖出三个开关，双击开关图标，在弹出的开关属性对话框中将开关的切换键分别设置为 A、B、C，如图 2－6 所示。

（7）从基本元件库中拖出一个电阻器，右击电阻器图标，在弹出的快捷菜单中选择“属性”命令，弹出电阻器属性对话框，将其阻值修改为 220 Ω，如图 2－7 所示。

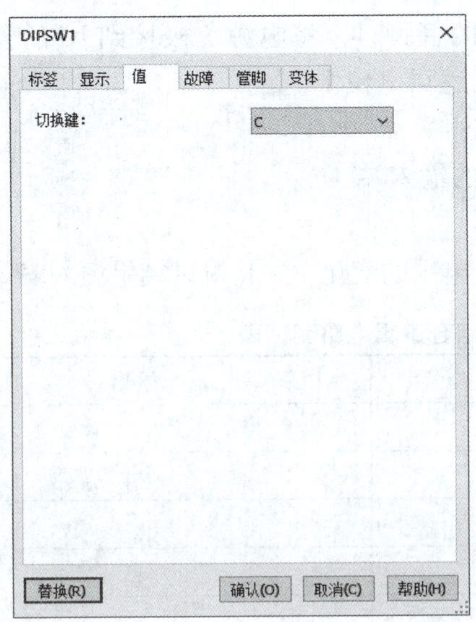

图 2－6　设置开关的切换键

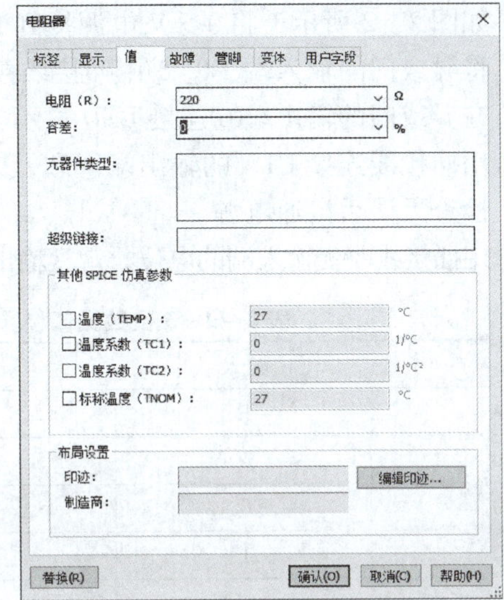

图 2－7　修改电阻器阻值

（8）从二极管件库中拖出一个发光二极管。

（9）完成电路连接，如图 2－8 所示。

（10）单击“仿真”菜单中的“运行”命令或按快捷键【F5】进行仿真测试。

（11）按二进制代码规律逐个改变输入端的电位，观察发光二极管的状态。

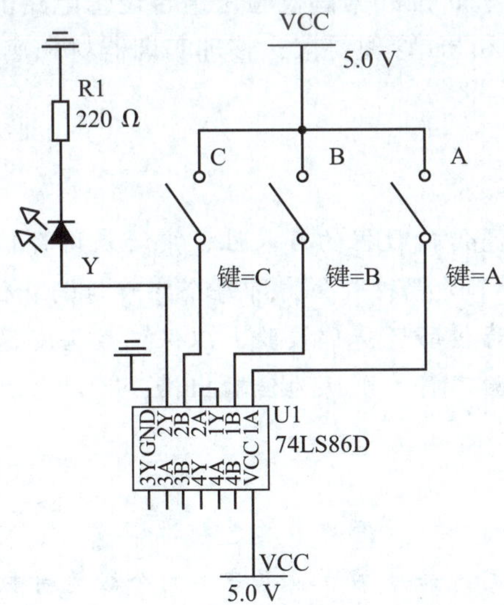

图 2－8　3 位数据偶校验位组合逻辑电路

（12）单击“文件”菜单中的“另存为”命令，以“课题二任务 1－2. ms14”保存文件，最后退出 Multisim 14. 0。

2. 3 位数据偶校验位组合逻辑电路硬件组装与测试

（1）关闭直流稳压电源开关，将 74LS86 插入面包板。

（2）如图2－2所示，将+5 V电源接到IC的管脚⑭，将电源负极接到IC的管脚⑦。
（3）将异或门的输入端①②⑤用插接线接到逻辑电位上。
（4）在异或门的输出端⑥连接LED显示电路。
（5）用插接线连接U1A的输出端③和U1B的输入端④。
（6）检查无误后接通电源。
（7）用插接线改变输入端的电位，观察输出端电平的变化，并将测试结果填入表2－2中。

表2－2　3位数据偶校验位组合逻辑电路测试表

输入			输出
A	B	C	Y
0	0	0	
0	0	1	
0	1	0	
0	1	1	
1	0	0	
1	0	1	
1	1	0	
1	1	1	

（8）根据测试结果，分析3位数据偶校验位组合逻辑电路的逻辑功能。
（9）按实训室管理制度和8S管理要求，整理实训器材和实训现场，填写实训报告。

知识拓展

在数据传输中，为了提高传输数据的可靠性，广泛采用奇偶校验的方法。这种方法是在每个字节（$D_7 \sim D_0$）加1个奇偶校验位，即每个字节传输9位数据。

数据传输前，先确定是奇校验还是偶校验，以保证数据发送端和接收端采用相同的校验方法进行数据校验。若校验不符，则认为传输出错，可以舍弃发生错误的数据，要求重新传输有错误的字节。

一、偶校验

偶校验是每个字节传输的9位数据中1的总数为偶数。

偶校验时校验位规则设定：若每字节数据中1的个数为奇数，则校验位为1，即$D_7 \oplus D_6 \oplus D_5 \oplus D_4 \oplus D_3 \oplus D_2 \oplus D_1 \oplus D_0 = 1$；若每字节数据中1的个数为偶数，则校验位为0，即$D_7 \oplus D_6 \oplus D_5 \oplus D_4 \oplus D_3 \oplus D_2 \oplus D_1 \oplus D_0 = 0$。

二、奇校验

奇校验是每个字节传输的9位数据中1的总数为奇数。

奇校验时校验位规则设定：若每字节数据中1的个数为奇数，则校验位为0；若每字节数据中1的个数为偶数，则校验位为1。

三、校验原理

若采用偶校验，发送端发送的1个字节中，1的个数一定为偶数，在接收端对接收数据中1的个数进行统计，若统计结果1的个数为奇数，则意味着传输过程中有1位（或奇数位）发生差错。

事实上，在传输中偶尔有1位出错的机会最多，故常常采用奇偶校验法。然而，奇偶校验法并不是一种特别可靠的检错方法，因为当发生错误的位数为偶数时，错误就无法被识别了。这时常采用74LS180进行检验。TTL集成门电路74LS180是9位奇偶产生器/校验器。

任务2　设计和测试"四舍五入"逻辑电路

学习目标

1. 能叙述设计组合逻辑电路的基本步骤。
2. 能设计"四舍五入"逻辑电路。
3. 能用Multisim 14.0软件对"四舍五入"逻辑电路进行仿真测试。
4. 能用74LS08和74LS32芯片等元器件组装"四舍五入"逻辑电路，并进行测试。

任务引入

把生产中对电路逻辑功能的实际要求抽象为逻辑函数进行处理，再用实际逻辑电路来实现，称为组合逻辑电路的设计。本任务要求设计1位十进制数（8421BCD码）"四舍五入"进位信号的逻辑电路，并对该电路的逻辑功能进行测试。

相关知识

一、组合逻辑电路的设计步骤

设计组合逻辑电路可按以下步骤进行。

（1）分析要求。根据设计要求设置输入、输出变量。

（2）列真值表。按输入、输出变量之间的逻辑关系列出真值表。

（3）化简函数式。由真值表写出逻辑函数式，并通过化简得到最简逻辑函数式。

（4）绘逻辑图。由最简逻辑函数式绘出逻辑电路图。

（5）组装调试。用实际元器件完成逻辑电路的装配与调试。

【例2－1】设计一个将4位二进制代码转换为4位格雷码的逻辑电路。

解：

设A、B、C、D为二进制代码逻辑输入端，Y_3、Y_2、Y_1、Y_0为格雷码逻辑输出端，根据设计要求列真值表，见表2－3。

表 2-3 将 4 位二进制代码转换为 4 位格雷码的真值表

十进制数	二进制代码				格雷码				十进制数	二进制代码				格雷码			
	A	B	C	D	Y_3	Y_2	Y_1	Y_0		A	B	C	D	Y_3	Y_2	Y_1	Y_0
0	0	0	0	0	0	0	0	0	8	1	0	0	0	1	1	0	0
1	0	0	0	1	0	0	0	1	9	1	0	0	1	1	1	0	1
2	0	0	1	0	0	0	1	1	10	1	0	1	0	1	1	1	1
3	0	0	1	1	0	0	1	0	11	1	0	1	1	1	1	1	0
4	0	1	0	0	0	1	1	0	12	1	1	0	0	1	0	1	0
5	0	1	0	1	0	1	1	1	13	1	1	0	1	1	0	1	1
6	0	1	1	0	0	1	0	1	14	1	1	1	0	1	0	0	1
7	0	1	1	1	0	1	0	0	15	1	1	1	1	1	0	0	0

根据真值表写出 $Y_3 \sim Y_0$ 的逻辑函数式如下。

$$Y_3 = A$$

$$Y_2 = A \oplus B$$

$$Y_1 = B \oplus C$$

$$Y_0 = C \oplus D$$

由逻辑函数式可知，该逻辑电路使用了 3 个异或门，所以可用一片 74LS86 芯片来实现，逻辑电路如图 2-9 所示。

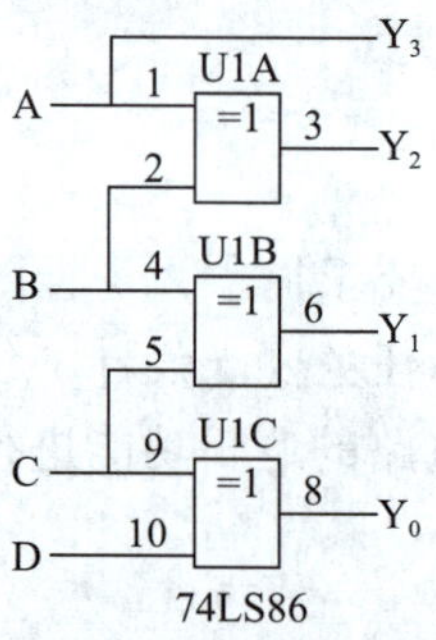

图 2-9 将 4 位二进制代码转换为 4 位格雷码的逻辑电路

【例 2-2】由于格雷码是无权码，为了计算方便，设计一个将 4 位格雷码转换为 4 位二进制代码的逻辑电路。

解：

设 A、B、C、D 为格雷码逻辑输入端，Y_3、Y_2、Y_1、Y_0 为二进制代码逻辑输出端，根据设计要求列真值表，见表 2-4。

表 2-4 将 4 位格雷码转换为 4 位二进制代码的真值表

十进制数	格雷码				二进制代码				十进制数	格雷码				二进制代码			
	A	B	C	D	Y_3	Y_2	Y_1	Y_0		A	B	C	D	Y_3	Y_2	Y_1	Y_0
0	0	0	0	0	0	0	0	0	2	0	0	1	1	0	0	1	0
1	0	0	0	1	0	0	0	1	3	0	0	1	0	0	0	1	1

续表

十进制数	格雷码				二进制代码				十进制数	格雷码				二进制代码			
	A	B	C	D	Y_3	Y_2	Y_1	Y_0		A	B	C	D	Y_3	Y_2	Y_1	Y_0
4	0	1	1	0	0	1	0	0	10	1	1	1	1	1	0	1	0
5	0	1	1	1	0	1	0	1	11	1	1	1	0	1	0	1	1
6	0	1	0	1	0	1	1	0	12	1	0	1	0	1	1	0	0
7	0	1	0	0	0	1	1	1	13	1	0	1	1	1	1	0	1
8	1	1	0	0	1	0	0	0	14	1	0	0	1	1	1	1	0
9	1	1	0	1	1	0	0	1	15	1	0	0	0	1	1	1	1

根据真值表写出 $Y_3 \sim Y_0$ 的逻辑函数式如下。

$$Y_3 = A$$

$$Y_2 = A \oplus B$$

$$Y_1 = A \oplus B \oplus C = Y_2 \oplus C$$

$$Y_0 = A \oplus B \oplus C \oplus D = Y_1 \oplus D$$

由逻辑函数式可知，该逻辑电路使用了 3 个异或门，所以可用一片 74LS86 芯片来实现，逻辑电路如图 2－10 所示。

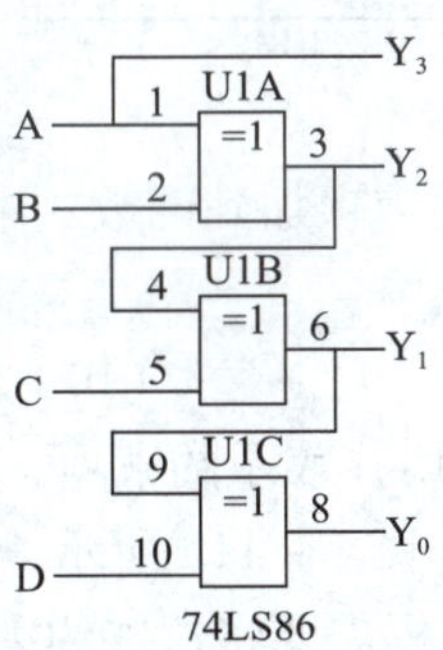

图 2－10　将 4 位格雷码转换为 4 位二进制代码的逻辑电路

二、“四舍五入”逻辑电路的设计

1. 设置输入、输出变量

1 位十进制数（8421BCD 码）“四舍五入”进位信号的逻辑电路输入变量为 A、B、C、D，输入数据范围为 0000～1001；输出变量为 Y，0 表示无进位信号，1 表示有进位信号。

2. 列出真值表

1 位十进制数“四舍五入”进位信号的真值表见表 2－5。由于十进制只有 0～9 十个数码，所以函数真值表中只有前 10 行有定义，后 6 行是不会出现的，因而认为它们对应的逻辑值是 1 还是 0 没有意义，即后 6 行是一组有约束的变量，约束项在真值表中用符号“×”表示。

表 2-5 1 位十进制数“四舍五入”进位信号的真值表

十进制数	输入				输出
	A	B	C	D	Y
0	0	0	0	0	0
1	0	0	0	1	0
2	0	0	1	0	0
3	0	0	1	1	0
4	0	1	0	0	0
5	0	1	0	1	1
6	0	1	1	0	1
7	0	1	1	1	1
8	1	0	0	0	1
9	1	0	0	1	1
-	1	0	1	0	×
-	1	0	1	1	×
-	1	1	0	0	×
-	1	1	0	1	×
-	1	1	1	0	×
-	1	1	1	1	×

3. 由真值表写出逻辑函数式

既然约束项不会出现，那么将约束项加到函数式中或从函数式中删掉，对函数没有影响。由真值表写出的逻辑函数式为：

$$Y = \sum m\ (5,\ 6,\ 7,\ 8,\ 9) + \sum d\ (10,\ 11,\ 12,\ 13,\ 14,\ 15)$$

式中，$\sum d$（10，11，12，13，14，15）表示约束项。

根据逻辑函数式绘出的卡诺图如图 2-11a 所示，约束项在卡诺图中填写时也用符号“×”表示（在化简过程中，可以根据需要将这些约束项看作 1 或者 0）。化简后得到的逻辑函数式为：

$$Y = A + BC + BD$$

4. 得到逻辑电路

由最简逻辑函数式得到的逻辑电路如图 2-11b 所示。

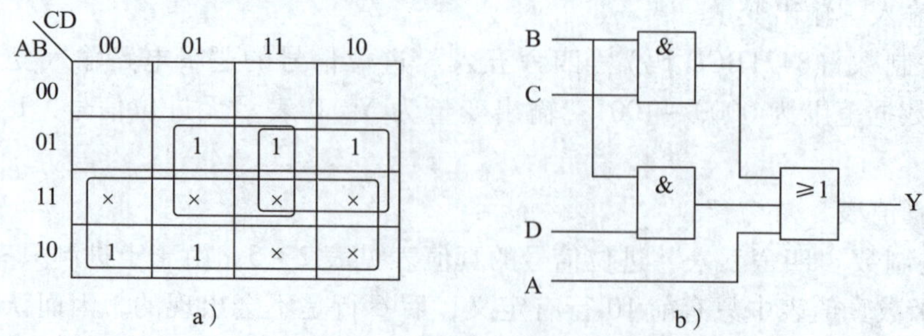

图 2-11 “四舍五入”进位的卡诺图和逻辑电路

a）卡诺图 b）逻辑电路

任务实施

一、任务分析

本任务先用 Multisim 14.0 软件搭建“四舍五入”逻辑电路并进行仿真测试，然后对该电路硬件进行组装与测试。图 2-11b 所示的“四舍五入”逻辑电路由两个 2 输入端与门和一个 3 输入端或门组成。查阅数字集成电路型号索引可知，与门电路可使用 74LS08。由于 IC 成品中没有 3 输入端或门，所以使用 74LS32，74LS32 包含四个 2 输入端或门。“四舍五入”逻辑电路由 74LS08 和 74LS32 两片集成电路构成，如图 2-12 所示。其逻辑函数式为：

$$P = BC + BD$$

$$Y = A + P = A + BC + BD$$

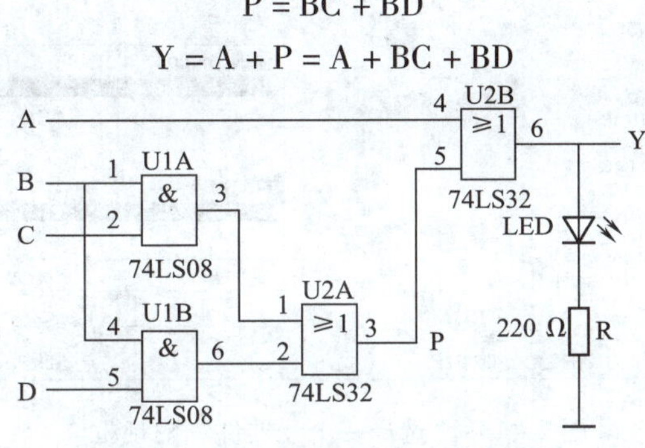

图 2-12　“四舍五入”逻辑电路

二、任务准备

1. 实训器材

（1）面包板	1 块
（2）直流稳压电源（5 V）	1 台
（3）74LS08、74LS32	各 1 片
（4）电阻器（220 Ω）、LED	各 1 个
（5）集成电路起拔器、镊子	各 1 个
（6）插接线	若干
（7）Multisim 14.0 仿真平台	1 套

2. 注意事项

（1）硬件组装与调试注意事项参见本课题任务 1。

（2）在 Multisim 14.0 仿真软件中，选中某一个元器件图标，其周围会出现一个虚线框，按住鼠标左键拖动，即可调整其位置。

三、操作步骤

1. “四舍五入”逻辑电路仿真测试

（1）双击桌面上的“NI Multisim 14.0”图标，启动 Multisim 14.0 软件。

（2）单击“绘制”菜单中的“元器件”命令，弹出“选择一个元器件”对话框，如图 2－13 所示。

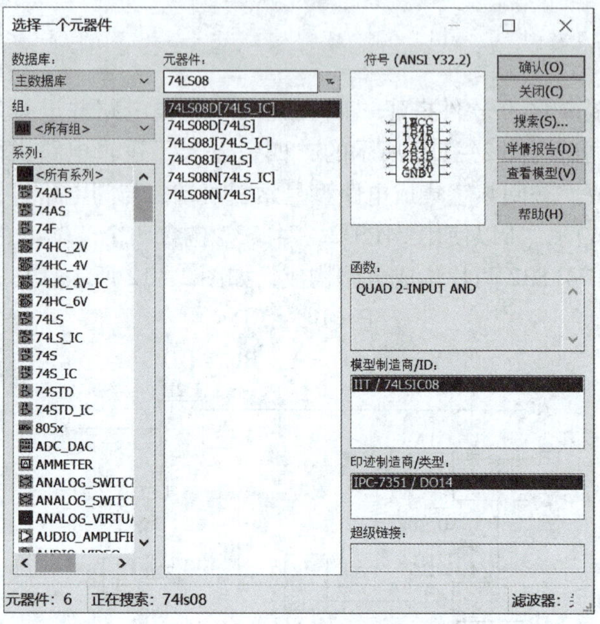

图 2－13 “选择一个元器件”对话框

（3）在图 2－13 所示对话框的“元器件”框中搜索 74LS08 芯片，在电路编辑区放置该元件；然后按照同样的方法分别搜索 74LS32、GROUND（GND）、V_{CC}等元件，依次完成芯片、GND、电源的放置，并调整元件的位置和方向，如图 2－14 所示。

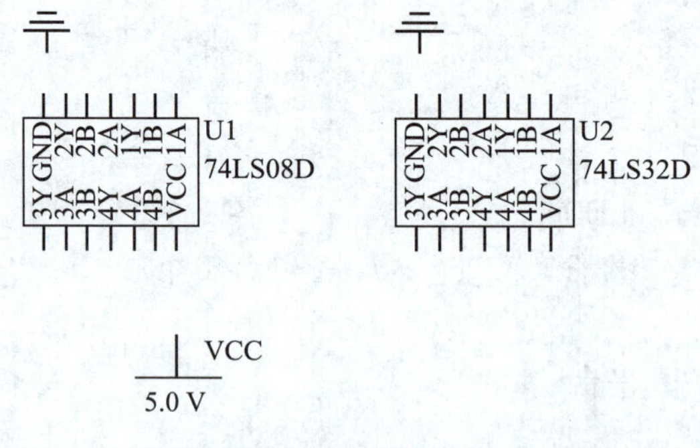

图 2－14 放置元件

（4）单击“仿真”菜单“仪器”子菜单中的“逻辑变换器”命令，或单击“仪器”工具栏中的“逻辑变换器”按钮，完成逻辑变换器的放置，再进行电路连接，如图 2－15 所示。

（5）双击逻辑变换器图标，在打开的逻辑变换器面板上单击右侧第一行的“逻辑图→真值表”按钮，查看逻辑变换器中的数值是否正确，若逻辑变换器中的数值如图 2－16 所示，则说明设计的“四舍五入”逻辑电路的逻辑功能是正确的。

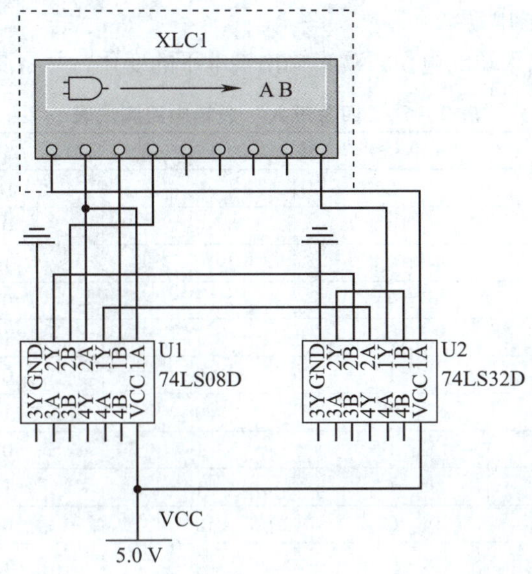

图 2－15　“四舍五入”逻辑电路的仿真测试

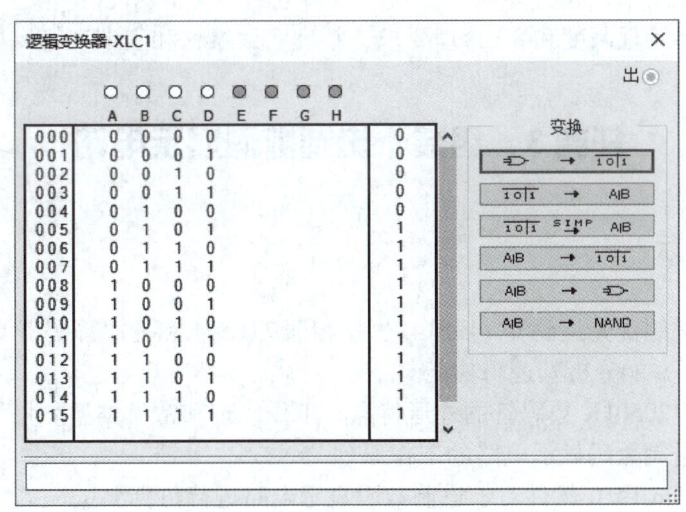

	A	B	C	D	输出
000	0	0	0	0	0
001	0	0	0	1	0
002	0	0	1	0	0
003	0	0	1	1	0
004	0	1	0	0	0
005	0	1	0	1	1
006	0	1	1	0	1
007	0	1	1	1	1
008	1	0	0	0	1
009	1	0	0	1	1
010	1	0	1	0	1
011	1	0	1	1	1
012	1	1	0	0	1
013	1	1	0	1	1
014	1	1	1	0	1
015	1	1	1	1	1

图 2－16　逻辑变换器中的数值

（6）单击“文件”菜单中的“另存为”命令，以“课题二任务 2. ms14”为文件名保存文件，退出 Multisim 14. 0 软件。

2. “四舍五入”逻辑电路硬件组装与测试

（1）关闭稳压电源开关，将 74LS08 和 74LS32 分别插入面包板。

（2）参照图 2－12 所示的电路图进行电路连接，将 +5 V 电源接到 IC 的管脚⑭，将电源负极接到 IC 的管脚⑦。

（3）将逻辑门的输入端 A、B、C、D 用插接线接到逻辑电位上。

（4）在逻辑门的输出端 Y 连接 LED 显示电路。

（5）检查无误后接通电源。

（6）用插接线改变输入端的电位，观察输出端电平的变化，并将测试结果填入表2-6中。

表2-6 “四舍五入”逻辑电路测试表

十进制数	输入				输出
	A	B	C	D	Y
0	0	0	0	0	
1	0	0	0	1	
2	0	0	1	0	
3	0	0	1	1	
4	0	1	0	0	
5	0	1	0	1	
6	0	1	1	0	
7	0	1	1	1	
8	1	0	0	0	
9	1	0	0	1	

（7）根据测试结果，分析“四舍五入”逻辑电路的逻辑功能。

（8）按实训室管理制度和8S管理要求，整理实训器材和实训现场，填写实训报告。

任务3 组装十进制数码显示电路

学习目标

1. 能认识十进制优先编码器74LS147、反相器74LS04和七段译码器CD4511的逻辑符号，识别其管脚，并能分析其逻辑功能。

2. 能叙述SM120501K数码管的外形特点、工作原理和常见类型。

3. 能分析十进制数码显示电路的工作原理。

4. 能用Multisim 14.0软件对十进制数码显示电路进行仿真测试。

5. 能应用编码器、译码器、数码管等组装十进制数码显示电路并测试其功能。

6. 能认识优先编码器74LS148和译码器74LS138、74LS139、74LS42的逻辑符号，识别其管脚。

任务引入

在数字系统中，往往要求把测量和运算数据用十进制数码显示，以便人们观察，这就需要先由编码器将信息变换为特定的代码，然后再由译码器将代码翻译出来作为控制信号，去驱动数码管将数码显示出来。十进制数码显示器具有电路结构简单、体积小、耗电省、安装与调试方便、价格便宜、性能稳定和易于实现自动化等优点。本任务学习由十进制优先编码器、反相器、七段译码器和数码管构成的十进制数码显示电路，如图 2－17 所示，从而掌握编码器、反相器、译码器等的基本工作原理和逻辑功能，并正确使用这些器件实现电路功能。

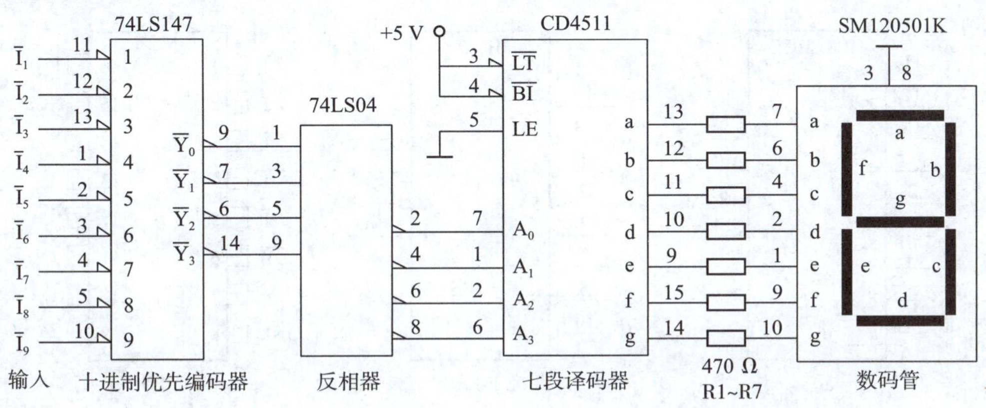

图 2－17　十进制数码显示电路

（1）十进制优先编码器 74LS147。十进制优先编码器的作用是将十进制输入信号转换为 8421BCD 码（反码）。

（2）反相器 74LS04。由于十进制优先编码器的输出信号为反码形式，而七段译码器要求输入信号为 8421BCD 码，所以十进制优先编码器与七段译码器不能直接连接，要通过反相器将 8421BCD 码的反码变换为 8421BCD 码。

（3）七段译码器 CD4511。七段译码器的作用是译码和驱动，将输入信号 8421BCD 码译为七段字形显示码，并驱动数码管显示相应的字形。

（4）数码管 SM120501K。数码管在显示码的控制下显示相应字形。

相关知识

一、十进制优先编码器 74LS147

在数字系统中，用二进制数码“0”和“1”按一定规律组成的代码来表示特定对象称为编码，具有编码功能的逻辑电路称为编码器。编码器输入的是被编的信号，输出的是二进制代码。通常，把有 m 个输入端、n 个输出端的编码器称为 m 线 $-n$ 线编码器。十进制编码器的作用是将十进制数 0～9 编成 8421BCD 码。

在实际应用中，常会出现多个输入信号同时请求编码的情况，为避免多个输入信号同时存在时产生错误的输出，实际集成电路编码器采用对所有输入信号按优先顺序排队编码的方式，即允许同时存在多个输入信号，但编码器只对优先级别最高的输入信号进行编码，而对优先级别低的输入信号不予响应，这样的编码器称为优先编码器。

优先编码器产品很多，如 74LS148、74HC148（8 线－3 线优先编码器），74LS147、74HC147（10 线－4 线优先编码器，BCD 码输出），74LS348（8 线－3 线优先编码器，三态输出）。

74LS147 是十进制优先编码器，其逻辑符号和管脚排列如图 2－18 所示。图中 $\overline{I}_1$ ~ $\overline{I}_9$ 是 9 个信号输入端，低电平输入有效；$\overline{Y}_0$ ~ $\overline{Y}_3$ 是 4 位 8421BCD 码的反码输出端，其真值表见表 2－7。

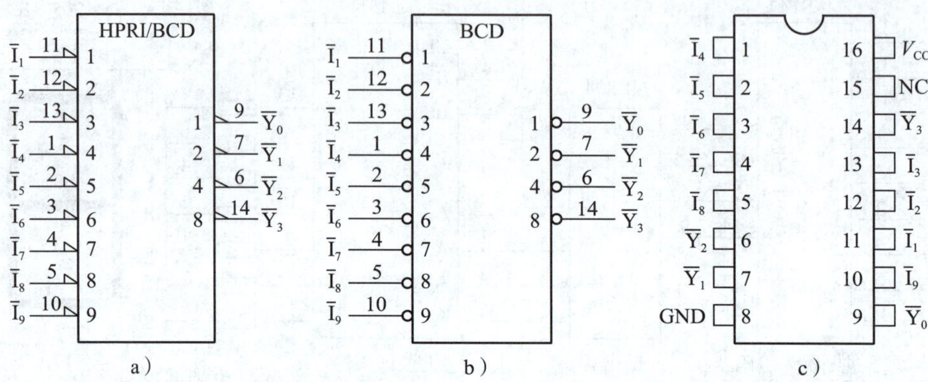

图 2－18　十进制优先编码器 74LS147

a）国标符号　b）曾用符号　c）管脚排列

表 2－7　74LS147 的真值表

输入									输出			
10	5	4	3	2	1	13	12	11	14	6	7	9
$\overline{I}_9$	$\overline{I}_8$	$\overline{I}_7$	$\overline{I}_6$	$\overline{I}_5$	$\overline{I}_4$	$\overline{I}_3$	$\overline{I}_2$	$\overline{I}_1$	$\overline{Y}_3$	$\overline{Y}_2$	$\overline{Y}_1$	$\overline{Y}_0$
1	1	1	1	1	1	1	1	1	1	1	1	1
1	1	1	1	1	1	1	1	0	1	1	1	0
1	1	1	1	1	1	1	0	×	1	1	0	1
1	1	1	1	1	1	0	×	×	1	1	0	0
1	1	1	1	1	0	×	×	×	1	0	1	1
1	1	1	1	0	×	×	×	×	1	0	1	0
1	1	1	0	×	×	×	×	×	1	0	0	1
1	1	0	×	×	×	×	×	×	1	0	0	0
1	0	×	×	×	×	×	×	×	0	1	1	1
0	×	×	×	×	×	×	×	×	0	1	1	0

注：表中“×”表示任意电平。

从真值表中可以看出 74LS147 的逻辑功能如下。

（1）输入信号低电平有效。“0”表示有输入信号，“1”表示无输入信号。

（2）输出信号是将 8421BCD 码各位分别取反后输出。例如，当输入信号 $\overline{I}_9$ 有效时，相应的 8421BCD 码是 1001，对 1001 的各位进行取反，输出即是 8421BCD 反码 0110。

（3）$\overline{I}_9$ 的优先级别最高，其他依次降低。例如，当 $\overline{I}_8$ 有效、$\overline{I}_9$ 无效时，无论 $\overline{I}_1$ ~ $\overline{I}_7$ 是否有效，编码器均按 $\overline{I}_8$ 编码，即输出为对应于 8 的 8421BCD 反码 0111。

（4）无 $\overline{I}_0$ 输入端。当无编码信号，即输入全为高电平时，输出为 1111，原码为

0000，此时相当于输入 $\overline{I}_0$ 请求编码，即对 $\overline{I}_0$ 进行编码。

二、数码管 SM120501K

常见七段数码显示器有辉光数码管、荧光数码管、发光二极管数码管、液晶显示器和等离子显示板等。SM120501K 数码管属于发光二极管数码管，图 2－19 所示为其外形及等效电路，其中 a～g 为七段字形引出脚，③、⑧为公共管脚（有的型号数码管①、⑥为公共管脚）。各段字形由发光二极管按“日”字排列，当通入正向电流时发光二极管发光，显示相应字形。h 为小数点引出脚。SM120501K 数码管按连接方式分为共阴极和共阳极两种类型，共阴极数码管用高电平驱动，共阳极数码管用低电平驱动。发光二极管数码管正向导通电压低，响应速度快，体积小，可靠性好，使用寿命长，颜色鲜艳。

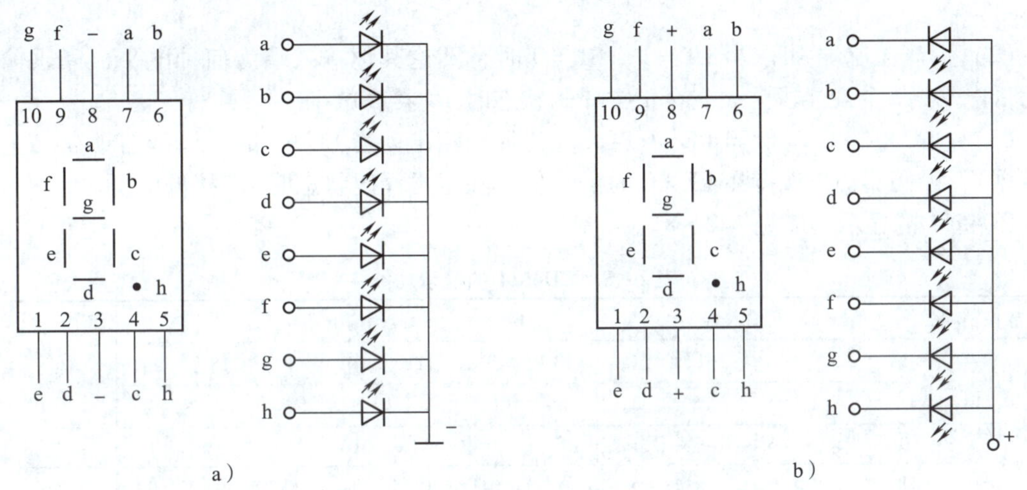

图 2－19　SM120501K 数码管的外形及等效电路

a）共阴极数码管 SM120501K－10P　b）共阳极数码管 SM120501K－10P

三、七段译码器 CD4511

数码管要显示出字形，必须将输入代码经译码器译成七段码信号，然后点亮数码管的相应段。译码器的作用是将每个输入的二进制代码译成对应的高、低电平段信号输出，它是编码的逆过程。常见的译码器有二进制译码器、十进制译码器和显示译码器。七段译码器 CD4511 是一个用于驱动共阴极发光二极管数码管的 BCD 码七段显示译码器，输入为 4 位 8421BCD 码，输出为七段显示码，高电平有效，可以驱动共阴极发光二极管数码管显示字符0～9。其逻辑符号与管脚排列如图 2－20 所示。

在正常译码状态下，在 A_3～A_0 端输入一组 8421BCD 码，在输出端 a、b、c、d、e、f、g 就得到一组 7 位显示码。当输入代码大于 1001 时，输出全部为 0，数码管全灭。

CD4511 的控制端逻辑功能如下。

（1）测试端 $\overline{LT}$。当 $\overline{LT}=0$ 时，不论其他输入端为何种电平，译码输出全为高电平，7 个发光段全亮，常用此法测试数码管的好坏。在正常译码状态时 $\overline{LT}$ 接高电平。

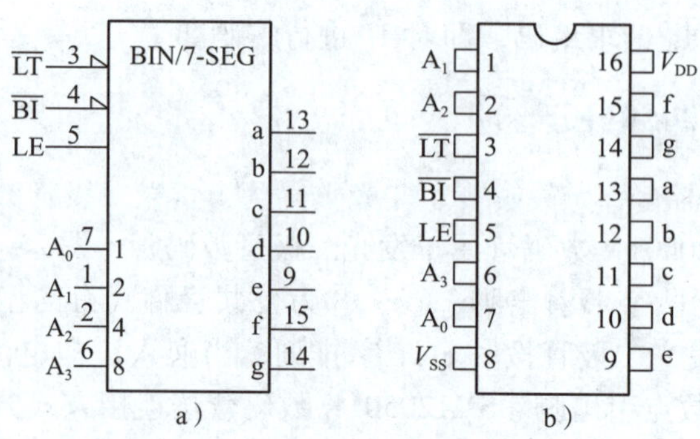

a）　　　　　　　　b）

图 2－20　七段译码器 CD4511

a）逻辑符号　b）管脚排列

（2）灭灯控制端 $\overline{BI}$。当 $\overline{LT}=1$、$\overline{BI}=0$ 时，不论其他输入端为何种电平，译码输出全为低电平，7 个发光段全灭。在正常译码状态时 $\overline{BI}$ 接高电平。

（3）锁存控制端 LE。当 LE＝0 时，允许译码输出；当 LE＝1 时，译码器锁存（记忆原数据），译码器输出保持在 LE＝0 时的数值。在正常译码状态时 LE 接低电平。

CD4511 的显示功能见表 2－8。

表 2－8　CD4511 的显示功能

控制端			输入端				段码输出端							显示功能
5	4	3	6	2	1	7	13	12	11	10	9	15	14	
LE	$\overline{BI}$	$\overline{LT}$	A_3	A_2	A_1	A_0	a	b	c	d	e	f	g	
×	×	0	×	×	×	×	1	1	1	1	1	1	1	全亮
×	0	1	×	×	×	×	0	0	0	0	0	0	0	全灭
1	1	1	×	×	×	×	锁定（保持）原输出状态							保持
0	1	1	0	0	0	0	1	1	1	1	1	1	0	0
0	1	1	0	0	0	1	0	1	1	0	0	0	0	1
0	1	1	0	0	1	0	1	1	0	1	1	0	1	2
0	1	1	0	0	1	1	1	1	1	1	0	0	1	3
0	1	1	0	1	0	0	0	1	1	0	0	1	1	4
0	1	1	0	1	0	1	1	0	1	1	0	1	1	5
0	1	1	0	1	1	0	0	0	1	1	1	1	1	6
0	1	1	0	1	1	1	1	1	1	0	0	0	0	7
0	1	1	1	0	0	0	1	1	1	1	1	1	1	8
0	1	1	1	0	0	1	1	1	1	0	0	1	1	9
0	1	1	1010～1111				0	0	0	0	0	0	0	全灭

CD4511 由 CMOS 电路与晶体管电路混合构成，工作电压为 3～18 V，当电源电压为 5 V 时，输出低电压 $U_{OL}=0$ V，输出高电压 $U_{OH}=4.55$ V，输出逻辑为高电平有效，高电平输出电流 I_{OH} 最大为 25 mA，驱动共阴极发光二极管数码管时需要串联阻值约为几百欧

的限流电阻器。

此外，常用的七段译码器还有74LS48、74LS47。

七段译码器74LS48的逻辑功能与CD4511类似，管脚排列相同，输出逻辑为高电平有效。由于74LS48内部上拉电阻器的阻值为2 kΩ（输出电压最小为2.4 V），所以高电平输出电流I_{OH}最大为1.3 mA左右，远远小于CD4511的最大输出电流，如果直接驱动共阴极发光二极管数码管（不需要接限流电阻器），则亮度偏暗。74LS48的作用是将输入的4位二进制代码转换为显示器（数码管）所需要的七个段信号a～g，适用于带放大器的显示装置。

七段译码器74LS47（OC门电路输出）的逻辑功能与CD4511类似，管脚排列相同，输出逻辑为低电平有效，低电平输出电流I_{OL}最大为24 mA，使用5 V电源驱动共阳极发光二极管数码管时需要串联阻值约为几百欧的限流电阻器。

四、十进制数码显示电路的工作原理

下面以显示字符“9”为例说明十进制数码显示电路的工作原理。当十进制数码显示电路的输入端$\overline{I}_9$接地时，十进制优先编码器74LS147输出“9”的8421BCD反码“0110”。

反相器74LS04将8421BCD反码转换为8421BCD码“1001”。

七段译码器CD4511将8421BCD码“1001”译为七段显示码“111 0011”，输出到共阴极发光二极管数码管的a～g端，驱动a、b、c、f、g段发光，d、e段不发光，于是显示字符“9”。

同理可显示其他字符。

任务实施

一、任务分析

本任务先在Multisim 14.0仿真平台设计十进制数码显示电路并测试其功能，认识74LS147、74LS04、CD4511等芯片的管脚排列及逻辑功能，然后利用74LS147、74LS04、CD4511等硬件组装如图2－17所示的十进制数码显示电路并测试其功能，从而对十进制数码显示电路的硬件组成、工作原理及逻辑功能有进一步的认识。

二、任务准备

1. 实训器材

（1）面包板	1块
（2）直流稳压电源（5 V）	1台
（3）74LS147、74LS04、CD4511	各1片
（4）共阴极发光二极管数码管（SM120501K）	1只
（5）限流电阻器（470 Ω）	7个
（6）万用表	1块
（7）集成电路起拔器、镊子	各1个

（8）插接线　　　　　　　　　　　　　　　　　　若干

（9）Multisim 14.0 仿真平台　　　　　　　　　　　1 套

2. 注意事项

（1）认真检查直流稳压电源输出线的极性是否连接正确，直流电压是否为 5 V，如有偏差应进行调整。

（2）不要在带电状态下插拔 IC，否则容易造成 IC 损坏。

（3）安装 IC 时，要认真辨认凹口方向，如果 IC 安装方向相反，造成电源极性接错，通电后将烧毁 IC。

（4）仔细检查与核对线路是否连接正确，经指导教师检查后再接通电源。

三、操作步骤

1. 十进制数码显示电路仿真测试

（1）启动 Multisim 14.0 软件，依次完成 74LS147、74LS04、CD4511 和共阴极发光二极管数码管 SM120501K 等芯片的放置。

（2）对芯片中的 V_{CC}、GND 端和数码管中的公共端进行接线。

（3）放置开关和电阻器等元件，分别修改开关的切换键为 A、B、C、D、E、F、G、H、I。

（4）完成电路的线路连接，如图 2 - 21 所示。

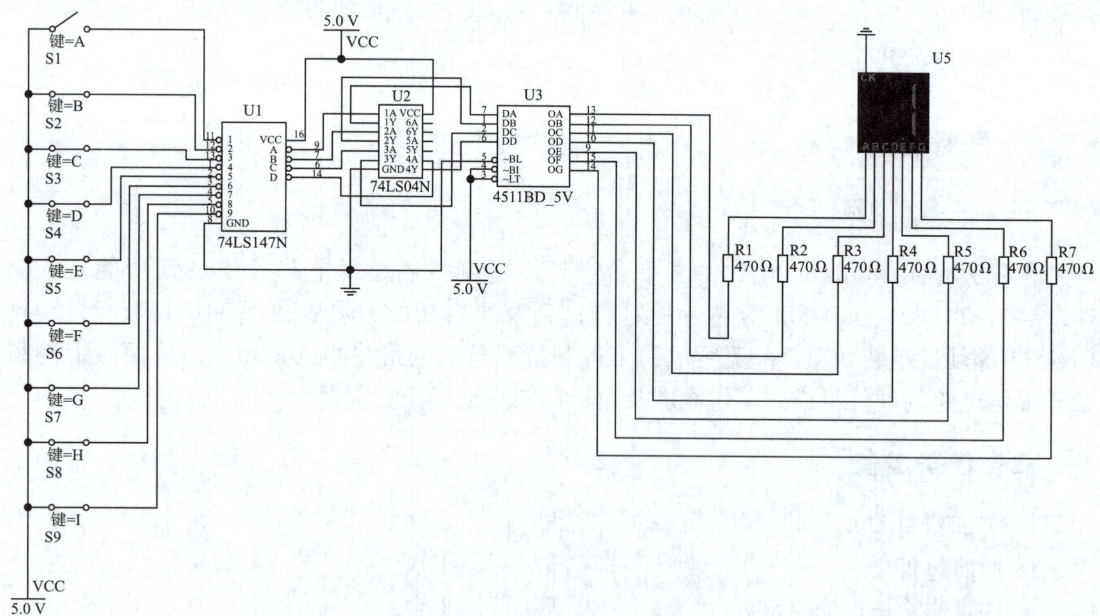

图 2 - 21　十进制数码显示仿真测试电路

（5）检查电路无误后，单击工具栏中的“运行”按钮进行仿真测试。

（6）按二进制代码规律逐个改变输入端的电位，观察数码显示器显示的字符。例如，图 2 - 21 中，开关 S1 处于断开状态，其他开关闭合时，数码管显示为“1”。

（7）从显示器材库中拖出电压表，放置电压表探针至 U3 的输出端 OA ~ OG，查看各端子电压的输出情况。

（8）测试完毕，单击“文件”菜单中的“另存为”命令，以“课题二任务 3. ms14”为文件名保存文件，退出 Multisim 14. 0 软件。

2. 十进制数码显示电路硬件组装与测试

（1）关闭稳压电源开关，将 74LS147、74LS04、CD4511 3 块 IC 分别插入面包板。

（2）将 +5 V 电源接到 3 块 IC 的管脚 V_{CC} 或 V_{DD}，将电源负极接到 3 块 IC 的管脚 GND 或 V_{SS}。

（3）用插接线将七段译码器 CD4511 的控制端 $\overline{LT}$、$\overline{BI}$ 接高电平，LE 接地。

（4）用插接线按照信号流向从后级向前级逐级连接信号线，编码器 74LS147 的输入端 $\overline{I}_1$ ~ $\overline{I}_9$ 悬空。

（5）用插接线将共阴极发光二极管数码管 SM120501K 的公共端接地。

（6）由于信号输入端 $\overline{I}_1$ ~ $\overline{I}_9$ 悬空，相当于输入十进制数码 0，所以接通稳压电源 +5 V 后，数码管应显示“0”，如有异常，应立即断电检查线路。

（7）用一根插接线分别将信号输入端 $\overline{I}_1$ ~ $\overline{I}_9$ 接地，数码管显示相应的数码字形。

（8）用两根插接线将两个信号输入端接地，数码管显示优先级高的数码字形。

（9）用插接线将锁存控制端 LE 接高电平，数码管保持原显示字形不变。

（10）用插接线将灭灯控制端 $\overline{BI}$ 接地，数码管全灭。

（11）用插接线将测试端 $\overline{LT}$ 接地，数码管全亮。

（12）按实训室管理制度和 8S 管理要求，整理实训器材和实训现场，填写实训报告。

知识拓展

一、优先编码器 74LS148

74LS148 是 8 线 -3 线二进制优先编码器，其逻辑符号和管脚排列如图 2 -22 所示。

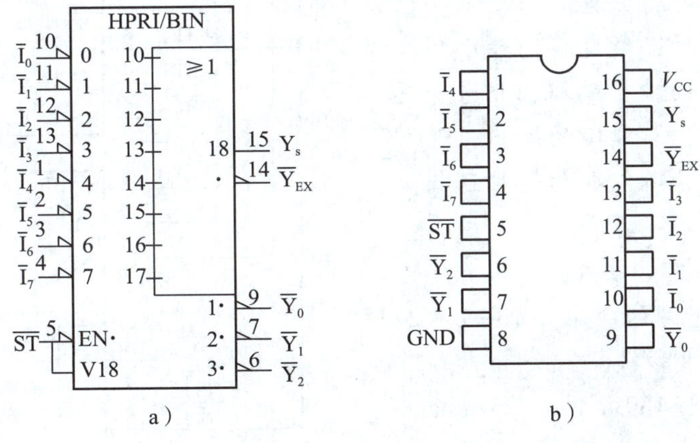

图 2 -22　8 线 -3 线优先编码器 74LS148

a）逻辑符号　b）管脚排列

74LS148 的数据输入 $\overline{I}_0 \sim \overline{I}_7$ 为低电平有效，输出编码 $\overline{Y}_2 \sim \overline{Y}_0$ 为相应输入信号的反码，并设置了使能输入端 $\overline{ST}$、选通输出端 Y_s 和扩展输出端 $\overline{Y}_{EX}$。

图 2－22a 中 HPRI/BIN 是优先编码器的总限定符号，V18 为或关联标注的符号，其中数字 18 为其标识序号，用以标明受 V18 输入影响的输出。

二、译码器 74LS138

3 线－8 线二进制译码器 74LS138 的逻辑符号及管脚排列如图 2－23 所示。

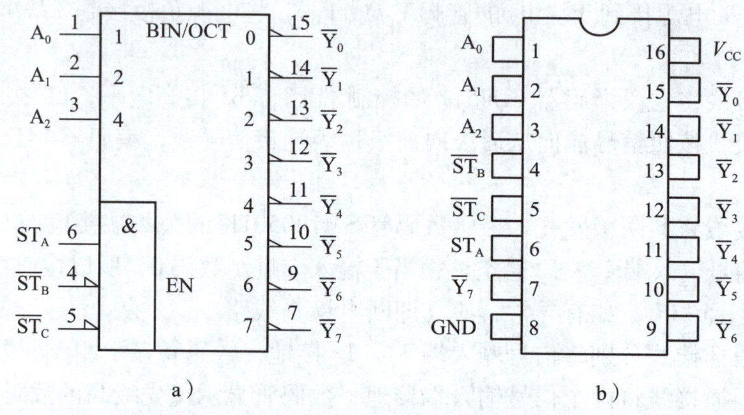

图 2－23　3 线－8 线二进制译码器 74LS138
a）逻辑符号　b）管脚排列

如图 2－23 所示，A_0、A_1、A_2 是二进制译码输入信号，$\overline{Y}_0 \sim \overline{Y}_7$ 是 8 个低电平有效的译码输出信号。ST_A、$\overline{ST}_B$、$\overline{ST}_C$ 为 3 个使能控制端，可在扩展或级联时应用。只有当 $ST_A=1$、$\overline{ST}_B=\overline{ST}_C=0$ 同时满足时，才能让使能输入 EN 处于内部逻辑 1 状态，译码器方可进行译码，三个条件中有一个不满足就禁止译码。

用 74LS138 可以实现三变量或两变量的逻辑函数。因为译码器的每一个输出端的低电平都与输入逻辑变量的一个最小项相对应，所以将逻辑函数变换为最小项表达式，只要从相应的输出端取出信号，送入与非门的输入端，与非门的输出信号就是要求的逻辑函数，所以也称这种逻辑电路为最小项译码器。

用两片 74LS138 可以扩展为 4 线－16 线译码器，从而扩大芯片的功能，如图 2－24 所示。

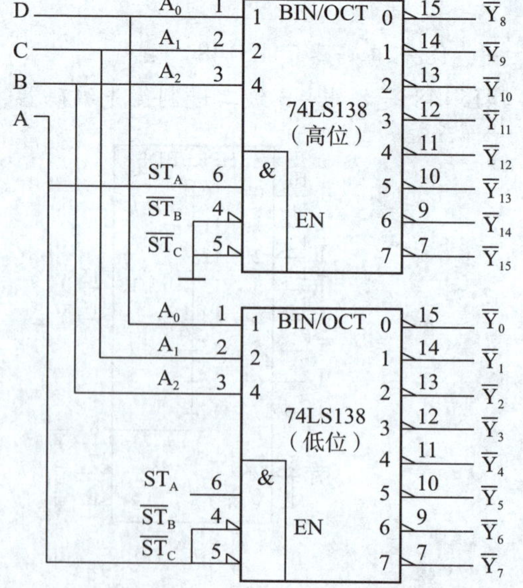

图 2－24　用两片 74LS138 扩展为 4 线－16 线译码器

三、译码器 74LS139

双 2 线－4 线二进制译码器 74LS139 的逻辑符号及管脚排列如图 2－25 所示。

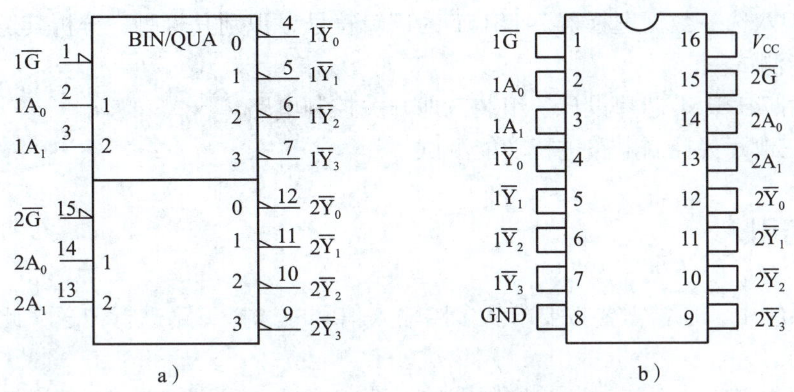

图 2-25　双 2 线-4 线二进制译码器 74LS139

a）逻辑符号　b）管脚排列

四、译码器 74LS42

74LS42 是二-十进制译码器，因其有 4 个输入端、10 个输出端，所以又称 4 线-10 线译码器，其逻辑符号和管脚排列如图 2-26 所示。A_0 ~ A_3 是译码输入信号，$\overline{Y}_0$ ~ $\overline{Y}_9$ 是译码输出信号，低电平有效。当输入 8421BCD 码时，相应的一个输出端为有效低电平；当输入代码为非 8421BCD 码时，全部输出端均为无效高电平。

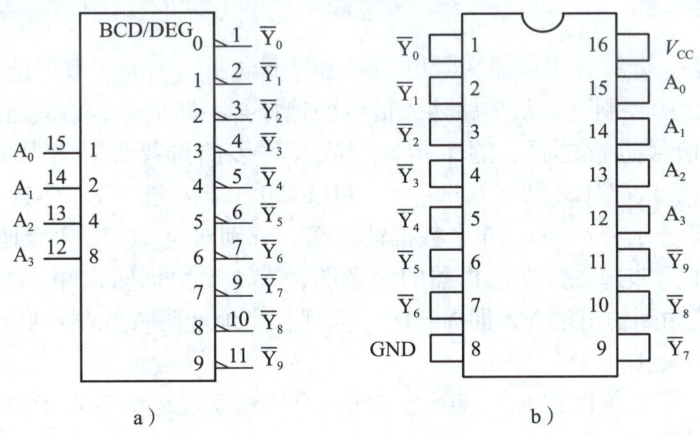

图 2-26　二-十进制译码器 74LS42

a）逻辑符号　b）管脚排列

任务 4　组装三地开关控制电路

学习目标

1. 能叙述数据选择器的作用和常见类型。

2. 能认识八选一数据选择器 74LS151 的逻辑符号，识别其管脚，分析其逻辑功能，并进行逻辑功能测试。

3. 能应用 74LS151 芯片设计、组装三地开关控制电路。

4. 能对三地开关控制电路进行功能测试。

任务引入

在数字系统中，通常需要按要求从多路输入信号中选择一路进行传送，此时就需要使用数据选择器。

本任务要求组装一个三地开关控制电路，要求在 A、B、C 三地的开关都能独立控制负载的通电或断电。三地开关控制电路是一个 3 输入变量和 1 输出变量的组合逻辑电路，既可用门电路实现，又可用数据选择器实现。数据选择器不但可以实现组合逻辑函数，而且与门电路相比，其电路更加简洁和实用。本任务将选用数据选择器来组装三地开关控制电路并进行功能测试。

相关知识

一、数据选择器

数据选择器是一个具有多端输入、单端输出的组合逻辑电路。数据选择器能在一组信号（又称地址码）的控制下，从多路输入信号中选择某一路信号，将其送到输出端。数据选择器能对多路信号进行选择，逐个传输，故又称多路选择器。常用的数据选择器有 74LS153（双四选一）、74LS151（八选一）、74LS150（十六选一）。四选一、八选一、十六选一数据选择器分别有 4、8、16 个数据输入端，分别对应 2、3、4 个地址码。

图 2 - 27 所示为四选一数据选择器的示意图，有 4 个数据输入端，当地址码 A_1A_0 为 00 时，数据 D_0 传输到输出端 Y，即 $Y = D_0$；同理，当地址码 A_1A_0 分别为 01、10、11 时，输出数据分别为 D_1、D_2、D_3。

数据选择器除了能传送数据外，还能方便且有效地实现组合逻辑函数，是一种被广泛应用的中规模集成逻辑部件。

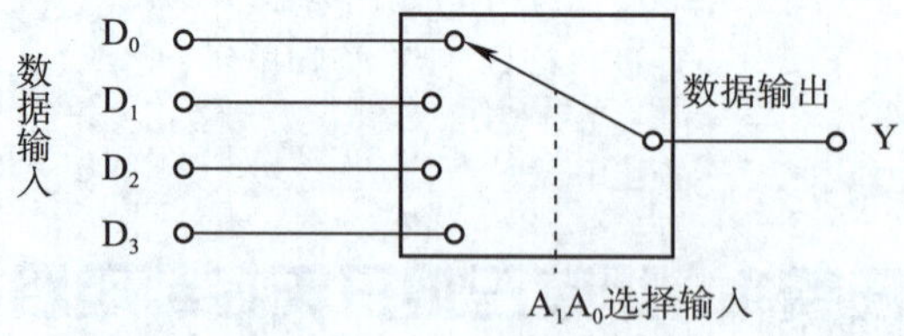

图 2 - 27　四选一数据选择器的示意图

二、八选一数据选择器 74LS151

集成数据选择器 74LS151 属于八选一数据选择器，其逻辑符号及管脚排列如图 2 - 28 所示。

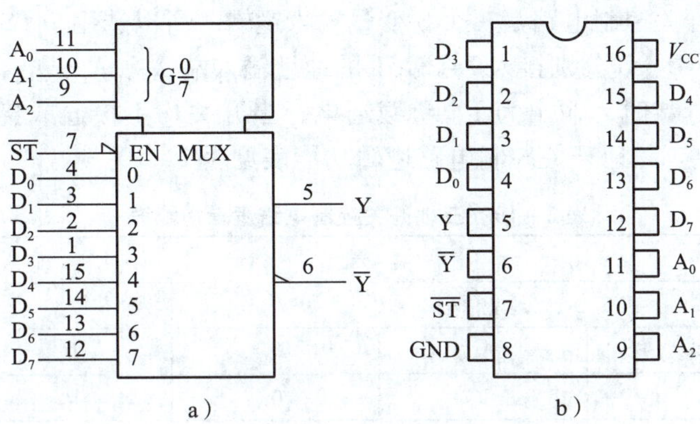

图 2－28 八选一数据选择器 74LS151
a）逻辑符号 b）管脚排列

74LS151 有 8 个信号输入端 $D_0 \sim D_7$，3 个地址输入端 A_0、A_1、A_2，两个互补的输出端 Y、$\overline{Y}$，1 个使能端 $\overline{ST}$。其真值表见表 2－9。

表 2－9 八选一数据选择器 74LS151 的真值表

使能端	输入端				输出端	
	地址信号			数据		
$\overline{ST}$	A_2	A_1	A_0	D_i	Y	$\overline{Y}$
1	×	×	×	×	0	1
0	0	0	0	$D_0 \sim D_7$	D_0	$\overline{D}_0$
0	0	0	1	$D_0 \sim D_7$	D_1	$\overline{D}_1$
0	0	1	0	$D_0 \sim D_7$	D_2	$\overline{D}_2$
0	0	1	1	$D_0 \sim D_7$	D_3	$\overline{D}_3$
0	1	0	0	$D_0 \sim D_7$	D_4	$\overline{D}_4$
0	1	0	1	$D_0 \sim D_7$	D_5	$\overline{D}_5$
0	1	1	0	$D_0 \sim D_7$	D_6	$\overline{D}_6$
0	1	1	1	$D_0 \sim D_7$	D_7	$\overline{D}_7$

任务实施

一、任务分析

本任务要求设计一个三地开关控制电路，并进行电路组装和功能测试，同时用 Multisim 14.0 对数据选择器 74LS151 的逻辑功能进行测试，从而对数据选择器 74LS151 的逻辑功能和应用有更进一步的认识。

首先要设计三地开关控制电路。使用数据选择器实现组合逻辑函数，只需把数据选择器的信号输入作为输入变量，并按要求把信号输入端接成所需的状态，便可以实现组合逻辑函数。由于三地开关控制电路是一个3变量输入逻辑，所以选用74LS151。

将三地开关A、B、C分别接入74LS151的地址输入端A_2、A_1、A_0，负载接输出端Y，当开关接通个数为奇数时，输出为1，负载通电；当开关均不接通或接通个数为偶数时，输出为0，负载断电。三地开关控制电路逻辑功能表见表2－10。

表2－10　三地开关控制电路逻辑功能表

使能端	输入端				输出端
	地址信号			数据	
$\overline{ST}$	A_2	A_1	A_0	D_i	Y
0	0	0	0	D_0	0
0	0	0	1	D_1	1
0	0	1	0	D_2	1
0	0	1	1	D_3	0
0	1	0	0	D_4	1
0	1	0	1	D_5	0
0	1	1	0	D_6	0
0	1	1	1	D_7	1

由逻辑功能表得出三地开关控制电路在$\overline{ST}=0$时的逻辑表达式为：

$$Y=\bar{A}\bar{B}C+\bar{A}B\bar{C}+A\bar{B}\bar{C}+ABC=\sum m\ (1,\ 2,\ 4,\ 7)$$

应用数据选择器构成组合逻辑电路时，由于数据输入端对应于各个最小项，所以不需要化简逻辑函数。在各个最小项中，输入数据D_i应与输出Y的状态相同，所以令：

$$D_0=D_3=D_5=D_6=0$$

$$D_1=D_2=D_4=D_7=1$$

三地开关控制电路如图2－29所示，由LED显示电路表示负载。

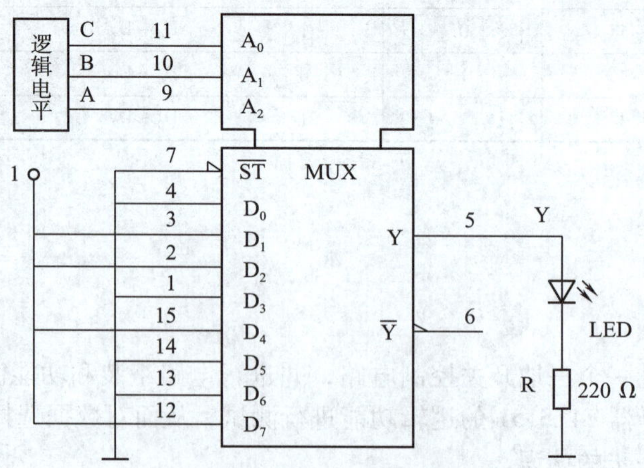

图2－29　三地开关控制电路

二、任务准备

1. 实训器材

(1) 面包板　　1块

(2) 直流稳压电源 (5 V)　　1台

(3) 74LS151　　1片

(4) 电阻器 (220 Ω)　　1个

(5) 发光二极管　　1只

(6) 集成电路起拔器、镊子　　各1个

(7) 插接线　　若干

(8) Multisim 14.0 仿真平台　　1套

2. 注意事项

(1) 74LS151芯片的 D_0 至 D_7 为信号输入端口，在连线过程中，注意 D_0、D_3、D_5、D_6 这4个端口应接地，另4个端口 D_1、D_2、D_4、D_7 应接高电平。

(2) 为了使多路开关正常，必须将74LS151芯片管脚⑦接地，即让使能端 $\overline{ST}=0$；否则，若 $\overline{ST}=1$，多路开关将被禁用。

三、操作步骤

1. 数据选择器74LS151逻辑功能测试

(1) 启动 Multisim 14.0 软件。

(2) 单击“绘制”菜单中的“元器件”命令，弹出“选择一个元器件”对话框。

(3) 在对话框的“元器件”框中搜索“74LS151”，完成IC放置。

(4) 如图2-30所示，将 V_{CC} 接到IC的管脚⑯，将GND接到IC的管脚⑧。

(5) 将 $\overline{ST}$、D_0、D_3、D_5、D_6 接地，将 D_1、D_2、D_4、D_7 接 V_{CC}。

(6) 单击“仿真”菜单“仪器”子菜单中的“逻辑变换器”命令，完成逻辑变换器的放置，连接A、B、C及Y到“逻辑变换器”。

(7) 双击逻辑变换器图标，在打开的逻辑变换器面板上单击右侧第一行的“逻辑图→真值表”按钮，查看逻辑变换器中的数据，将数据记录在表2-11中，并分析测试数据与74LS151的逻辑功能是否一致。

表2-11　逻辑函数发生器的真值表

输入			输出
A	B	C	Y
0	0	0	
0	0	1	
0	1	0	
0	1	1	

续表

输入			输出
A	B	C	Y
1	0	0	
1	0	1	
1	1	0	
1	1	1	

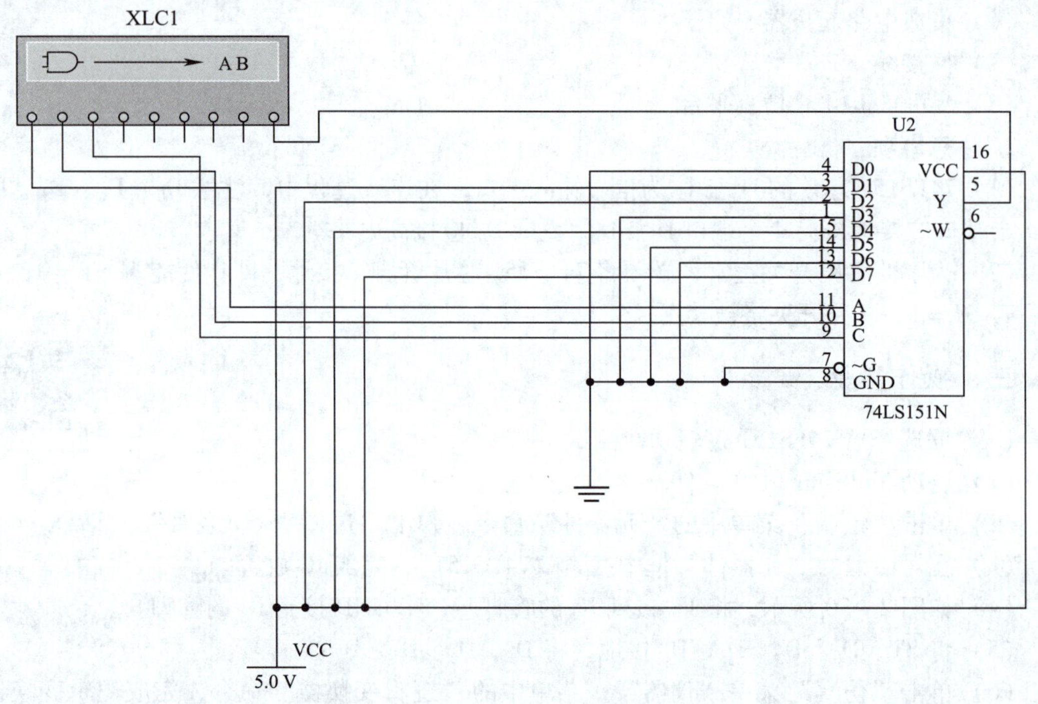

图 2－30　74LS151 逻辑功能仿真测试

（8）测试完毕，单击“文件”菜单中的“另存为”命令，以“课题二任务 4. ms14”为文件名保存文件，退出 Multisim 14. 0 软件。

2. 三地开关控制电路硬件组装与测试

（1）关闭稳压电源开关，将 IC 芯片 74LS151 插入面包板。

（2）将 +5 V 电压接到 IC 的管脚⑯，将电源负极接到 IC 的管脚⑧。

（3）用插接线将 $\overline{ST}$、D_0、D_3、D_5、D_6 接地。

（4）用插接线将 D_1、D_2、D_4、D_7 接高电平。

（5）将 A、B、C 连接不同的电平，任意改变其中一位的状态，输出状态随之发生变化，说明 A、B、C 三地开关都能独立控制负载的通电或断电。

（6）观察输出端状态是否与数据输入端的状态相同，并将输出端状态填入表 2－12 中。

表 2－12　三地开关控制电路测试表

使能端	输入端				输出端
	地址信号			数据	
$\overline{ST}$	A_2	A_1	A_0	D_i	Y
0	0	0	0	0	
0	0	0	1	1	
0	0	1	0	1	
0	0	1	1	0	
0	1	0	0	1	
0	1	0	1	0	
0	1	1	0	0	
0	1	1	1	1	

（7）按实训室管理制度和 8S 管理要求，整理实训器材和实训现场，填写实训报告。

知识拓展

一、四地开关控制电路

设 4 个开关 A、B、C、D 在不同的地方控制负载 Y，当一个开关动作后负载通电，另一个开关动作后负载断电。四地开关控制电路的真值表见表 2－13。

表 2－13　四地开关控制电路的真值表

A	B	C	D	Y	A	B	C	D	Y
0	0	0	0	0	1	0	0	0	1
0	0	0	1	1	1	0	0	1	0
0	0	1	0	1	1	0	1	0	0
0	0	1	1	0	1	0	1	1	1
0	1	0	0	1	1	1	0	0	0
0	1	0	1	0	1	1	0	1	1
0	1	1	0	0	1	1	1	0	1
0	1	1	1	1	1	1	1	1	0

由表 2－13 的真值表得出四地开关控制电路的逻辑表达式为：

$$Y = A \oplus B \oplus C \oplus D = \sum m\ (1,\ 2,\ 4,\ 7,\ 8,\ 11,\ 13,\ 14)$$

由于输入变量为 4 个，所以可以选用具有 4 个地址码的十六选一数据选择器 74LS150，或将两片八选一数据选择器 74LS151 扩展为具有 4 个地址码的十六选一数据选择器。但若将输入变量 D 置于数据输入端，仅多用 1 个非门，便可将 74LS151 扩展为具有 4 个输入变量的十六选一数据选择器。

将输入变量 A、B、C 分别接入 74LS151 的地址端 A_2、A_1、A_0 作为地址码，把 Y 作为输出端。根据八选一数据选择器的逻辑功能和真值表，可以得出：

当 ABC = 000 时，Y = D，所以 $D_0 = D$。

当 ABC = 001 时，$Y = \overline{D}$，所以 $D_1 = \overline{D}$。

逐个最小项类推，便可得到数据输入端的参数为：

$$D_0 = D_3 = D_5 = D_6 = D$$

$$D_1 = D_2 = D_4 = D_7 = \overline{D}$$

将输入变量 D 或 $\overline{D}$ 置于数据输入端，即可实现控制功能。四地开关控制电路如图 2－31 所示。

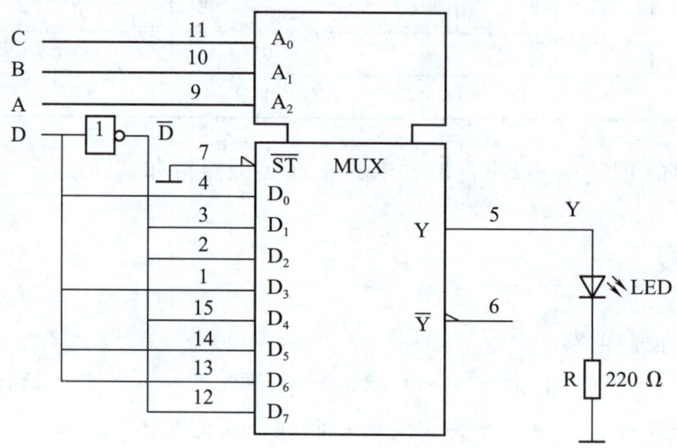

图 2－31　四地开关控制电路

从四地开关控制电路的例子可知，四选一、八选一、十六选一数据选择器用非门电路扩展后，可以分别实现 3、4、5 个输入变量的逻辑函数。

二、4 位十进制数码动态显示电路

在多位数码管显示电路中，如果每个数码管都用一个七段译码器驱动，称为静态显示，静态显示的缺点是接线多、功耗大。为了简化外部接线和降低功耗，多位数码管一般采用动态扫描方式，其特点是只使用一个七段译码器，各个数码管的 a～g 段相连，每个数码管轮流发光显示。

图 2－32 所示为 4 位十进制数码动态显示电路，使用了 4 片四选一数据选择器 74LS153，1 片双 2 线－4 线译码器 74LS139，4 个数码管共用一个七段译码器 CD4511 驱动。各片 IC 均处于使能状态。

数码显示使用共阴极数码管，4 位成品数码管的 a～g 段出厂时分别连接在一起，接入七段译码器 CD4511 的输出端，称为段控制。每个数码管的公共端连接双 2 线－4 线译码器 74LS139 的输出端，称为位控制，即数码管显示的字形是由 CD4511 确定的，而哪个数码管点亮是由 74LS139 确定的。为了增强位驱动能力，74LS139 内部的 2 个译码器并联使用，即相同逻辑的输入、输出端并接。从实际效果看，采用并接后，数码管亮度明显提高。

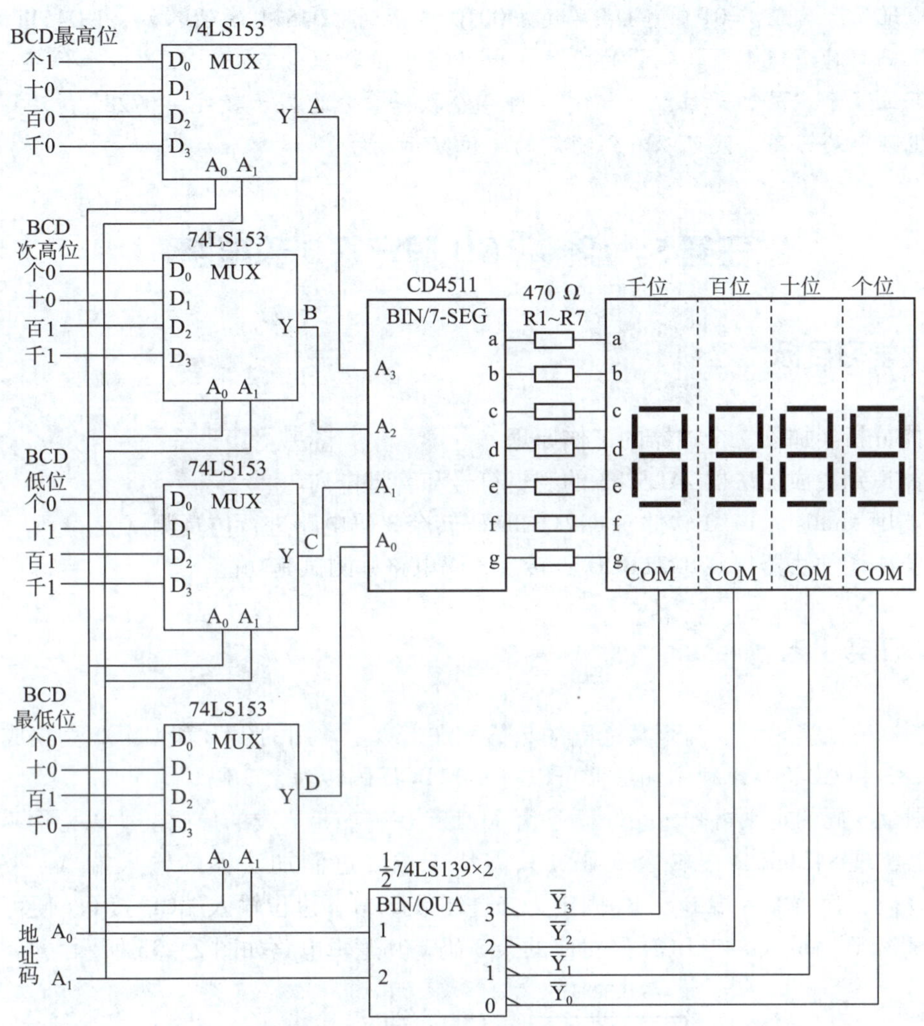

图 2－32　4 位十进制数码动态显示电路

当地址信号 $A_1A_0=00$ 时，经 74LS139 译码 $\overline{Y}_0$ 位输出低电平，个位数码管导通点亮；同理，当 $A_1A_0=01$ 时，十位数码管导通点亮；当 $A_1A_0=10$ 时，百位数码管导通点亮；当 $A_1A_0=11$ 时，千位数码管导通点亮。4 个数码管分时轮流循环点亮，在同一个时刻只有一个数码管点亮。由于人眼具有视觉暂留特性，所以适当地选取循环扫描频率，看上去所有数码管显示的都是稳定数字，看不到闪烁现象。通常在数字控制系统中，每个数码管轮流点亮 10 ms。

十进制个位数码的 4 位 8421BCD 码全部送至 4 片 74LS153 的 D_0 位，十位数码送至 D_1 位，百位数码送至 D_2 位，千位数码送至 D_3 位。例如，按图 2－32 中所标示的 8421BCD 码输入数据，当地址信号 $A_1A_0=00$ 时，4 个数据选择器同时将 D_0 端数据 1000 传输到 CD4511 的输入端，CD4511 将“8”的字形译码同时送到 4 个数码管的段位，但只有个位数码管点亮，因此只有个位数码管显示“8”。

当地址信号 $A_1A_0=01$ 时，D_1 端数据 0010 传输到 CD4511 的输入端，CD4511 将“2”的字形译码同时送到 4 个数码管的段位，但只有十位数码管点亮，因此，十位显示“2”。同理，百位显示“7”，千位显示“6”，即 4 个数码管分时显示数字“6728”。只要地址信号的变化频率足够高，便可以看到稳定的 4 位显示数字。

任务 5　组装 BCD 码转余 3 码电路

学习目标

1. 能分析半加器、全加器的工作原理。
2. 能识别集成加法器 74LS283 的逻辑符号和管脚排列。
3. 能用 Multisim 14.0 软件对 8421BCD 码转余 3 码电路进行仿真测试。
4. 能应用加法器组装 8421BCD 码转余 3 码电路并测试其功能。

任务引入

加法器的功能是完成两个数之间的数值相加运算。常用的 TTL 和 CMOS 型集成加法器为 74LS283 和 CD4008，利用加法器可以将 8421BCD 码转为余 3 码。

根据余 3 码的定义可知，余 3 码是由 8421BCD 码加 3 形成的代码。所以，用 4 位二进制加法器实现 8421BCD 码转余 3 码，只需从 4 位二进制加法器的输入端 $A_3 \sim A_0$ 输入 8421BCD 码，而将输入端 $B_3 \sim B_0$ 固定为二进制数 0011，进位输入端CI_0 接 0，便可从输出端 $S_3 \sim S_0$ 得到与输入 8421BCD 码对应的余 3 码。其逻辑电路如图 2－33 所示。

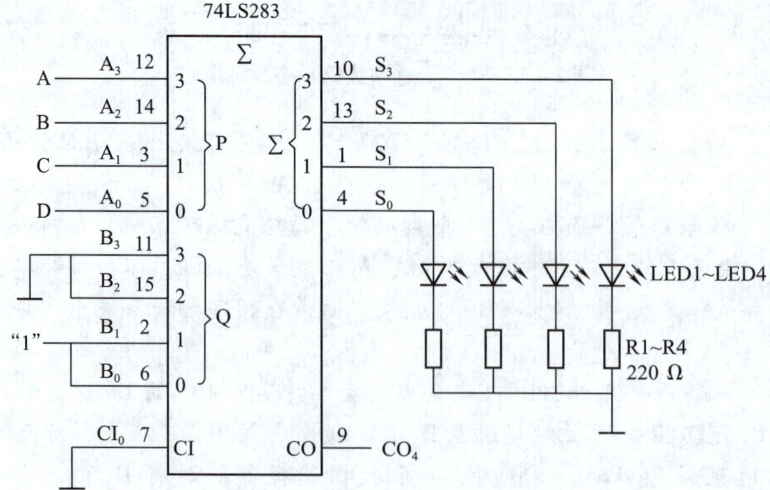

图 2－33　8421BCD 码转余 3 码的逻辑电路

相关知识

一、半加器

设两个一位二进制数 A、B 相加，和为 S，向高位的进位数为 C，只考虑两个加数本身，而不考虑来自低位的进位数，这样的逻辑称为半加器。半加器的逻辑运算如图 2 - 34a 所示，用一个异或门和一个与门组成的半加器的逻辑电路和逻辑符号如图 2 - 34b、图 2 - 34c 所示。半加器的真值表见表 2 - 14。

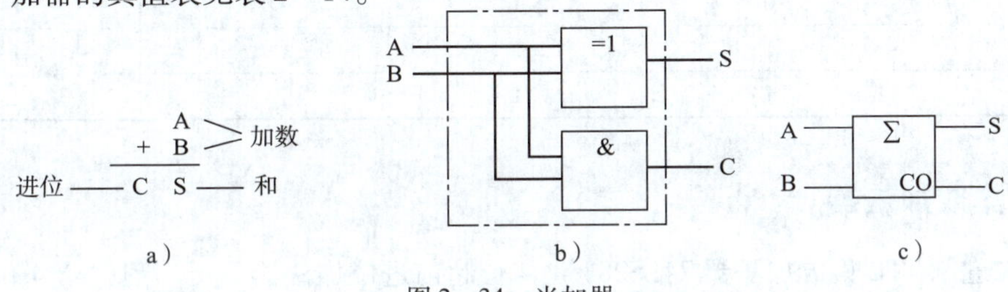

图 2 - 34 半加器

a）逻辑运算 b）逻辑电路 c）逻辑符号

表 2 - 14 半加器的真值表

输入		输出	
加数 A	加数 B	和 S	进位数 C
0	0	0	0
0	1	1	0
1	0	1	0
1	1	0	1

从表 2 - 14 可以看出，和 S 与加数 A、B 是异或逻辑，进位数 C 与加数 A、B 是与逻辑，由真值表可以写出半加器的逻辑函数式为：

$$S = \overline{A}B + A\overline{B} = A \oplus B$$

$$C = AB$$

二、全加器

实现全加运算的逻辑电路称为全加器，其逻辑运算和逻辑符号如图 2 - 35 所示。设两个一位二进制数 A_i、B_i 相加，C_{i-1} 表示相邻低位来的进位，和为 S_i，向高位的进位数为 C_i，全加器的真值表见表 2 - 15。

A
B
+ C′ —— 低位进位
C S
a）

A_i B_i C_{i-1} Σ CI CO S_i C_i
b）

图 2 - 35 全加器

a）逻辑运算 b）逻辑符号

表 2-15　全加器的真值表

输入			输出	
A_i	B_i	C_{i-1}	S_i	C_i
0	0	0	0	0
0	0	1	1	0
0	1	0	1	0
0	1	1	0	1
1	0	0	1	0
1	0	1	0	1
1	1	0	0	1
1	1	1	1	1

三、集成加法器

4 位二进制 TTL 集成加法器 74LS283 是 4 位超前进位加法器，可实现两个 4 位二进制数的相加运算，其逻辑符号和管脚排列如图 2-36a、图 2-36b 所示。其中 $A_0 \sim A_3$ 和 $B_0 \sim B_3$ 为两个 4 位二进制加数的输入端，CI_0 为低位来的进位输入端，$S_0 \sim S_3$ 为 4 位本位和输出端，CO_4 为向高位进位输出端。

二进制 CMOS 集成加法器 CD4008 的管脚排列如图 2-36c 所示。

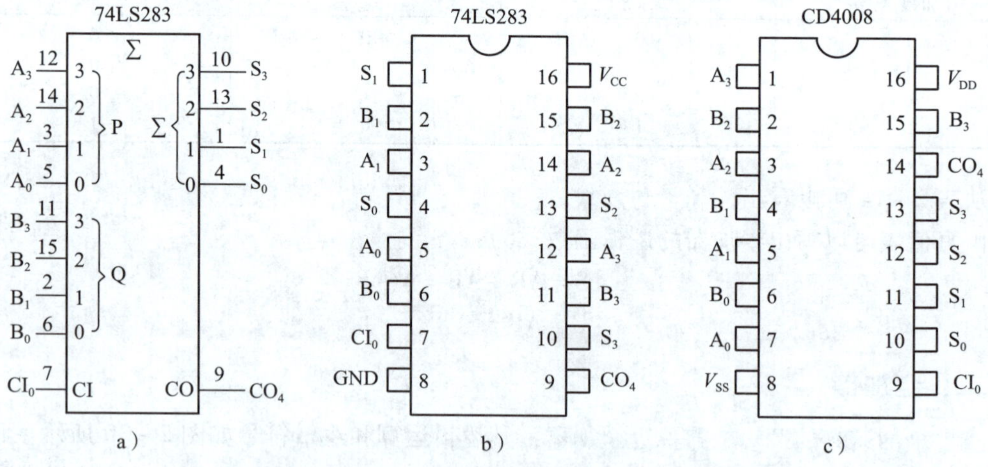

图 2-36　4 位二进制加法器 74LS283 和 CD4008

a）74LS283 的逻辑符号　b）74LS283 的管脚排列　c）CD4008 的管脚排列

任务实施

一、任务分析

本任务主要应用 74LS283 芯片实现 8421BCD 码转余 3 码的转换，该电路主要由

74LS283 芯片、发光二极管及电阻器等构成，通过仿真软件和硬件测试，检查输出数据是否为余 3 码。

二、任务准备

1. 实训器材

（1）面包板	1 块
（2）直流稳压电源（5 V）	1 台
（3）74LS283	1 片
（4）发光二极管	4 只
（5）电阻器（220 Ω）	4 个
（6）集成电路起拔器、镊子	各 1 个
（7）插接线	若干
（8）Multisim 14.0 仿真平台	1 套

2. 注意事项

硬件组装与调试注意事项参见本课题任务 1。

三、操作步骤

1. 8421BCD 码转余 3 码电路仿真测试

（1）启动 Multisim 14.0 软件，按照图 2 - 37 所示电路依次完成 74LS283、LED、GND、V_{CC}、电阻器和开关等元器件的放置。

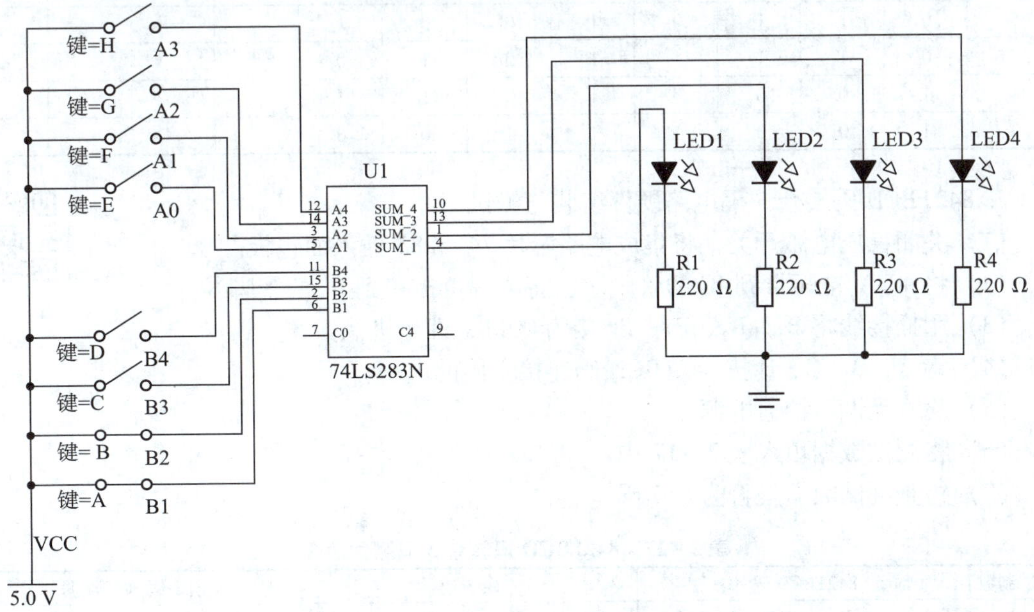

图 2 - 37　8421BCD 码转余 3 码仿真测试电路

（2）将开关 B1 ~ B4、A0 ~ A3 的切换键分别定义为 A ~ D、E ~ H。

（3）将电阻器的阻值设为 220 Ω。

（4）对所有元器件进行布局，完成电路图中的所有连线。

（5）将开关 B4、B3 切换为断开状态，B2、B1 切换为闭合状态（断开为“0”，闭合为“1”），定义为代码 0011，即十进制数 3。

（6）切换开关 A3 ~ A0 的状态，如图 2 – 37 所示，8421BCD 码为 0000，LED1、LED2 亮，LED3、LED4 灭，即 S_3、S_2、S_1、S_0 输出分别为 0、0、1、1。

（7）同理，切换开关 A3 ~ A0 的状态，即 8421BCD 码连接不同的电平，观察 LED 的亮灭，将测试数据填入表 2 – 16 中。

（8）检查测试数据是否为余 3 码。

（9）测试完毕，单击“文件”菜单中的“另存为”命令，以“课题二任务 5. ms14”为文件名保存文件，退出 Multisim 14. 0 软件。

表 2 – 16　8421BCD 码转余 3 码测试表 1

十进制数	8421BCD 码				余 3 码				余 3 码测试数据			
D	A	B	C	D	S_3	S_2	S_1	S_0	S_3	S_2	S_1	S_0
0	0	0	0	0	0	0	1	1				
1	0	0	0	1	0	1	0	0				
2	0	0	1	0	0	1	0	1				
3	0	0	1	1	0	1	1	0				
4	0	1	0	0	0	1	1	1				
5	0	1	0	1	1	0	0	0				
6	0	1	1	0	1	0	0	1				
7	0	1	1	1	1	0	1	0				
8	1	0	0	0	1	0	1	1				
9	1	0	0	1	1	1	0	0				

2. 8421BCD 码转余 3 码电路硬件组装与测试

（1）关闭稳压电源开关，将集成电路芯片 74LS283 插入面包板。

（2）将 +5 V 电压接到 IC 的管脚⑯，将电源负极接到 IC 的管脚⑧。

（3）用插接线将 B_3、B_2、B_1、B_0 接为 0011，即十进制数 3。

（4）将 A、B、C、D 按 8421BCD 码连接不同的电平。

（5）检查无误后接通电源。

（6）将测试数据填入表 2 – 17 中。

（7）检查测试数据是否为余 3 码。

表 2 – 17　8421BCD 码转余 3 码测试表 2

十进制数	8421BCD 码				余 3 码				余 3 码测试数据			
D	A	B	C	D	S_3	S_2	S_1	S_0	S_3	S_2	S_1	S_0
0	0	0	0	0	0	0	1	1				
1	0	0	0	1	0	1	0	0				

续表

十进制数	8421BCD 码				余 3 码				余 3 码测试数据			
D	A	B	C	D	S_3	S_2	S_1	S_0	S_3	S_2	S_1	S_0
2	0	0	1	0	0	1	0	1				
3	0	0	1	1	0	1	1	0				
4	0	1	0	0	0	1	1	1				
5	0	1	0	1	1	0	0	0				
6	0	1	1	0	1	0	0	1				
7	0	1	1	1	1	0	1	0				
8	1	0	0	0	1	0	1	1				
9	1	0	0	1	1	1	0	0				

（8）按实训室管理制度和 8S 管理要求，整理实训器材和实训现场，填写实训报告。

知识拓展

一片 74LS283 只能完成 4 位二进制数的加法运算，如果要进行更多位数的加法运算，可以把若干片 74LS283 级联起来，构成更多位数的加法电路。例如，用两片 4 位加法器构成 8 位加法器的电路如图 2-38 所示，其中片 1 是低 4 位片，完成 $A_0 \sim A_3$ 与 $B_0 \sim B_3$ 的加法运算，片 2 是高 4 位片，完成 $A_4 \sim A_7$ 与 $B_4 \sim B_7$ 的加法运算。低 4 位片的进位输入端接地，低 4 位片的进位输出端 CO 接高 4 位片的进位输入端 CI。

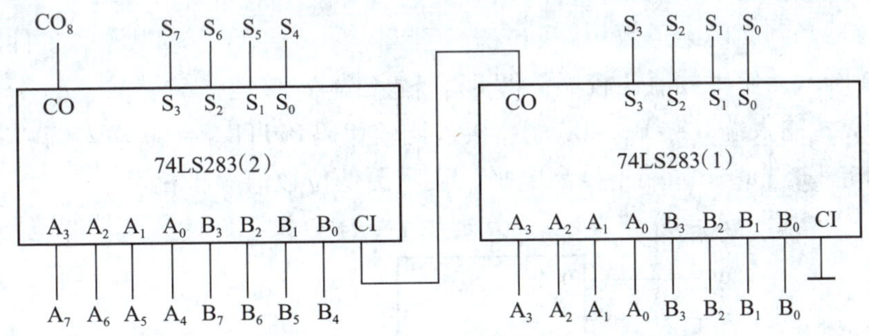

图 2-38　用两片 4 位加法器构成 8 位加法器的电路

任务 6　组装工件规格识别电路

学习目标

1. 能叙述数值比较器的作用。
2. 能识别 4 位集成数值比较器 74LS85 的逻辑符号和管脚排列。

3. 能用 Multisim 14.0 软件对工件规格识别电路进行仿真测试。

4. 能应用数值比较器组装工件规格识别电路，并测试其功能。

任务引入

图 2-39 所示为用传送带输送大、中、小三种规格的工件，用安装在 U、V、W 处的光电传感器检测工件的大小和规格。

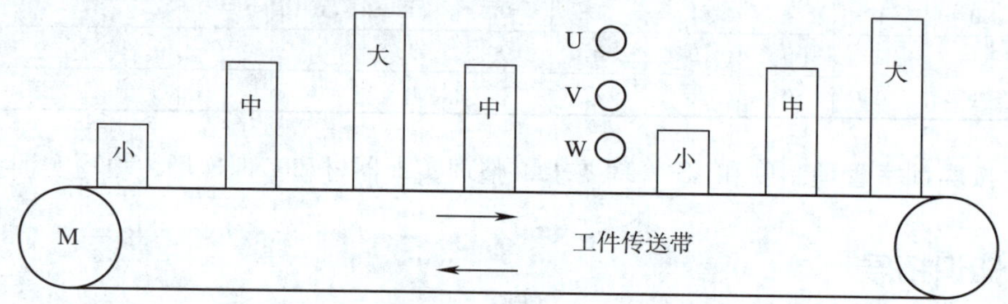

图 2-39　工件传送与检测系统

当工件经过光电传感器时，产生相应代码。例如，当小工件经过光电传感器时，光电传感器 W 工作，V、U 不工作，产生的二进制代码为 001B。同理，中、大工件产生的二进制代码分别为 011B 和 111B。为了能准确识别大、中、小三种规格的工件，可应用在自动控制系统中广泛使用的数值比较器。

数值比较器是判断两个位数相同的二进制整数大小的组合逻辑电路。工件规格识别电路如图 2-40 所示，使用数值比较器 74LS85。输入端 A_3 接地，A_2、A_1、A_0 分别接光电传感器 U、V、W。输入端 B_3、B_2、B_1、B_0 接入比较代码 0011B。级联输入端“a < b”“a > b”端子接低电平，“a = b”端子接高电平，表示更低位数值大小相等。

输出端“A < B”“A = B”“A > B”分别接小、中、大工件计数与控制电路。

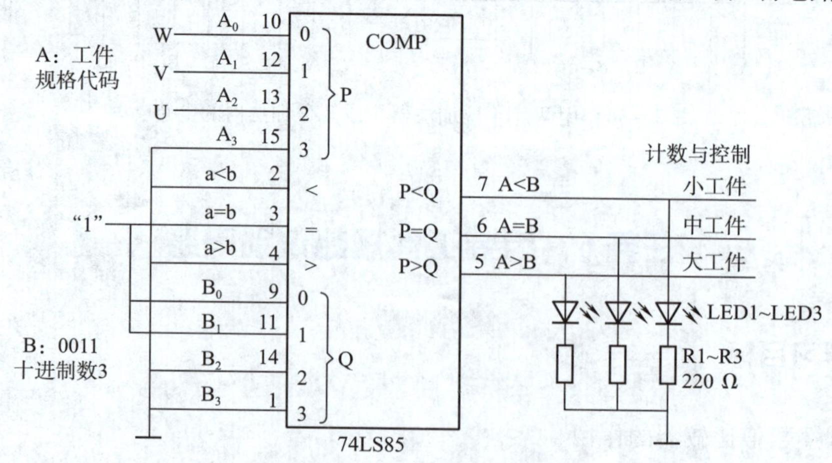

图 2-40　工件规格识别电路

相关知识

一、一位数值比较器

数值比较器是对两个数 A、B 进行比较，判断两个数 A 和 B 属于 A > B、A = B 或 A < B 中的哪种情况。一位数值比较器的真值表见表 2-18。

表 2-18　一位数值比较器的真值表

输入		输出		
A	B	A > B	A = B	A < B
0	0	0	1	0
0	1	0	0	1
1	0	1	0	0
1	1	0	1	0

二、集成数值比较器

多位数值比较器的比较规则是从高位到低位逐位进行比较。4 位集成数值比较器 74LS85 的逻辑符号与管脚排列如图 2-41 所示。

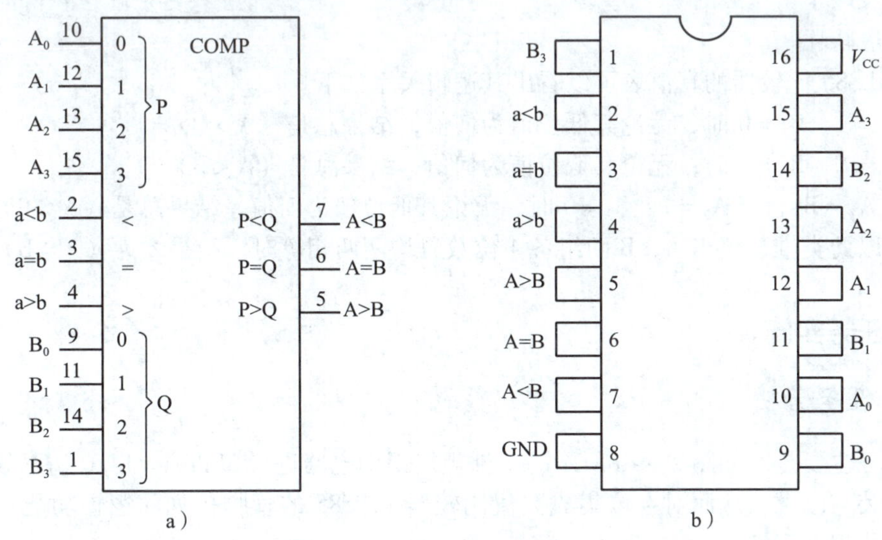

图 2-41　4 位集成数值比较器 74LS85
a）逻辑符号　b）管脚排列

74LS85 有 8 个数据输入端，可以分别输入两个 4 位二进制数 A($A_0 \sim A_3$) 和 B($B_0 \sim B_3$)。它有 3 个输出端，即"A < B""A > B"和"A = B"，3 个输出端总是只有一个为 1，表示比较结果。例如，若 A < B，则输出"A < B"为 1，"A > B"和"A = B"均为 0。

在 74LS85 中，还有三个用于扩展的级联输入端“a<b”“a=b”和“a>b”，其逻辑功能相当于在 4 位集成数值比较器的最低级 A_0、B_0 后添加了一位更低的比较数码。此功能可将多个 74LS85 级联使用，以扩大比较器的位数。74LS85 作为单级或最低级使用时，应将级联输入端“a<b”“a>b”端子接低电平，“a=b”端子接高电平，表示更低位数值大小相等。

4 位集成数值比较器 74LS85 的真值表见表 2-19。

表 2-19　4 位集成数值比较器 74LS85 的真值表

输入信号				比较结果		
A_3　B_3	A_2　B_2	A_1　B_1	A_0　B_0	A>B	A<B	A=B
1　0	×　×	×　×	×　×	1	0	0
0　1	×　×	×　×	×　×	0	1	0
$A_3=B_3$	1　0	×　×	×　×	1	0	0
$A_3=B_3$	0　1	×　×	×　×	0	1	0
$A_3=B_3$	$A_2=B_2$	1　0	×　×	1	0	0
$A_3=B_3$	$A_2=B_2$	0　1	×　×	0	1	0
$A_3=B_3$	$A_2=B_2$	$A_1=B_1$	1　0	1	0	0
$A_3=B_3$	$A_2=B_2$	$A_1=B_1$	0　1	0	1	0
$A_3=B_3$	$A_2=B_2$	$A_1=B_1$	$A_0=B_0$	0	0	1

在比较两个多位数的大小时，必须自高而低逐位比较，而且只有在高位相等时，才对相邻低位进行比较。

由 74LS85 比较器的真值表可以看出其逻辑关系如下。

当 $A_3=1$、$B_3=0$ 时，无论其低位值为何值，结果总是（A>B）=1。

当 $A_3=0$、$B_3=1$ 时，无论其低位值为何值，结果总是（A<B）=1。

如果 $A_3=B_3$，当 $A_2=1$、$B_2=0$ 时，无论其低位值为何值，结果总是（A>B）=1。

其余以此类推，仅当 A、B 两组各 4 位数码均两两相等时，结果才为（A=B）=1。

任务实施

一、任务分析

本任务主要是对如图 2-40 所示的工件规格识别电路进行 Multisim 14.0 仿真软件测试和硬件组装与测试，从而对 4 位集成数值比较器 74LS85 的管脚排列、逻辑功能和应用有进一步的认识和了解。

二、任务准备

1. 实训器材

（1）面包板　　　　　　　　　　　　1 块

（2）直流稳压电源（5 V）　　　　　　1 台

（3）4 位集成数值比较器 74LS85　　　　1 片
（4）发光二极管　　　　3 只
（5）电阻器（220 Ω）　　　　3 个
（6）集成电路起拔器、镊子　　　　各 1 个
（7）插接线　　　　若干
（8）Multisim 14.0 仿真平台　　　　1 套

2. 注意事项

（1）认真检查直流稳压电源输出线的极性是否连接正确，直流电源电压是否为 5 V，如有偏差应进行调整。

（2）安装 IC 时要认真辨认凹口方向，如果 IC 安装方向相反，造成电源极性接错，通电后将烧毁 IC。

（3）在连接工件规格识别电路时，A_2、A_1、A_0 分别接光电传感器 U、V、W 对应的开关。

三、操作步骤

1. 工件规格识别电路仿真测试

（1）启动 Multisim 14.0 软件，按照图 2－42 所示电路依次完成 74LS85、LED、GND、V_{CC}、电阻器和开关等元器件的放置。

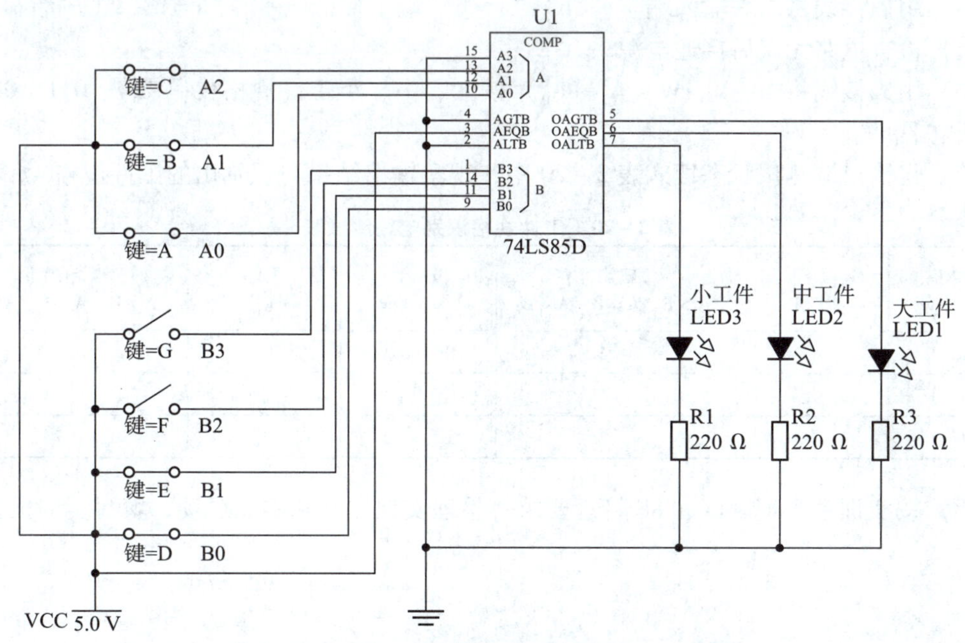

图 2－42　工件规格识别电路

（2）将开关 A0、A1、A2 的切换键分别定义为 A、B、C，将开关 B0、B1、B2、B3 的切换键分别定义为 D、E、F、G。

（3）将电阻器的阻值改为 220 Ω。

（4）调整图中所有元器件的布局，完成图示中的所有连线。

（5）将开关 B3、B2 切换为断开状态，B1、B0 切换为闭合状态（断开为“0”，闭合为“1”），这样将 B 的数值设置为 0011，即十进制数 3。

（6）将输入端“a < b”“a > b”端子（74LS85 的②号管脚和④号管脚）接地，“a = b”端子（74LS85 的③号管脚）接高电平，即 V_{CC}。

（7）操作按键，使开关 A2、A1、A0 均处于闭合状态（断开为“0”，闭合为“1”），即输入大工件规格代码 111，观察大工件灯是否点亮。

（8）操作按键，使开关 A2、A1、A0 分别处于断开、闭合、闭合状态，即输入中工件规格代码 011，观察中工件灯是否点亮。

（9）操作按键，使开关 A2、A1、A0 分别处于断开、断开、闭合状态，即输入小工件规格代码 001，观察小工件灯是否点亮。

（10）测试完毕，单击“文件”菜单中的“另存为”命令，以“课题二任务 6. ms14”为文件名保存文件，退出 Multisim 14. 0 软件。

2. 工件规格识别电路硬件组装与测试

（1）关闭稳压电源开关，将集成电路芯片 74LS85 插入面包板。

（2）将 +5 V 电压接到 IC 的管脚⑯，将电源负极接到 IC 的管脚⑧。

（3）用插接线将 B_3、B_2、B_1、B_0 接为 0011，即十进制数 3。

（4）用插接线将级联输入端“a < b”“a > b”端子接低电平，“a = b”端子接高电平。

（5）检查电路无误后接通电源。

（6）用插接线将 U、V、W（$A_2 \sim A_0$）按大、中、小工件规格代码 111、011、001 连接高低电平。

（7）将输出端测试状态填入表 2 – 20 中，观察输出结果与识别出的工件规格。

表 2 – 20　工件规格识别电路测试表

输入 U V W	工件规格	输出 A > B A = B A < B	输入 U V W	工件规格	输出 A > B A = B A < B
0 0 1	小		0 1 1	中	
1 1 1	大		0 0 1	小	
0 1 1	中		1 1 1	大	

（8）按实训室管理制度和 8S 管理要求，整理实训器材和实训现场，填写实训报告。

课题三　触发器的应用

课题二中介绍的组合逻辑电路，其输出状态完全取决于当时的输入信号，没有记忆功能。而在各种复杂的数字系统中，不仅需要对信号进行数值运算和逻辑运算，还需要将运算结果保存下来。为此，需要有记忆功能的逻辑电路。

由触发器构成的各种时序逻辑电路就能实现这一功能。在数字电路中，凡在某一时刻电路的输出状态不仅取决于当时的输入状态，还与电路中原来的状态有关，这样的电路称为时序逻辑电路。时序逻辑电路能记忆电路原来的状态。

触发器是构成各种时序逻辑电路的最基本和最常用的存储器件，它具有存储功能，撤销输入信号后，触发器仍保持有信号时的状态，除非再输入新的信号。触发器按照逻辑功能可分为 RS 触发器、JK 触发器、D 触发器、T 触发器和 T′触发器。触发器按电路结构可分为基本触发器、同步触发器、主从触发器和边沿触发器等。

触发器的应用十分广泛，既可以用来组装手动脉冲信号发生器和简单的抢答器，又可以用来组装电子密码锁等。本课题主要介绍时序逻辑电路的基本单元——触发器的应用，通过本课题的学习，要求掌握各种触发器的逻辑符号、电路结构、逻辑功能及工作原理，能识别触发器的型号，了解各种触发器在电路中的实际应用，能制作并测试触发器控制电路。

任务 1　应用 RS 触发器制作手动脉冲信号发生器

学习目标

1. 能叙述触发器的基本特性。
2. 能根据基本 RS 触发器的电路组成，分析其工作原理，列写其真值表和特性方程。
3. 能叙述高电平触发的基本 RS 触发器的电路组成和逻辑功能。
4. 能叙述同步 RS 触发器和主从 RS 触发器的电路组成及工作原理。
5. 能说明 CMOS 类型 RS 触发器 CD4043 的管脚排列和逻辑功能。
6. 能分析手动脉冲信号发生器电路的工作原理。
7. 能制作手动脉冲信号发生器，并测试其功能。

任务引入

在时序逻辑电路测试中需要使用脉冲信号发生器。普通脉冲信号发生器的最低输出频率为 1 Hz，虽然频率值很低，但对于观测者来说，由于需要观察和分析脉冲信号到来前后电路状态的变化情况，所以脉冲信号频率仍较高。

采用普通的开关通断方法，不能产生如图 3－1 所示的理想脉冲信号。当开关闭合时，由于开关簧片的弹性抖动，在电路接通瞬间会产生多个连续脉冲，这种现象在时序逻辑电路中会引起失误，如造成计数器重复计数。

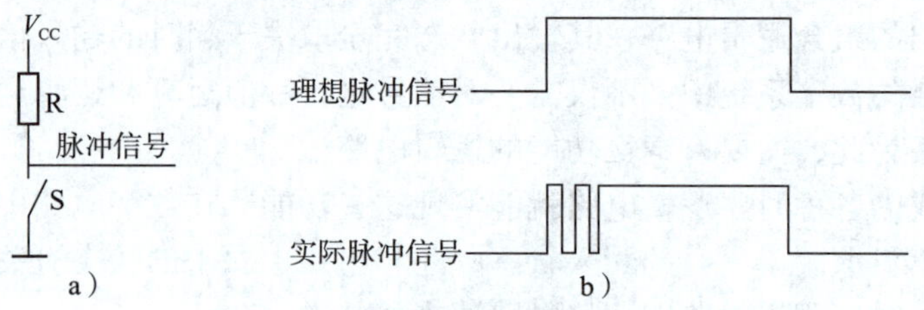

图 3－1　开关电路和脉冲信号波形
a）开关电路　b）脉冲信号波形

用 RS 触发器 CD4043 组装的手动脉冲信号发生器电路如图 3－2 所示，它可以产生理想的脉冲信号，非常适用于时序逻辑电路测试。该电路使用＋5 V 电源，当分别按下两个微动按钮 S1、S2 时，可以分别产生上升沿和下降沿脉冲信号，并用 LED 指示电路的当前输出电平，不但使用方便，而且制作也很简单。

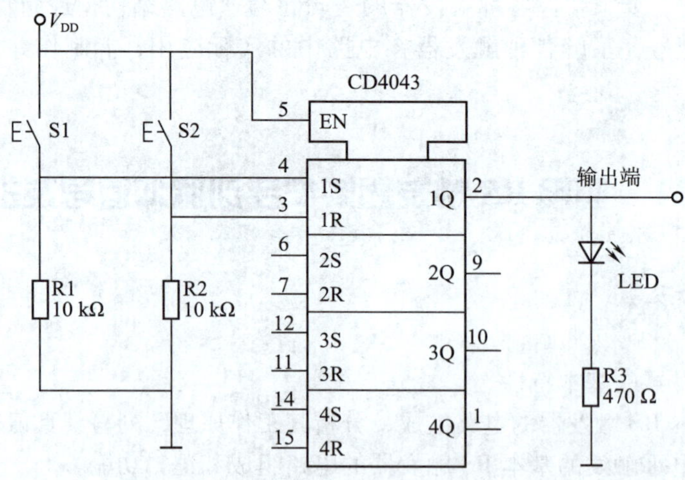

图 3－2　用 RS 触发器 CD4043 组装的手动脉冲信号发生器电路

相关知识

一、触发器的特性

触发器是一种能存储二进制信息的双稳态存储单元，它具有以下两个基本特性。

（1）具有两个稳定状态。触发器有两个能自行保持的稳定状态，即“1”状态或“0”状态。

（2）具有记忆功能。在输入信号作用下，触发器可以从一个稳定状态翻转到另一个稳定状态。输入信号撤销后，触发器仍保持有信号时的状态，除非输入新的信号，即触发器具有记忆功能。

二、基本 RS 触发器

1. 电路组成

输入触发信号为 R、S 的触发器一般称为基本 RS 触发器。基本 RS 触发器是各类触发器中结构最简单的一种，也是构成其他触发器的基本单元，是集成触发器的核心。基本 RS 触发器的电路结构及逻辑符号如图 3－3 所示，它由两个与非门交叉耦合连接而成，每个与非门的输出端接至另一个与非门的输入端（这种连接方式称为反馈）。此外，基本 RS 触发器也可以由两个或非门交叉耦合构成。

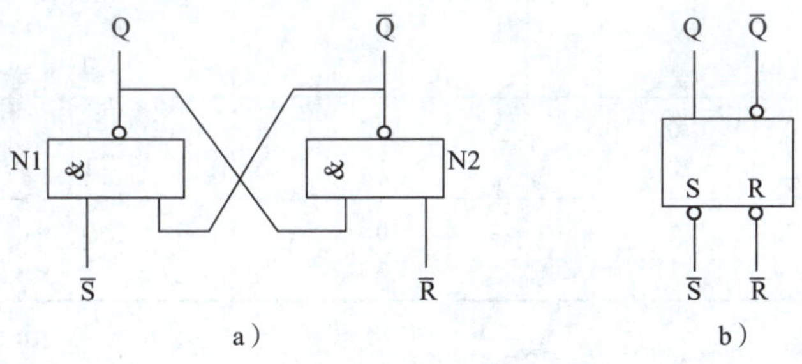

图 3－3　基本 RS 触发器

a）电路结构　b）逻辑符号

基本 RS 触发器有两个信号输入端 $\overline{R}$ 和 $\overline{S}$，$\overline{R}$ 是复位端，$\overline{S}$ 是置位端，其中字母上面的非号表示输入低电平为有效信号，在逻辑符号中用小圆圈表示。有两个逻辑输出端 Q 和 $\overline{Q}$，它们是一对互补输出端，通常把 $Q=1$ 和 $\overline{Q}=0$ 称为触发器的“1 状态”；而把 $Q=0$ 和 $\overline{Q}=1$ 称为触发器的“0 状态”。

2. 工作原理

因为基本 RS 触发器的输出信号反馈到输入端，所以电路的输出响应就是当时的输入信号与反馈信号共同作用的结果，用 Q^n 表示触发器现在的状态（现态），Q^{n+1} 表示现态的下一个状态（次态）。基本 RS 触发器有两个输入端，共有 4 种输入组合。下面分别介绍各种情况下的电路功能。

（1）当 $\overline{R}=0$、$\overline{S}=1$ 时，由于 $\overline{R}=0$，则 N2 门的输出为 1，由于 N1 门输入全为 1，则

N1 门输出为 0。即无论触发器的现态 Q^n 为何值，次态 $Q^{n+1}=0$，称触发器置“0”。

（2）当 $\overline{R}=1$、$\overline{S}=0$ 时，由于 $\overline{S}=0$，则 N1 门的输出为 1，由于 N2 门输入全为 1，则 N2 门输出为 0。即无论触发器的现态 Q^n 为何值，次态 $Q^{n+1}=1$，称触发器置“1”。

（3）当 $\overline{R}=1$、$\overline{S}=1$ 时，无有效输入信号，触发器保持原来的状态，$Q^{n+1}=Q^n$。

（4）当 $\overline{R}=0$、$\overline{S}=0$ 时，即两个输入信号同时有效，两个与非门输出都为 1，为异常的不定态。为了避免出现不定态，对输入信号的约束条件为 $\overline{R}+\overline{S}=1$，即 $\overline{R}$、$\overline{S}$ 不能同时为 0。

综上所述，基本 RS 触发器具有两个稳定状态——0 和 1，可以执行复位操作、置位操作或保持原态操作。

3. 真值表

由上述工作原理可以列出基本 RS 触发器的真值表，见表 3－1。由真值表可知，基本 RS 触发器的逻辑功能为置“0”、置“1”和保持输出状态不变（故也称 RS 触发器为 RS 锁存器）。

表 3－1　基本 RS 触发器的真值表

输入			输出	逻辑功能
$\overline{R}$	$\overline{S}$	Q^n	Q^{n+1}	
0 0	0 0	0 1	× ×	禁止输入
0 0	1 1	0 1	0 0	置 0
1 1	0 0	0 1	1 1	置 1
1 1	1 1	0 1	0 1	保持

基本 RS 触发器简化真值表见表 3－2。

表 3－2　基本 RS 触发器简化真值表

$\overline{R}$	$\overline{S}$	Q^{n+1}	逻辑功能
0	0	×	禁止输入
0	1	0	$\overline{R}$ 有效，置 0
1	0	1	$\overline{S}$ 有效，置 1
1	1	0	$\overline{R}$、$\overline{S}$ 均无效，保持（记忆）状态

4. 特性方程

表示触发器次态 Q^{n+1} 和输入信号 $\overline{R}$、$\overline{S}$ 及现态 Q^n 之间关系的逻辑函数式叫作触发器的特性方程。将表 3－1 的逻辑关系进行化简，得到基本 RS 触发器的特性方程：

$$\begin{cases} Q^{n+1}=\overline{\overline{S}}+\overline{R}Q^n \\ \overline{R}+\overline{S}=1 \end{cases}$$

此外，触发器的逻辑功能还可用状态转换图、波形图（时序图）表示。

【例 3－1】 若基本 RS 触发器的输入信号波形如图 3－4 所示，试绘出 Q 端和 $\overline{Q}$ 端的波形。假定触发器的初始状态 Q＝0。

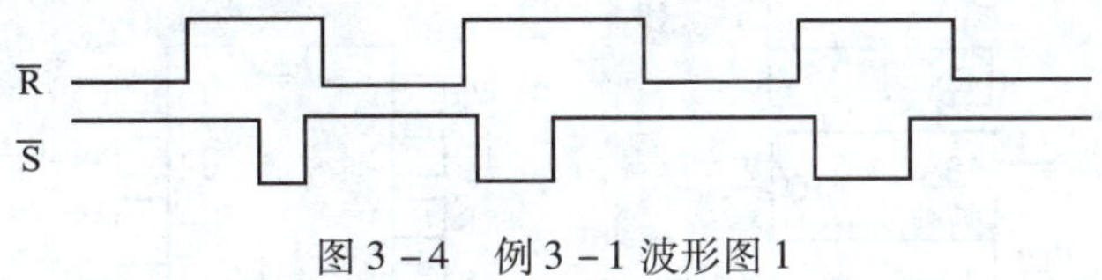

图 3－4　例 3－1 波形图 1

解：

用图解法做题，在图上用“0”标出 $\overline{R}$、$\overline{S}$ 的有效状态，根据有效状态对应的复位或置位功能，绘出 Q 端和 $\overline{Q}$ 端的波形，如图 3－5 所示。

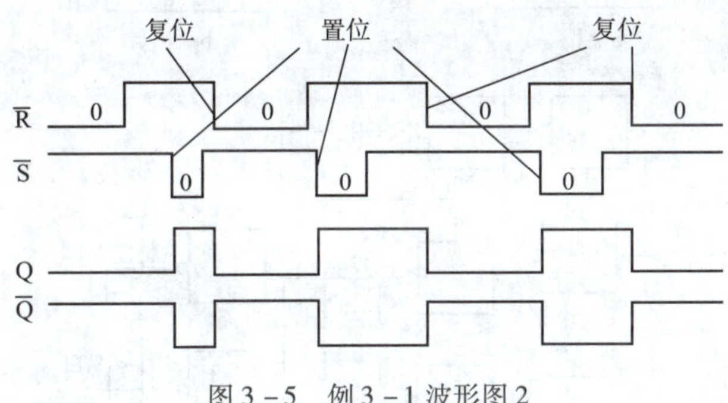

图 3－5　例 3－1 波形图 2

5. 高电平触发的基本 RS 触发器

在如图 3－3 所示基本 RS 触发器的两个信号输入端各连接一个非门，形成新的输入端 R、S，则输入信号为高电平有效，如图 3－6 所示。

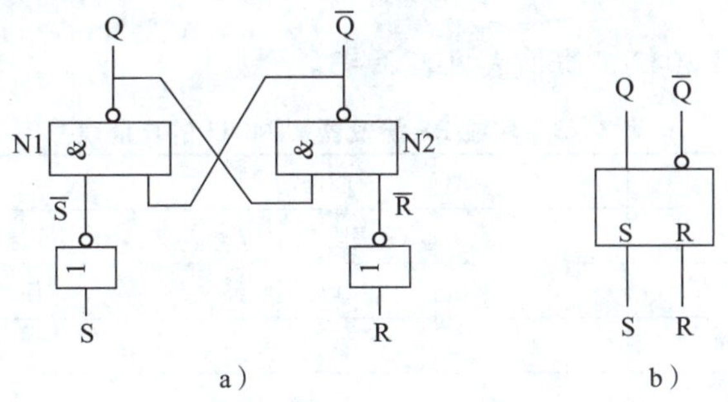

图 3－6　高电平触发的基本 RS 触发器

a）电路结构　b）逻辑符号

三、集成 RS 触发器

CMOS 类型 RS 触发器 CD4043 为四三态 RS 锁存触发器（高电平触发），其逻辑符号、管脚排列和内部电路如图 3－7 所示。CD4043 内部有 4 个高电平触发的基本 RS 触发器，具有独立 Q 输出端和单独的置位 S 和复位 R 输入端。Q 为三态输出端，EN 为公共的三态控制输入端，三态功能使 CD4043 的输出可以直接连到系统总线上。当 EN =1 时，Q 端输出内部触发器的状态；当 EN =0 时，Q 端呈高阻态。

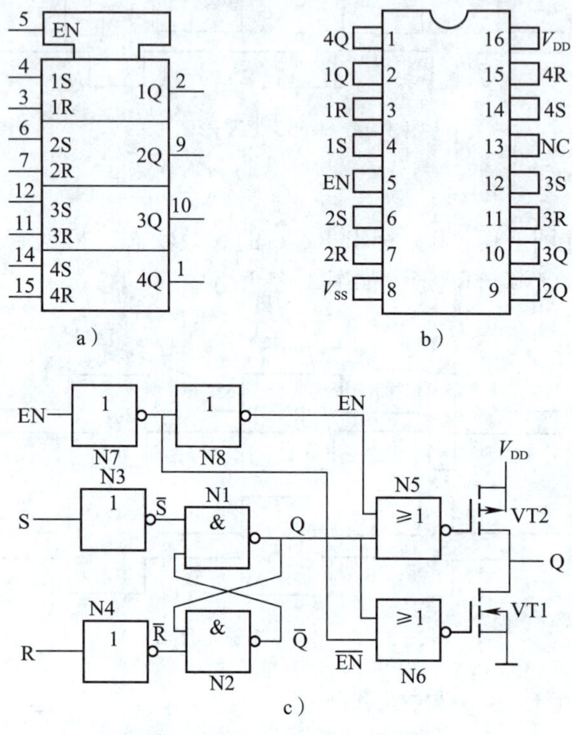

图 3－7　集成 RS 触发器 CD4043

a）逻辑符号　b）管脚排列　c）内部电路

集成 RS 触发器 CD4043 的真值表见表 3－3。

表 3－3　集成 RS 触发器 CD4043 的真值表

EN	S	R	Q^{n+1}	逻辑功能
0	×	×	高阻 Z	与外电路隔离
1	0	0	Q^n	保持原状态不变
1	0	1	0	置 0 状态
1	1	0	1	置 1 状态
1	1	1	×	不定态，应加以约束，避免出现

四、手动脉冲信号发生器电路原理

手动脉冲信号发生器电路如图 3－2 所示，在接入直流稳压电源（+5 V）后，使能端 EN =1。

（1）当按下按钮 S1 时，1S 输入高电平，则 1Q 输出高电平，即产生脉冲信号的上升沿，发光二极管亮；松开按钮 S1 时，1R 和 1S 同为低电平，触发器保持高电平状态，发光二极管亮。

（2）当按下按钮 S2 时，1R 输入高电平，则 1Q 输出低电平，即产生脉冲信号的下降沿，发光二极管灭；松开按钮 S2 时，1R 和 1S 同为低电平，触发器保持低电平状态，发光二极管灭。

任务实施

一、任务分析

本任务将利用万能焊接板、CD4043 等制作手动脉冲信号发生器电路，如图 3－2 所示，并测试其功能，进一步认识和了解 CMOS 类型 RS 触发器 CD4043 的功能和实际应用。万能焊接板（图 3－8）和面包板一样，是一种通用设计的电路板，其板上布满标准 IC 间距（2.54 mm）的圆形独立的小孔，因此，也称为“洞洞板”、万用电路板。其孔径为 1.0 mm，厚度为（1.6±0.1）mm。各类元件插入万能焊接板的元件面，在焊接面提供了许多焊盘位置，供连接选用。在设计电路时用万能焊接板较方便，扩展灵活，而且它对元件的体积、接线位置都没有太多的要求，改动也方便。电路功能调试成功后，再制作印制电路板。

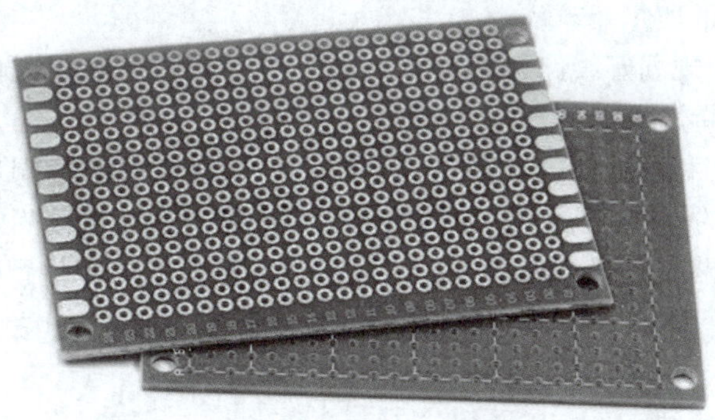

图 3－8　万能焊接板

二、任务准备

1. 实训器材

（1）CD4043	1 片
（2）IC 插座（16 脚）	1 个
（3）万能焊接板（100 mm×150 mm）	1 块
（4）直流稳压电源（5 V）	1 台
（5）电阻器（10 kΩ）	2 个
（6）电阻器（470 Ω）	1 个
（7）发光二极管	1 只

（8）微动按钮　　2个
（9）电源线、信号线（红、黑、黄）　　若干
（10）集成电路起拔器、镊子　　各1个
（11）焊接工具　　1套

2. 注意事项

（1）电阻器均采用水平安装方式，并贴紧万能焊接板，色标法电阻器的色环标志顺序方向一致。

（2）发光二极管均采用垂直安装方式，高度要求为管底部距万能焊接板（6±2）mm。

（3）集成电路插座、按钮应紧贴万能焊接板安装。

（4）所有焊点均采用直脚焊，焊接完成后剪去多余管脚，留头在焊接面以上0.5～1 mm，且不能损伤焊接面。

（5）同一信号用一种颜色的导线，剥开导线时，要控制绝缘层剥离的长度，以免焊接后和别的导线发生短路。

三、操作步骤

1. 组装电路

（1）根据材料清单核对元件数量、规格和型号。

（2）检测各元件的质量。

（3）根据图3－2规划好线路，可以在稿纸上绘制草图，标明元件的大致位置和线路走向，注意元件的布局要合理。

（4）对照图3－2和稿纸上的安装连接草图，分别将元件的管脚从万能焊接板的正面穿插到背面，用熔化的焊锡将元件的管脚和万能焊接板的铜环焊接固定。

（5）按规划的线路用信号线在各元件之间进行焊接连线，焊接得到完整的手动脉冲信号发生器电路。

2. 测试电路

（1）将电源线连接到+5 V电源上。

（2）当触动按钮S1的瞬间，触发器CD4043输出端1Q的输出信号应为高电平，发光二极管亮；松开S1，发光二极管仍然亮。

（3）当触动按钮S2的瞬间，触发器CD4043输出端1Q的输出信号应为低电平，发光二极管灭；松开S2，发光二极管仍然灭。

（4）测试完毕，按实训室8S管理要求整理实训器材、清理实训场地，最后填写实训报告。

知识拓展

一、同步RS触发器

基本RS触发器的输出状态受输入信号的直接控制，故抗干扰能力较差，为此设计了同步RS触发器。同步RS触发器是一种受时钟脉冲信号（CP）控制的触发器，其输出状

态不仅取决于输入信号，而且与 CP 的状态有关。同步 RS 触发器的电路结构和逻辑符号如图 3－9 所示。

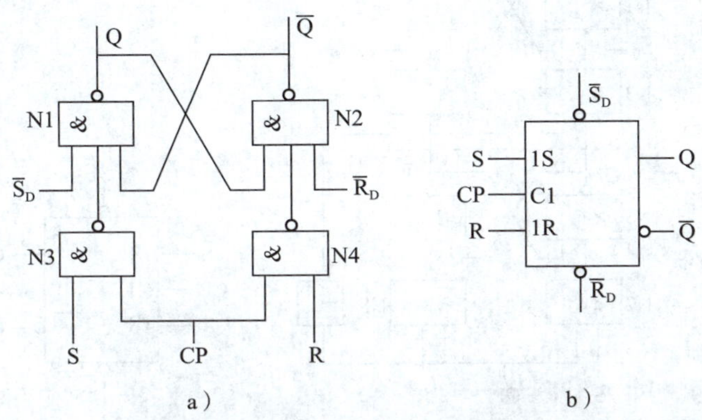

图 3－9　同步 RS 触发器
a) 电路结构　b) 逻辑符号

1. 电路组成

同步 RS 触发器在基本 RS 触发器的基础上增加了两个输入信号控制门 N3、N4，N3 和 N4 门受时钟脉冲信号（CP）的控制。

2. 工作原理

当 CP＝0 时，无论输入端 R、S 的状态如何变化，N3、N4 门输出均为 1，触发器的状态不能改变，此时相当于控制门被封锁。

当 CP＝1 时，控制门打开，触发器随输入信号改变状态。

由于同步 RS 触发器采用的是电平触发方式，因此，当输入端 R 或 S 在一个 CP＝1 期间发生多次变化时，输出状态将随输入信号而相应发生多次改变，这种情况称为触发器的“空翻”。在数字系统中，通常要求触发器在一个时钟脉冲期间至多翻转一次，即不允许空翻现象出现。为此，在同步 RS 触发器的基础上又设计出主从 RS 触发器。

二、主从 RS 触发器

1. 电路组成

主从 RS 触发器电路包含两个结构相同的同步 RS 触发器，即主触发器和从触发器，它们的时钟信号相位相反，其电路结构和逻辑符号如图 3－10 所示。

2. 工作原理

当 CP＝1 时，主从 RS 触发器中的主触发器接收输入信号；当 CP＝0 时，主触发器保持不变，从触发器接收主触发器的状态。因此，从触发器的状态只能在 CP 下降沿时刻翻转。这种触发方式称为脉冲触发，克服了“空翻”现象，在图 3－10b 中符号“¬”表示脉冲触发方式。

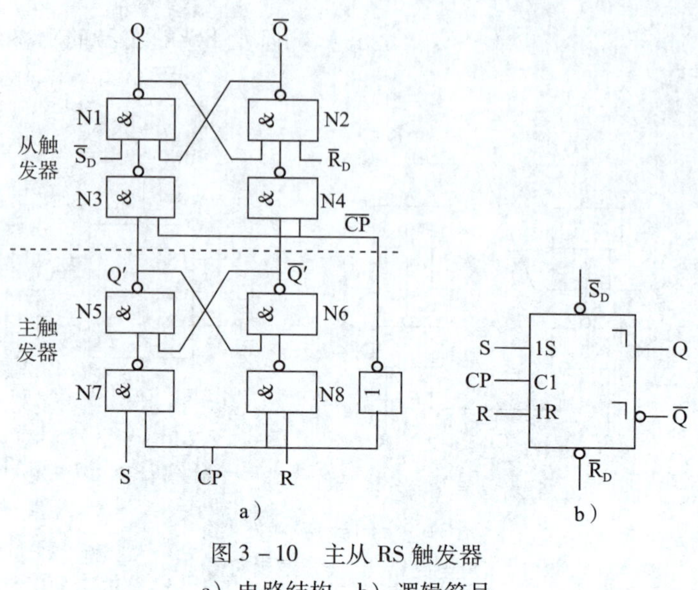

图 3－10　主从 RS 触发器

a）电路结构　b）逻辑符号

任务 2　测试 JK 触发器

学习目标

1. 能认识集成 JK 触发器 74LS112 的逻辑符号，识别其管脚，并能分析其逻辑功能。
2. 能叙述主从 JK 触发器的电路组成，分析其逻辑功能。
3. 能叙述触发器的触发方式。
4. 能正确连接 JK 触发器逻辑功能测试电路，并测试其功能。

任务引入

基本 RS 触发器的输出状态受输入信号的直接控制，不能实现与其他触发器同时动作。在实际应用中，数据往往是由多位触发器构成的，例如，一个字节的数据由 8 个触发器构成，为了保证数据一致变化，要求所有触发器能在同一个时钟脉冲作用下同时动作，简称同步触发。

为了提高数字电路的抗干扰能力，又进一步要求在同一个时钟脉冲信号的上升沿或下降沿时刻的输入信号为有效信号，即脉冲边沿触发。边沿 JK 触发器只在时钟脉冲的上升沿或下降沿时刻接收输入信号而改变输出状态，在时钟脉冲的其他时刻触发器将保持输出状态不变，从而提高了触发器工作的抗干扰能力和可靠性。

JK 触发器具有置 0、置 1、保持和翻转功能，是目前功能完善、种类较多、使用灵活和通用性最强的一种脉冲边沿触发器，常被用来构成缓冲存储器、移位寄存器。此外，JK 触发器也是构成计数器的基础。

相关知识

一、集成 JK 触发器的逻辑符号和管脚排列

集成 JK 触发器的产品很多，在数字逻辑电路中应用也较为广泛。下面以集成 JK 触发器 74LS112 为例进行简要介绍。

74LS112 芯片是下降沿触发的 TTL 型双 JK 触发器，其逻辑符号和管脚排列如图 3-11 所示。“74” 表示 TTL74 系列，“LS” 表示低功耗肖特基系列，“112” 表示双下降沿 JK 触发器，内部包含两个独立的时钟脉冲下降沿触发的边沿 JK 触发器 U1A 和 U1B。$\overline{S}_D$ 为直接置位端，$\overline{R}_D$ 为直接复位端，J、K 为信号输入端，Q、$\overline{Q}$ 为互非的信号输出端。C 为时钟脉冲信号输入端，逻辑符号图中 C 引线端的 “ > ” 符号表示边沿触发，时钟脉冲引线端既有 “ > ” 符号又有小圆圈时，表示触发器状态变化发生在时钟脉冲下降沿时刻；只有 “ > ” 符号没有小圆圈时，才表示触发器状态变化发生在时钟脉冲上升沿时刻。

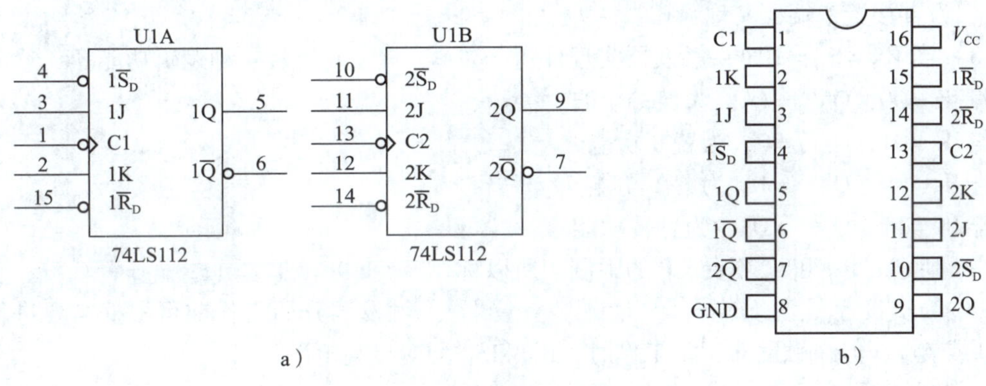

图 3-11　集成 JK 触发器 74LS112
a）逻辑符号　b）管脚排列

二、集成 JK 触发器逻辑功能分析

1. 真值表

集成 JK 触发器 74LS112 的真值表见表 3-4。

表 3-4　集成 JK 触发器 74LS112 的真值表

输入						输出		逻辑功能
$\overline{R}_D$	$\overline{S}_D$	CP	J	K	Q^n	Q^{n+1}	$\overline{Q}^{n+1}$	
0	1	×	×	×	×	0	1	直接置 0
1	0	×	×	×	×	1	0	直接置 1
1	1	↓	0	0	0	0	1	保持
1	1	↓	0	0	1	1	0	保持

续表

输入						输出		逻辑功能
$\overline{R}_D$	$\overline{S}_D$	CP	J	K	Q^n	Q^{n+1}	$\overline{Q}^{n+1}$	
1	1	↓	0	1	0	0	1	置0
1	1	↓	0	1	1	0	1	置0
1	1	↓	1	0	0	1	0	置1
1	1	↓	1	0	1	1	0	置1
1	1	↓	1	1	0	1	0	翻转
1	1	↓	1	1	1	0	1	翻转

由真值表可以看出，集成 JK 触发器 74LS112 的主要功能如下。

（1）当 $\overline{R}_D=0$、$\overline{S}_D=1$ 时，无论 CP 及 J、K 端的输入信号为何状态，触发器都将被置 0，故称 $\overline{R}_D$ 端为直接置 0 端，又称异步置 0 端。

（2）当 $\overline{R}_D=1$、$\overline{S}_D=0$ 时，触发器都将被置 1，与 CP 及 J、K 端的输入信号无关，故称 $\overline{S}_D$ 端为直接置 1 端，又称异步置 1 端。

（3）当 $\overline{R}_D=\overline{S}_D=1$ 时，触发器实现保持、置 0、置 1 和翻转 4 种逻辑功能。

若 JK＝00，$Q^{n+1}=Q^n$，为保持功能。

若 JK＝01，$Q^{n+1}=0$，为置 0 功能。

若 JK＝10，$Q^{n+1}=1$，为置 1 功能。

若 JK＝11，$Q^{n+1}=\overline{Q}^n$，为翻转功能。

综上所述，$\overline{R}_D$ 和 $\overline{S}_D$ 不受 CP 的限制，所以称 $\overline{R}_D$ 为直接置 0 端（或异步置 0 端、复位端），$\overline{S}_D$ 为直接置 1 端（或异步置 1 端、置位端）。触发器开始工作前可根据需要进行状态置 0 或置 1，但在触发器正常工作时，$\overline{R}_D$ 和 $\overline{S}_D$ 均应接高电平。

2. 特性方程

将表 3－4 表示的逻辑关系用卡诺图进行化简，如图 3－12 所示。根据化简结果，得到 JK 触发器的特性方程为：

$$Q^{n+1}=J\overline{Q}^n+\overline{K}Q^n$$

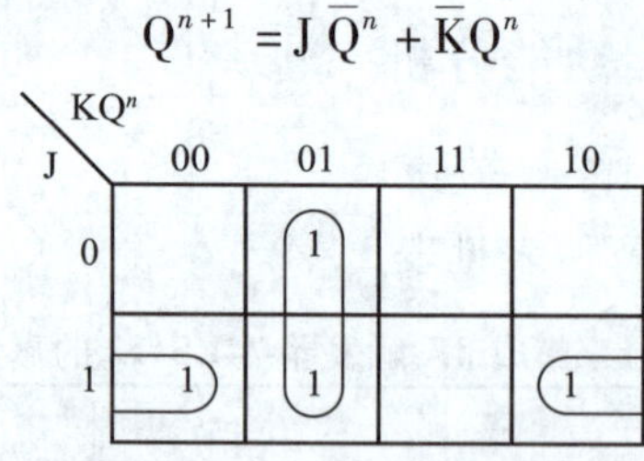

图 3－12　JK 触发器卡诺图

3. 状态转换图

状态转换图表示触发器从一个状态转换到另一个状态或保持原状态不变时对输入信号的要求。JK 触发器状态转换图如图 3－13 所示。图中两个小圆圈中的 0 和 1 表示触发器的两种状态，带箭头的曲线表示转换的方向，曲线旁边的标注表示转换的条件，其中“×”

表示0或1。

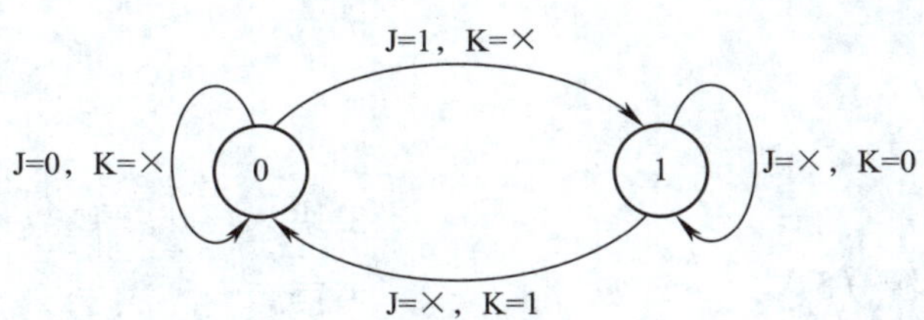

图3－13 JK触发器状态转换图

【例3－2】 加到时钟脉冲下降沿触发的JK触发器上的信号波形如图3－14所示，试绘出Q端与之对应的波形，假定触发器的初始状态Q＝0。

解：

重点判断时钟脉冲下降沿时刻J、K的状态。

在CP_1下降沿时刻，J＝1，K＝0，故Q＝1。

在CP_2下降沿时刻，J＝1，K＝1，触发器的状态翻转，故Q＝0。

在CP_3下降沿时刻，J＝0，K＝1，故Q＝0。

在CP_4下降沿时刻，J＝1，K＝0，故Q＝1。

Q端输出波形如图3－14所示。

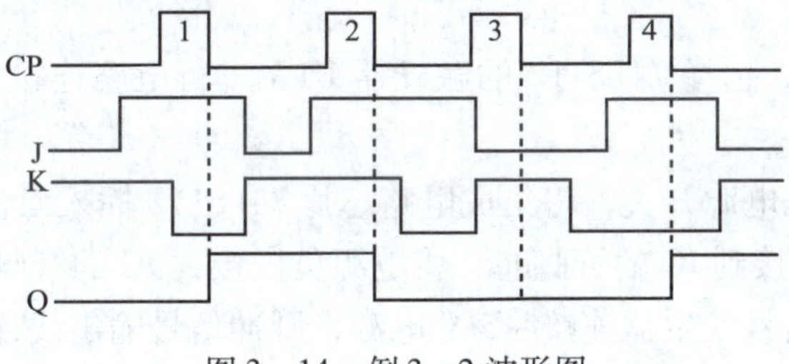

图3－14 例3－2波形图

任务实施

一、任务分析

本任务是对JK触发器逻辑功能进行测试，其电路如图3－15所示。

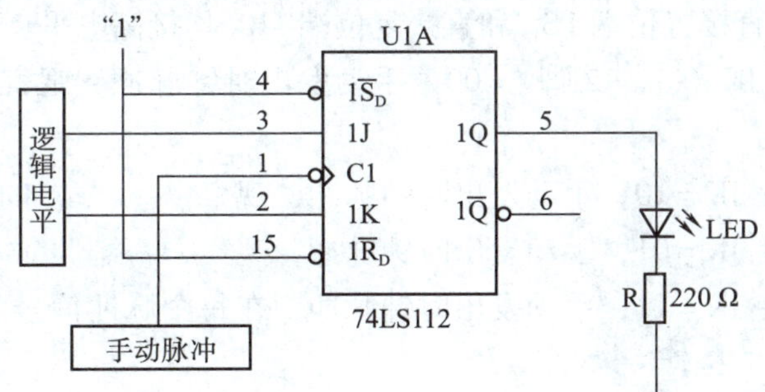

图3－15 JK触发器逻辑功能测试电路

二、任务准备

1. 实训器材

（1）面包板	1块
（2）直流稳压电源（5 V）	1台
（3）74LS112	1片
（4）手动脉冲信号发生器	1台
（5）发光二极管	1只
（6）电阻器（220 Ω）	1个
（7）插接线	若干
（8）集成电路起拔器、镊子	各1个

2. 注意事项

（1）74系列芯片抗干扰能力很差，不用的输入控制端不可悬空，要接固定电平。

（2）在连接电路时，一定要先关闭直流稳压电源开关。

三、操作步骤

首先参考图3－15，选择74LS112的触发器U1A进行电路连接，然后测试JK触发器的逻辑功能。

（1）关闭直流稳压电源开关，将集成电路芯片74LS112插入面包板。

（2）将＋5 V电压接到IC的管脚⑯，将电源负极接到IC的管脚⑧。

（3）将手动脉冲信号发生器连接＋5 V电源，脉冲信号输出线连接C1（①脚）。

（4）用插接线将输出端1Q（⑤脚）接电阻器和LED串联电路。

（5）对照电路图检查电路连接，确认无误后，接通电源。

（6）用插接线将直接置位端$1\overline{S}_D$（④脚）接低电平，将直接复位端$1\overline{R}_D$（⑮脚）接高电平，JK触发器的输出应为高电平。

（7）用插接线将直接置位端$1\overline{S}_D$接高电平，将直接复位端$1\overline{R}_D$接低电平，JK触发器的输出应为低电平。

（8）用插接线将直接置位端$1\overline{S}_D$和直接复位端$1\overline{R}_D$均接高电平。

（9）用插接线使JK（③、②脚）＝00，手动发出时钟脉冲，观察JK触发器的输出应保持不变。

（10）用插接线使JK＝10，手动发出时钟脉冲，观察JK触发器的输出应为逻辑1。

（11）用插接线使JK＝01，手动发出时钟脉冲，观察JK触发器的输出应为逻辑0。

（12）用插接线使JK＝11，手动发出时钟脉冲，在每个脉冲信号的下降沿时刻，观察JK触发器的输出状态应翻转一次。

（13）测试完毕，按实训室8S管理要求整理实训器材、清理实训场地，最后填写实训报告。

知识拓展

一、主从JK触发器

JK触发器除了上面介绍的边沿JK触发器，还有同步JK触发器、主从JK触发器等，下面简要介绍主从JK触发器。

1. 电路组成

在图3－10所示的主从RS触发器中，仍然存在S＝R＝1时次态不确定的状态，为此，在主从RS触发器的基础上加以改进，把Q反馈到N8门的输入端，把$\overline{Q}$反馈到N7门的输入端，同时将输入端S改成J，R改成K，就得到如图3－16所示的主从JK触发器。与主从RS触发器不同的是，当J＝K＝1时，由于反馈信号的倒相作用，触发器的次态是确定的，一定是$Q^{n+1}=\overline{Q}^n$，即次态与现态相反。

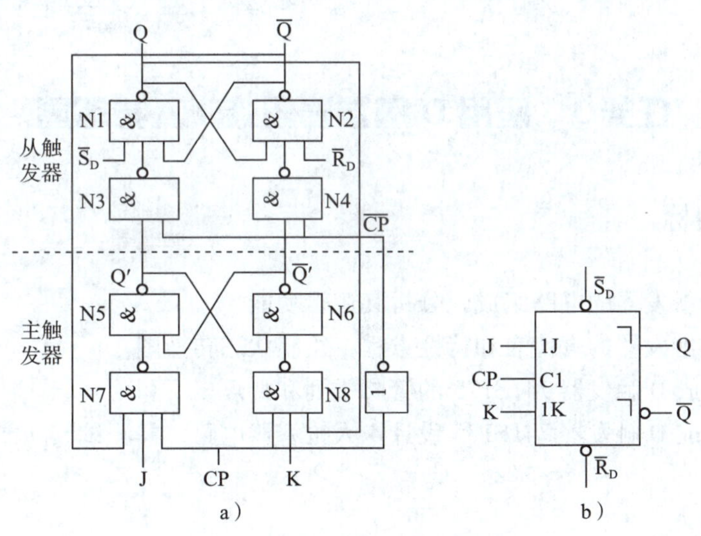

图3－16 主从JK触发器

a）电路结构 b）逻辑符号

2. 功能分析

（1）当CP＝1时，主触发器接收输入的J、K信号，而从触发器状态不变。

（2）当CP下降沿到来时，从触发器接收主触发器输出端的信号，从触发器根据主触发器的输出状态Q′而相应地输出状态Q。

（3）下降沿到来之后CP＝0期间，由于主触发器被封锁而从触发器的输入状态不会再发生变化，因此JK触发器保持下降沿时的状态不变。和主从RS触发器不同的是，输入信号J、K之间不再有约束，使用起来灵活方便。

二、触发器的触发方式

触发器的触发方式有四种：直接电平触发、CP 电平触发、脉冲触发和边沿触发。

1. 直接电平触发

直接电平触发无时钟脉冲，直接用高、低电平触发，如基本 RS 触发器。

2. CP 电平触发

CP 电平触发的触发器在时钟脉冲电平有效期间，输出状态随输入信号变化而变化，有空翻现象，如同步 RS 触发器。

3. 脉冲触发

脉冲触发也称主从触发。脉冲触发是在时钟脉冲有效期间，输出状态随输入信号变化而变化，但在一个时钟脉冲期间，输出状态只能变化一次，且在时钟脉冲下降沿发生变化，如主从 JK 触发器。

4. 边沿触发

边沿触发是根据 CP 上升沿或下降沿时刻的输入信号确定输出状态，其抗干扰能力和实用性大大提高，因而绝大多数 JK 触发器和后续介绍的 D 触发器采用边沿触发方式。

任务 3　应用 D 触发器组装 4 人抢答器

学习目标

1. 能叙述 D 触发器的电路组成，分析其逻辑功能。
2. 能列写 D 触发器的真值表和特性方程，绘制状态转换图。
3. 能说明集成 D 触发器 74LS175 的管脚排列和特点。
4. 能使用集成 D 触发器 74LS175 设计 4 人抢答器电路，并测试其功能。

任务引入

前面学习了 RS 触发器和 JK 触发器，还有一类 D 触发器也是应用比较广泛的触发器，如图 3－17 所示为用 D 触发器 74LS175 组装的 4 人抢答器电路，该电路用来判断抢答优先权。4 人参加竞赛，每人一个按钮，当主持人宣布“抢答开始”后，最先按下按钮者，相应的指示灯亮，同时，其余三个抢答者的电路不再接收其他信号，其他人再按按钮将不起作用。主持人按下复位按钮后，重新进入下一轮抢答。

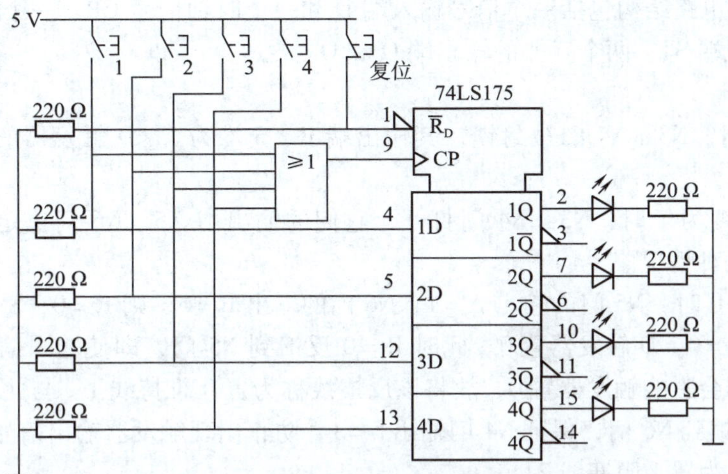

图 3-17 用 D 触发器 74LS175 组装的 4 人抢答器电路

相关知识

一、D 触发器

1. 电路组成

D 触发器也称 D 锁存器，它具有接收和存储数据的功能。D 触发器的电路结构和逻辑符号如图 3-18 所示。由图可知，D 触发器由 6 个与非门组成，其中 N1 ~ N4 门构成同步 RS 触发器，N5 ~ N6 门构成输入信号的导引门。

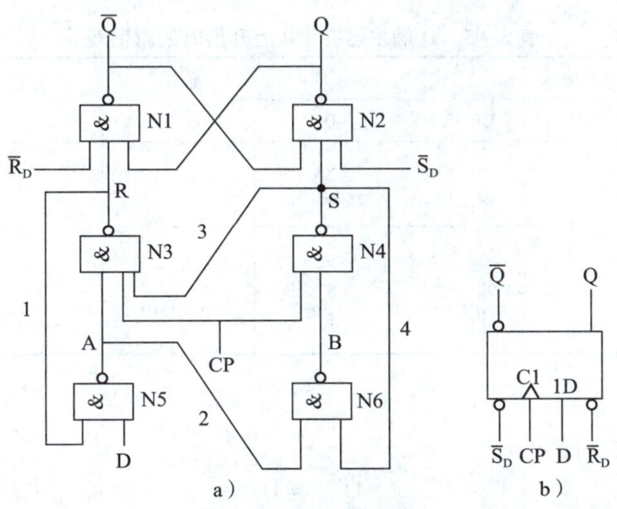

图 3-18 D 触发器

a）电路结构 b）逻辑符号

1—置 0 维持线 2—置 1 阻塞线 3—置 0 阻塞线 4—置 1 维持线

D 触发器的电路结构包括一个信号输入端 D 和一个时钟信号 CP、一个直接复位端 $\overline{R}_D$ 和一个直接置位端 $\overline{S}_D$、两个互非的输出端 Q 和 $\overline{Q}$。

2. 功能分析

在 CP = 0 时，N3、N4 门被封锁，其输出端 R、S 均为 1，D 触发器的输出状态保持不变。

当 CP 由 0 变为 1 时，N3、N4 门打开，它们的输出由 N5、N6 门决定。现分别分析 D = 0 和 D = 1 两种情况。

（1）当 D = 0 时，N5 门的输出 A = 1，N6 门的输出 B = 0，则 R = 0，S = 1，使 D 触发器的输出信号 Q = 0，D 触发器置 0。此时 R = 0 反馈到 N5 门，即使输入信号 D 在此期间发生变化，也不会影响触发器置 0，故将该反馈线称为置 0 维持线 1。与此同时，N5 门的输出端 A = 1 反馈到 N6 门，保证 N4 门输出 S = 1，防止出现触发器输出信号 Q = 1 的情况，故将该反馈线称为置 1 阻塞线 2。

（2）当 D = 1 时，N5 门的输出 A = 0，N6 门的输出 B = 1，则 R = 1，S = 0，使 D 触发器的输出信号 Q = 1，D 触发器置 1。此时 S = 0 反馈到 N3 门，保证了 N3 门的输出 R = 1，防止出现触发器输出信号 Q = 0 的情况，故将该反馈线称为置 0 阻塞线 3。与此同时，S = 0 反馈到 N6 门，保证 N6 门输出 B = 1，因此，即使输入信号 D 在此期间发生变化，也不会影响 N6 门的状态，故将该反馈线称为置 1 维持线 4。

上述分析表明，无论触发器原来的状态如何，D 触发器的输出状态只与时钟脉冲上升沿到来时的输入信号 D 有关，与其他时刻的输入信号 D 无关，从而提高了触发器的工作可靠性和抗干扰能力，且边沿触发器没有空翻现象。

3. 真值表

由上述功能分析可得出 D 触发器在 CP 上升沿时的真值表，见表 3 – 5。

表 3 – 5　D 触发器在 CP 上升沿时的真值表

输入				输出	逻辑功能
$\overline{R}_D$	$\overline{S}_D$	CP	D	Q^{n+1}	
0	1	×	×	0	异步复位
1	0	×	×	1	异步置位
1	1	0	×	Q^n	保持
1	1	↑	0	0	CP 上升沿输出 = 输入
1	1	↑	1	1	CP 上升沿输出 = 输入

4. 特性方程

D 触发器的特性方程为：

$$Q^{n+1} = D$$

5. 状态转换图

D 触发器的状态转换图如图 3 – 19 所示。

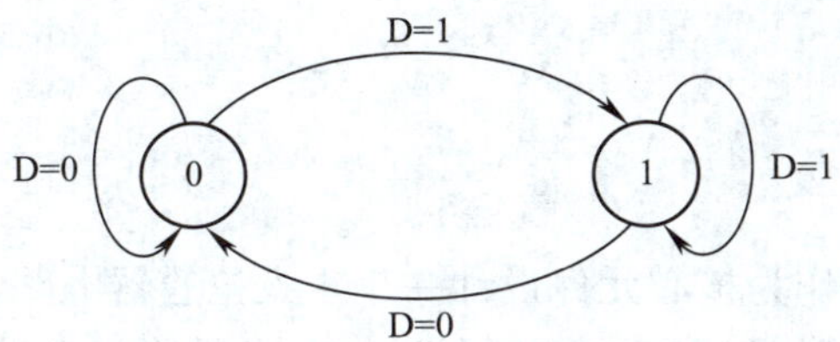

图 3－19　D 触发器的状态转换图

【例 3－3】设 CP 上升沿触发的 D 触发器的初态为 0，试根据图 3－20 所示 CP、D 端的波形，绘出与之对应的 Q 端的波形。

解：

D 触发器的次态只取决于 CP 上升沿时刻 D 端的状态，而与此时刻前、后 D 端的状态无关，Q 端的波形如图 3－20 所示。

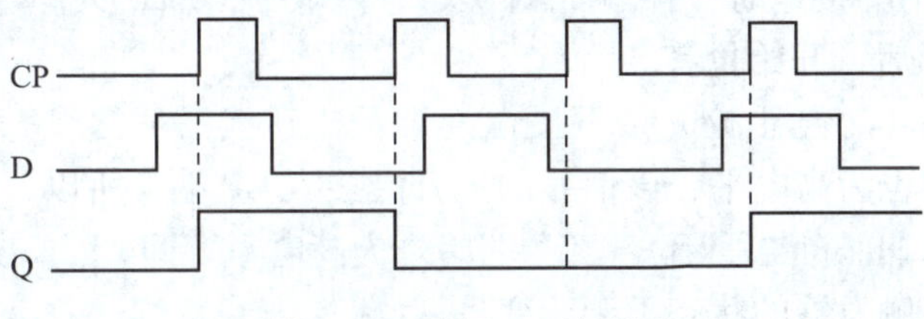

图 3－20　例 3－3 波形图

二、集成 D 触发器

集成 D 触发器 74LS175 的逻辑符号和管脚排列如图 3－21 所示。74LS175 内部有 4 个 D 触发器，即 1D、2D、3D 和 4D，受同一个 CP 上升沿触发输出，具有公共异步复位功能。

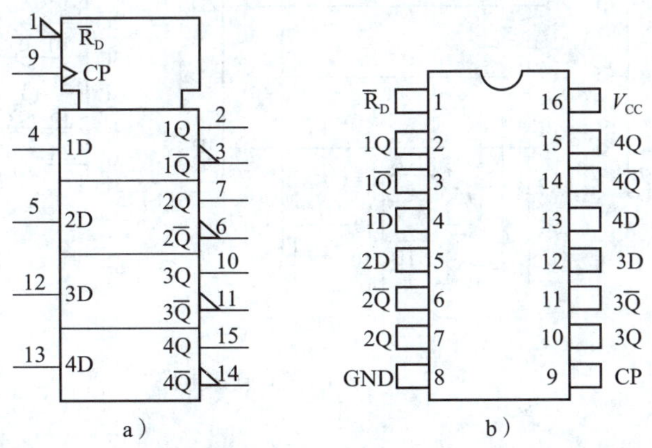

图 3－21　集成 D 触发器 74LS175

a）逻辑符号　b）管脚排列

任务实施

一、任务分析

本任务使用D触发器作为核心元件设计一个4人抢答器电路，完成电路连接、调试及逻辑功能测试，并观测抢答器的工作过程。4人抢答器测试电路如图3－22所示。由于TTL集成电路成品中没有4输入端或门，本任务选用一片四2输入或门74LS32集成电路，用其中三个2输入端或门组合成4输入端或门电路，电路中还使用了74LS175四上升沿D触发器。为了方便组装和测试电路，用插接线替代按钮将输入信号1D～4D接地，当拔出某根插接线时，相当于接入高电平。该电路同样可进行异步复位操作。该电路简单，成本较低，操作方便且灵敏可靠。

4人抢答器测试电路的工作原理如下。

（1）抢答前，当$\overline{R}_D$接地时，各输出端Q均为低电平，LED灭。主持人按下按钮（即拔出该线路插接线）后，开始抢答。

（2）抢答中，若1号选手抢先按下按钮（即拔出该线路插接线），则输入信号1D为高电平，门电路输出也为高电平，该信号的上升沿接入CP端，所以，1Q输出高电平，相应的LED亮。只要1D保持电平不变，CP端始终为高电平，即CP端被封锁，其他选手按下按钮的动作无效，触发器的状态不会改变。

（3）抢答判决完毕，主持人进行复位操作后，1Q输出低电平，LED灭，重新准备开始下一轮抢答。

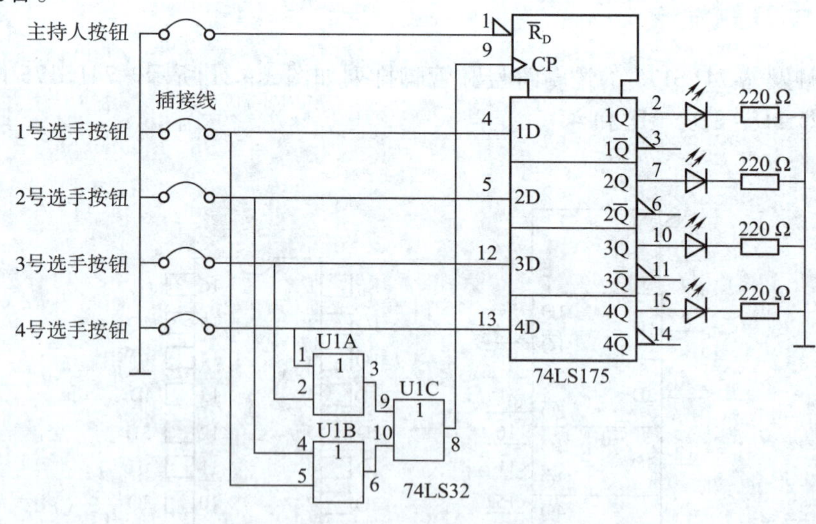

图3－22　4人抢答器测试电路

二、任务准备

1. 实训器材

（1）面包板　　1块

(2) 直流稳压电源 (5 V) 1 台
(3) 74LS175 1 片
(4) 74LS32 1 片
(5) 发光二极管 4 只
(6) 电阻器 (220 Ω) 4 个
(7) 插接线 若干
(8) 集成电路起拔器、镊子 各 1 个

2. 注意事项

(1) 发光二极管有正、负极之分，连接时不能接反。

(2) IC 器件管脚不能弯曲或折断。

(3) 在电路连接好后，通电之前，要先用万用表检查各 IC 的电源接线是否正确。

(4) 若 LED 不亮，可用万用表依次测量各输入、输出端电平状态是否正确，从而进一步分析线路连接及芯片的好坏。

三、操作步骤

首先参考图 3-22 进行电路连接，然后进行电路调试和电路功能测试。

(1) 根据电路图，合理规划各元件在面包板上的位置。

(2) 关闭直流稳压电源开关，将 74LS175、74LS32 两片 IC 插入面包板。

(3) 将 +5 V 电源接到 IC 的管脚 V_{CC}，将电源负极接到 IC 的管脚 GND。

(4) 用插接线将 74LS175 的输出端 Q 接 220 Ω 电阻器与 LED 串联电路。

(5) 用插接线将 74LS175 的输入端 D 和直接复位端 $\overline{R}_D$ 接地。

(6) 用插接线连接 74LS32 或门电路，将输出端接入 CP 端。

(7) 检查无误后，接通电源。

(8) 根据抢答器的功能进行操作，对电路进行调试。可参考以下步骤。

1) 拔出主持人线路插接线，使直接复位端 $\overline{R}_D$ 为高电平，模拟抢答开始过程。

2) 模拟 1 号选手抢答。拔出 1 号线路插接线，使 1D 为高电平，观察输出端 1Q 相应的 LED 亮。

3) 拔出 2 号线路插接线，使 2D 为高电平，观察输出端 2Q 相应的 LED 不亮，但输出端 1Q 相应的 LED 仍保持亮，说明后抢答者的动作无效。

4) 模拟主持人动作，接入主持人线路插接线，使直接复位端 $\overline{R}_D$ 清 0，观察输出端 1Q 相应的 LED 灭。

5) 可重复 1) ~4) 步骤，分别模拟 2、3、4 号选手抢答，观察 LED 灯是否正常亮与灭。

(9) 若电路功能满足要求，说明电路没有故障。若某些功能不能实现，可按信号流程的方向进行排查，检查芯片的好坏及电路连接是否正确。

(10) 按上述步骤调试完毕，再次对电路功能进行验证。拔出主持人线路插接线后，进入抢答状态，然后分别模拟选手抢答，即拔出 4 位选手中任意 1 位选手所在线路的插接线，与之对应的 LED 被点亮，此时模拟其他选手抢答 (拔出其他线路插接线) 无效，从

而验证抢答功能是否正常。

(11) 测试完毕，按实训室8S管理要求整理实训器材、清理实训场地，最后填写实训报告。

任务4 触发器功能转换

学习目标

1. 能叙述JK触发器转换为T触发器、T′触发器、D触发器和RS触发器的原理。
2. 能叙述D触发器转换为T触发器、T′触发器的原理。
3. 能熟记各类触发器的特性方程并总结它们之间相互转换的规律。
4. 能利用Multisim 14.0软件对JK触发器74LS112的逻辑功能进行仿真测试。
5. 能将74LS112双JK触发器转换为T触发器、T′触发器。
6. 能将74LS175 D触发器转换为T′触发器。

任务引入

前面介绍了常用的RS触发器、JK触发器和D触发器，此外，在通用数字集成电路器件中，还有T触发器和T′触发器。T触发器是一种具有保持和翻转（受控计数）功能的触发器，T′触发器则是只具有翻转（计数）功能的触发器。T触发器和T′触发器可以由JK触发器或D触发器转换得到。所谓触发器功能转换，就是把一种逻辑功能的触发器转换为另一种逻辑功能的触发器，在实际应用中可以采用已有的成品触发器实现实际需要的触发器。转换的方法是利用触发器特性方程求转换逻辑关系，建立转换电路。

在输入信号为单端的情况下，D触发器使用最方便，而在输入信号为双端的情况下，JK触发器的功能最完善，并且在集成电路芯片中D触发器和JK触发器的种类最多，所以通常用D触发器和JK触发器转换为其他逻辑功能的触发器。本任务主要介绍JK触发器转换为T触发器、T′触发器、D触发器、RS触发器以及D触发器转换为T触发器、T′触发器的原理、电路及方法。

相关知识

一、JK触发器转换为T触发器和T′触发器

将JK触发器的两个输入端J、K连接在一起，作为一个输入端T，就构成了T触发器，如图3-23a所示。T触发器是JK触发器在J=K条件下的触发器。

T触发器的功能是当T=1（即J=K=1）时，在CP边沿时刻触发器的状态翻转；当T=0（即J=K=0）时，触发器的状态保持不变。下降沿触发的T触发器的真值表见表3-6。

表 3－6 下降沿触发的 T 触发器的真值表

输入			输出	逻辑功能
CP	T	Q^n	Q^{n+1}	
↓	0	0	0	保持
↓	0	1	1	
↓	1	0	1	翻转
↓	1	1	0	

T 触发器的特性方程为：

$$Q^{n+1}=\overline{T}Q^n+T\overline{Q}^n$$

T′触发器如图 3－23b 所示，当 T 恒为 1（即 J、K 恒为 1）时，只要有 CP 下降沿到达，触发器就翻转，故称为 T′触发器。实际上它只是 T 触发器的一个特例，只要把 T 触发器的 T 端接高电平 1，即可构成 T′触发器。下降沿触发的 T′触发器的真值表见表 3－7。

表 3－7 下降沿触发的 T′触发器的真值表

输入			输出	逻辑功能
CP	T	Q^n	Q^{n+1}	
↓	1	0	1	翻转
↓	1	1	0	

T′触发器的特性方程为：

$$Q^{n+1}=\overline{Q}^n$$

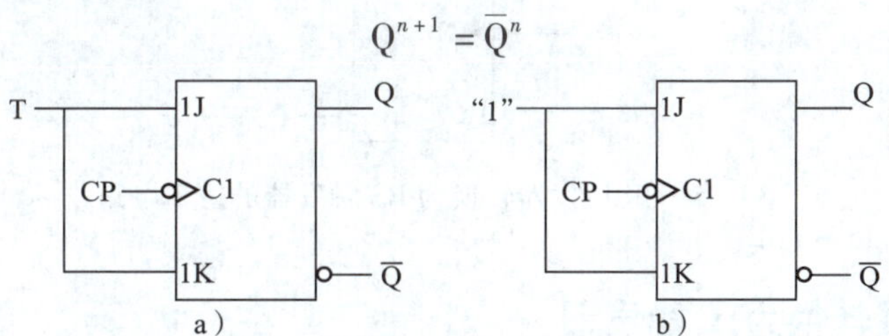

图 3－23 T 触发器和 T′触发器
a）T 触发器 b）T′触发器

二、JK 触发器转换为 D 触发器

JK 触发器和 D 触发器这两种常用的触发器之间也可以相互转换。

JK 触发器的特性方程为：

$$Q^{n+1}=J\overline{Q}^n+\overline{K}Q^n$$

D 触发器的特性方程为：

$$Q^{n+1}=D$$

为了求出 J、K 的表达形式，可将 D 触发器的特性方程写成与 JK 触发器特性方程相似的形式，即：

$$Q^{n+1}=D\left(Q^n+\overline{Q}^n\right)=DQ^n+D\overline{Q}^n$$

将上式和 JK 触发器的特性方程相比较，显然有：

$$J = D,\ K = \overline{D}$$

这就是要求的逻辑关系，据此可以绘出 JK 触发器转换为 D 触发器的逻辑电路，如图 3 – 24 所示。

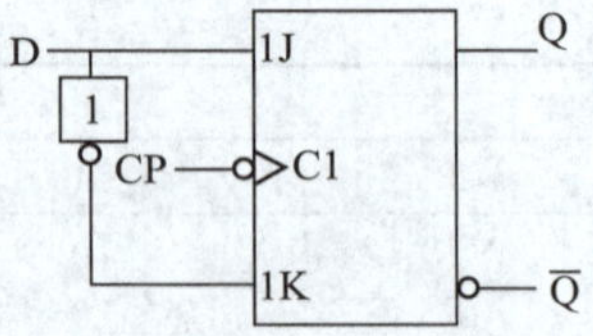

图 3 – 24　JK 触发器转换为 D 触发器的逻辑电路

三、JK 触发器转换为 RS 触发器

JK 触发器以 RS 触发器为基础，所以两者的逻辑功能相近，RS 触发器与 JK 触发器的逻辑功能比较见表 3 – 8。

表 3 – 8　RS 触发器与 JK 触发器的逻辑功能比较

RS 触发器			JK 触发器		
R	S	逻辑功能	J	K	逻辑功能
0	0	保持	0	0	保持
0	1	置 1	1	0	置 1
1	0	置 0	0	1	置 0
1	1	禁止	1	1	翻转

由表 3 – 8 可知，如果将 J 对应于 S，K 对应于 R，则 JK 触发器与 RS 触发器的逻辑功能相同。JK 触发器转换为 RS 触发器的逻辑电路如图 3 – 25 所示。

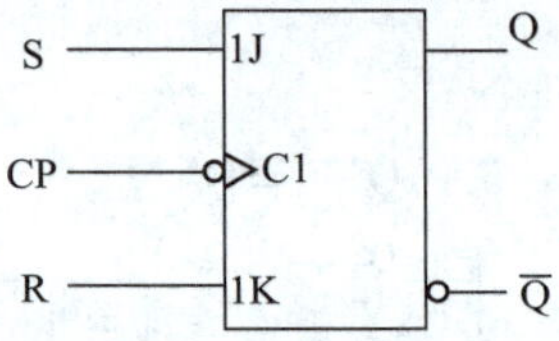

图 3 – 25　JK 触发器转换为 RS 触发器的逻辑电路

四、D 触发器转换为 T 触发器

根据 D 触发器的特性方程 $Q^{n+1} = D$ 和 T 触发器的特性方程 $Q^{n+1} = \overline{T}Q^n + T\overline{Q}^n$，将两者相比较后令：

$$D = \overline{T}Q^n + T\overline{Q}^n = T \oplus Q^n$$

即可得到 D 触发器转换为 T 触发器的逻辑电路，如图 3 – 26 所示。

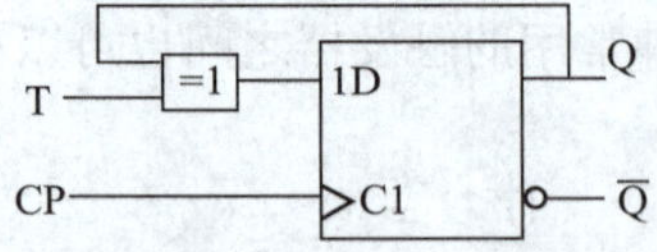

图 3 – 26　D 触发器转换为 T 触发器的逻辑电路

五、D 触发器转换为 T′触发器

根据 D 触发器的特性方程 $Q^{n+1} = D$ 和 T′触发器的特性方程 $Q^{n+1} = \overline{Q}^n$，将两者相比较后令：

$$D = \overline{Q}^n$$

即可得到D触发器转换为T′触发器的逻辑电路，如图3－27所示。

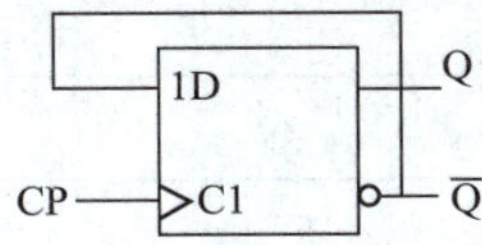

图3－27 D触发器转换为T′触发器的逻辑电路

任务实施

一、任务分析

本任务主要完成以下三方面内容：一是用Multisim 14.0仿真软件对JK触发器74LS112逻辑功能进行仿真测试；二是以74LS112芯片为核心元件将JK触发器转换为T、T′触发器，并测试其功能；三是以74LS175芯片为核心元件将D触发器转换为T′触发器，并测试其功能。

二、任务准备

1. 实训器材

（1）面包板	2块
（2）直流稳压电源（5 V）	1台
（3）74LS112	1片
（4）74LS175	1片
（5）手动脉冲信号发生器	1台
（6）发光二极管	3只
（7）电阻器（220 Ω）	3个
（8）集成电路起拔器、镊子	各1个
（9）插接线	若干
（10）Multisim 14.0仿真平台	1套

2. 注意事项

本任务注意事项参见课题一和课题二相关任务。

三、操作步骤

1. JK触发器74LS112逻辑功能仿真测试

按照JK触发器74LS112逻辑功能仿真测试电路（图3－28）完成电路的搭建。

（1）启动Multisim 14.0软件，从TTL集成电路库中拖出74LS112。

（2）从电源库中拖出电源V_{CC}和地。

（3）从基本元件库中拖出2个1 kΩ电阻器。

（4）从基本元件库中拖出2个开关，将开关的操作键定义为J、K。

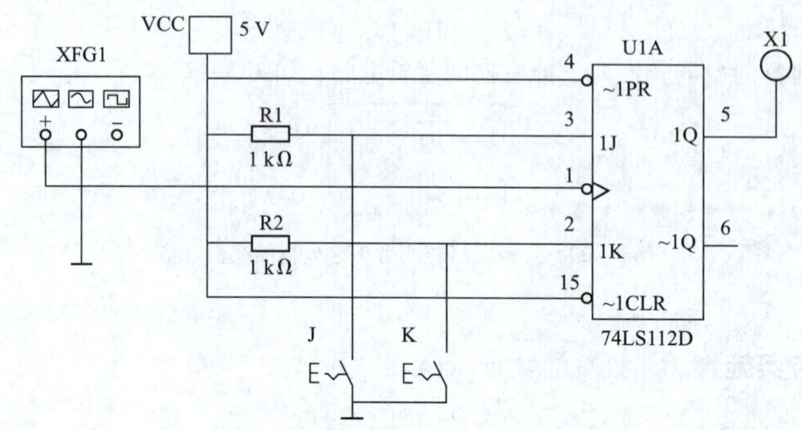

图 3－28　JK 触发器 74LS112 逻辑功能仿真测试电路

（5）从显示器材库中拖出 1 个逻辑指示灯。

（6）从仪表栏中拖出函数发生器，双击函数发生器图标，在弹出的对话框中选取方波信号，设置参数如图 3－29 所示。

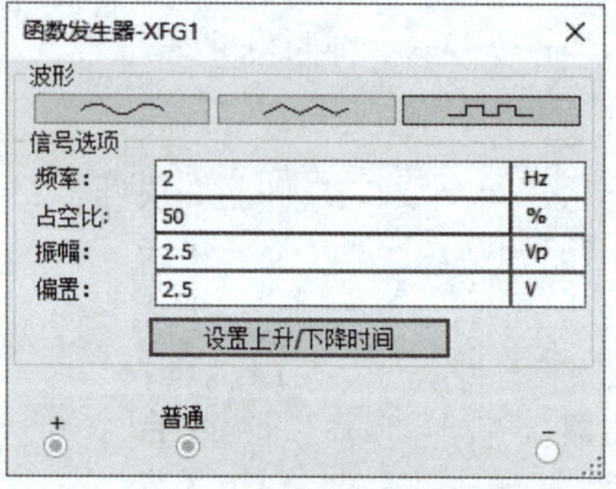

图 3－29　函数发生器

（7）调整元件的位置，连接电路。

（8）操作按键，使 JK＝00（开关闭合时输入为 0，断开时输入为 1），JK 触发器的输出应保持。

（9）操作按键，使 JK＝10，JK 触发器的输出应为逻辑 1（灯亮）。

（10）操作按键，使 JK＝01，JK 触发器的输出应为逻辑 0（灯灭）。

（11）操作按键，使 JK＝11，JK 触发器的输出应翻转（灯闪亮）。

（12）测试完毕，单击“文件”菜单中的“另存为”命令，以“课题三任务 4. ms14”为文件名保存文件，退出 Multisim 14. 0 软件。

2. JK 触发器转换为 T、T′触发器

参考图 3－30，连接 JK 触发器转换为 T、T′触发器的测试电路。

（1）关闭直流稳压电源开关，将 74LS112 插入面包板。

（2）将＋5 V 电压接到 74LS112 的管脚⑯，将电源负极接到 74LS112 的管脚⑧。

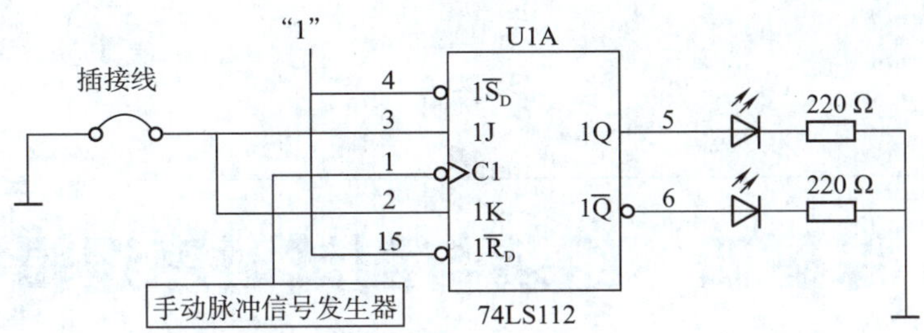

图 3－30　JK 触发器转换为 T、T′触发器的测试电路

（3）用插接线将 74LS112 的输出端 1Q、$1\overline{Q}$ 分别接电阻器与 LED 串联电路。

（4）用插接线将 74LS112 的直接复位端 $1\overline{R}_D$、直接置位端 $1\overline{S}_D$ 接高电平。

（5）用插接线将输入端 1J、1K 接地。

（6）将手动脉冲信号发生器的信号输出端接 C1 端。

（7）检查无误后接通电源。

（8）输入手动脉冲信号，观察输出端 1Q、$1\overline{Q}$ 电平应无变化。

（9）拔出插接线，使输入端 1J、1K 为高电平。

（10）输入手动脉冲信号，在脉冲信号下降沿时输出端 1Q、$1\overline{Q}$ 电平应翻转。

3. D 触发器转换为 T′触发器

参考图 3－31，连接 D 触发器转换为 T′触发器的测试电路。

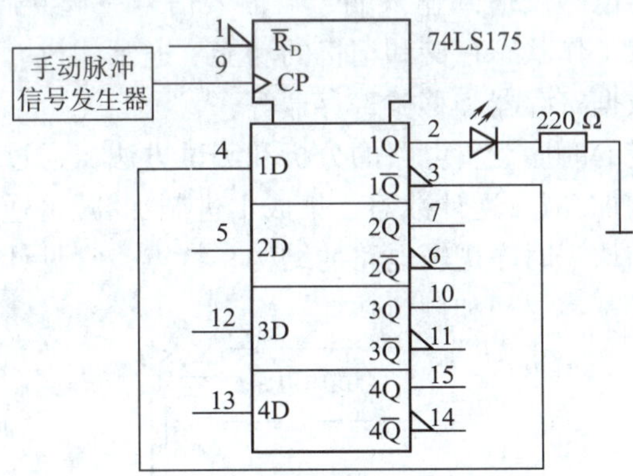

图 3－31　D 触发器转换为 T′触发器的测试电路

（1）关闭直流稳压电源开关，将 74LS175 插入面包板。

（2）将 +5 V 电压接到 74LS175 的管脚⑯，将电源负极接到 74LS175 的管脚⑧。

（3）用插接线将 74LS175 的输出端 $1\overline{Q}$ 接输入端 1D。

（4）用插接线将 74LS175 的输出端 1Q 接电阻器与 LED 串联电路。

（5）将手动脉冲信号发生器的信号输出端接 CP 端。

（6）检查无误后接通电源。

（7）输入手动脉冲信号，观察脉冲信号上升沿时刻输出端 1Q 电平应翻转。

（8）测试完毕，按实训室 8S 管理要求整理实训器材、清理实训场地，最后填写实训报告。

课题四　组装与测试时序逻辑电路

数字逻辑电路除了课题二中介绍的组合逻辑电路外，还有时序逻辑电路。时序逻辑电路是指电路状态与时间参数相关联的电路。例如，在两位十进制数码显示中，当个位数码为“9”时，如果增加1个计数，个位数码变为“0”，同时产生一个进位信号，十位数码在原有数值基础上增加1。这个例子说明，在时序逻辑电路中，任意时刻的输出信号不仅取决于当时的输入信号，还取决于电路原来的逻辑状态，这一点正是时序逻辑电路和组合逻辑电路的根本区别。

时序逻辑电路简称时序电路，其结构框图如图4－1所示，它由组合逻辑电路和触发器电路（存储电路）两部分构成。时序逻辑电路中一定包含起存储数据作用的触发器电路，输出信号通过触发器电路反馈到输入端，与输入信号一起共同决定电路的输出状态。因此，时序逻辑电路具有工作状态存储和记忆的功能。通常构成时序逻辑电路的基本部件包括触发器、计数器、数据寄存器和移位寄存器等。

本课题主要介绍给定的时序逻辑电路的分析和测试方法，通过组装与测试集成二进制加法计数器、集成二进制加/减可逆计数器、集成十进制加/减可逆计数器、寄存器4类典型时序逻辑电路，了解和认识时序逻辑电路的结构、特点，常见计数器的电路结构及工作原理，以及数据寄存器的基本原理和逻辑功能。

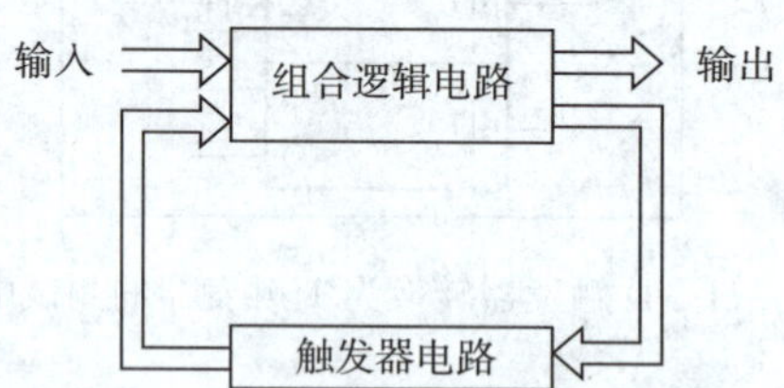

图4－1　时序逻辑电路结构框图

任务1　分析和测试给定的时序逻辑电路

学习目标

1. 能说明时序逻辑电路的分析步骤。

2. 能对给定的时序逻辑电路进行分析，确定其逻辑功能。

3. 能正确识别 74LS112、74LS08 的管脚并说明其逻辑功能。

4. 能运用 74LS112、74LS08 等组装 2 位加/减法计数器，并测试和分析 2 位加/减法计数器的逻辑功能。

任务引入

对给定的时序逻辑电路进行分析，确定电路的逻辑功能，即确定在输入信号和时钟脉冲信号共同作用下输出状态的变化规律，称为时序逻辑电路的分析。

时序逻辑电路按触发方式可分为“同步”和“异步”两大类。在同步时序逻辑电路中，所有触发器的时钟脉冲输入端都连在一起，使所有触发器的状态变化和时钟脉冲信号同步发生。而在异步时序逻辑电路中，时钟脉冲信号只触发部分触发器，其余触发器则由电路内部信号触发，因此，各个触发器的状态变化有先有后，并不都与时钟脉冲同步，所以异步时序逻辑电路的工作速度低于同步时序逻辑电路。本任务通过分析和测试 2 位加/减计数器的逻辑功能来掌握分析时序逻辑电路的方法。

相关知识

一、时序逻辑电路的分析步骤

分析时序逻辑电路就是根据给定的逻辑电路结构图，分析该电路输入与输出之间的逻辑关系，从而确定电路的逻辑功能。可按以下步骤进行。

（1）分析电路结构。根据逻辑电路图，分析电路的基本组成，确定输入信号和输出信号。

（2）写出方程。写出各触发器的时钟方程、驱动方程和时序逻辑电路的输出方程。

（3）求出状态方程。将驱动方程代入相应触发器的特性方程，求出时序逻辑电路的状态方程。

（4）列出状态转换表。根据状态方程和输出方程，求出次态和输出，列出时序逻辑电路的状态转换表。

（5）画出状态转换图与时序图。根据状态转换表画出状态转换图与时序图。

（6）分析电路逻辑功能。根据状态转换表、状态转换图或时序图确定时序电路的逻辑功能。

分析步骤可表示为如图 4－2 所示的框图。

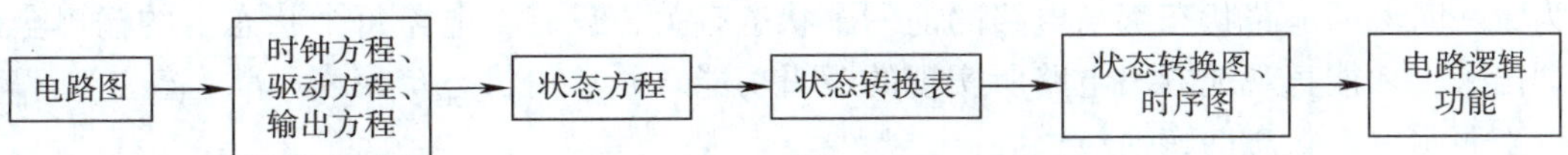

图 4－2　时序逻辑电路分析步骤框图

二、时序逻辑电路逻辑功能分析举例一

【例 4-1】 分析图 4-3 所示时序逻辑电路的逻辑功能，设初始状态为 $Q_1Q_0=00$。

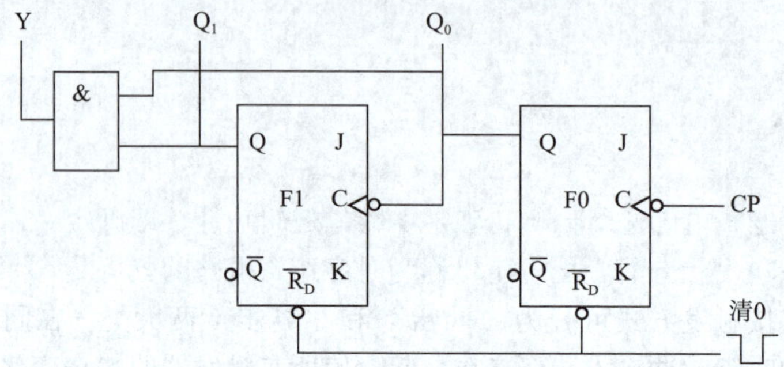

图 4-3　例 4-1 时序逻辑电路

解：

1. 分析电路结构

该电路为异步时序逻辑电路，由两个脉冲下降沿触发的 JK 触发器 F0、F1 和一个 2 输入端与门构成，有两个触发器输出端 Q_0、Q_1 和一个电路输出端 Y。通过 $\overline{R}_D$ 的异步清零作用可将电路的初始状态设为 $Q_1Q_0=00$。

2. 写出电路方程

（1）时钟方程

$CP_0=CP$（时钟脉冲下降沿触发）

$CP_1=Q_0$（当 F0 的 Q_0 由 1→0，即产生下降沿时，Q_1 才能改变状态）

（2）电路输出方程

$$Y=Q_1Q_0$$

（3）JK 触发器驱动方程

两个 JK 触发器的 J、K 端均悬空，相当于接高电平，即：

$$J_0=K_0=1,\ J_1=K_1=1$$

3. 求出电路状态方程

将 JK 触发器驱动方程代入 JK 触发器的特性方程 $Q^{n+1}=J\overline{Q}^n+\overline{K}Q^n$，可得到两个 JK 触发器的状态方程分别为：

$$Q_0^{n+1}=\overline{Q}_0^n,\ Q_1^{n+1}=\overline{Q}_1^n$$

即两个 JK 触发器的逻辑功能转换为 T′触发器。

虽然以上两个状态方程已经完整地说明了时序逻辑电路的逻辑功能，但是不够直观，因为每一时刻的电路状态都与电路的前一个状态有关，只有将电路每个状态下的输出全部展现出来，才能直观地看出电路所实现的逻辑功能。通常用状态转换表、状态转换图和时序图来表示电路状态的转换过程。

4. 列出状态转换表

时序逻辑电路的状态转换表见表 4-1。在表格第一行中，由于初始状态（现态）$Q_1Q_0=$

00，所以将现态 00 代入输出方程就得到当前输出 Y =0。在第 1 个时钟脉冲下降沿时刻，触发器 F0 的状态由 0→1，F1 的状态不发生变化，所以对应的次态为 01。再以得到的次态 01 作为第二行的现态，得到当前输出 Y =0。在第 2 个时钟脉冲下降沿时刻，触发器 F0 的状态由 1→0，并引起 F1 的状态由 0→1，所以对应的次态为 10。以此类推，完成一个状态循环。

表 4 –1　例 4 –1 状态转换表

CP	现态		当前输出	次态	
	Q_1^n	Q_0^n	Y	Q_1^{n+1}	Q_0^{n+1}
1↓	0	0	0	0	1
2↓	0	1	0	1	0
3↓	1	0	0	1	1
4↓	1	1	1	0	0

从表 4 –1 可以看出，在第 4 个时钟脉冲下降沿时刻，整个时序逻辑电路的状态又回到初始状态，其有效循环状态为 00→01→10→11→00→……通常将一次循环所包含的状态总数称为时序逻辑电路的“模”，所以该时序逻辑电路的模为 4。

5. 画出状态转换图与时序图

状态转换图如图 4 –4 所示。在状态转换图中，每个圆圈表示电路的一个状态，圆圈内的数字是这个状态的编码。图中的箭头表示电路状态转换的去向，箭头旁边的数字表示现态下的输出。

时序图如图 4 –5 所示。它给出了在一系列时钟脉冲作用下电路状态和输出随时间变化的波形。

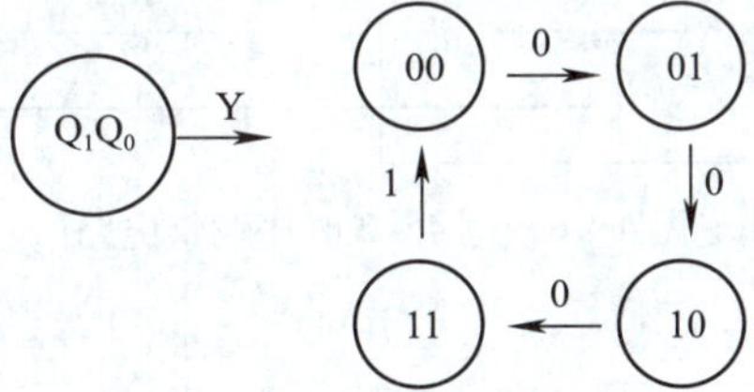

图 4 –4　例 4 –1 状态转换图

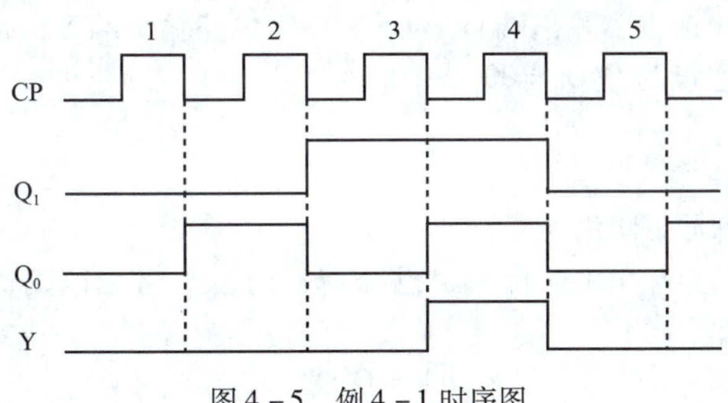

图 4 –5　例 4 –1 时序图

从时序图可以看出，当计数器从最大状态 11 翻转为 00 状态时（即第 4 个脉冲的下降沿时刻)，在输出端 Y 产生一个下降沿进位信号。当计数器多位连接时，可将进位输出端 Y 接至相邻高位的 CP 端。所以，若采用下降沿触发的触发器，时序逻辑电路的进位信号从 Q 端引出；同理，若采用上升沿触发的触发器，时序逻辑电路的进位信号从 $\overline{Q}$ 端引出。当然在图 4－5 中，用 Q_1 的下降沿也可以取代 Y 产生进位信号。

6. 分析电路逻辑功能

图 4－3 所示电路满足以下两点。

（1）电路由两个 T′触发器构成异步逻辑电路，每输入一个计数脉冲，最低位触发器翻转一次。

（2）当低位触发器由 1 变为 0 时，输出一个进位信号加到相邻高位触发器的计数输入端，使高位触发器翻转，所以是加法电路。

n 位二进制计数器可以计 2^n 个数，所以又称为 2^n 进制计数器，或模为 2^n。

综上所述，图 4－3 所示电路是一个异步 2 位模 4 二进制加法计数器。

三、时序逻辑电路逻辑功能分析举例二

【例 4－2】 分析图 4－6 所示时序逻辑电路的逻辑功能，设初始状态为 $Q_1Q_0=00$。

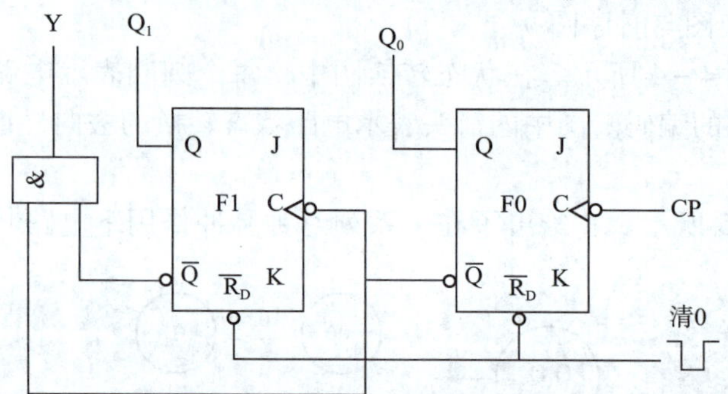

图 4－6　例 4－2 时序逻辑电路

解：

1. 分析电路结构

该电路为异步时序逻辑电路，由两个脉肿下降沿触发的 JK 触发器 F0、F1 和一个 2 输入端与门构成，有两个触发器输出端 Q_0、Q_1 和一个电路输出端 Y。通过 $\overline{R}_D$ 的异步清零作用可将电路的初始状态设为 $Q_1Q_0=00$。

2. 写出电路方程

（1）时钟方程

$CP_0=CP$（时钟脉冲下降沿触发）

$CP_1=\overline{Q}_0$（当 F0 的 $\overline{Q}_0$ 由 1→0，即产生下降沿时，Q_1 才能改变状态）

（2）电路输出方程

$$Y=\overline{Q}_1^n\overline{Q}_0^n$$

（3）JK 触发器驱动方程

$$J_0=K_0=1,\ J_1=K_1=1$$

即两个 JK 触发器的逻辑功能转换为 T′触发器。

3. 求出电路状态方程

由于 JK 触发器已转换为 T′触发器，每来一个时钟脉冲，其状态翻转一次。所以，电路状态方程为：

$$Q_0^{n+1}=\overline{Q}_0^n,\ Q_1^{n+1}=\overline{Q}_1^n$$

4. 列出状态转换表

由于初始状态 $Q_1Q_0=00$，所以电路当前输出 Y = 1。在第 1 个时钟脉冲下降沿时刻，F0 触发器的状态由 0 变为 1，其输出端 $\overline{Q}_0$ 由 1 变为 0。该信号作为时钟脉冲信号，送入 F1 触发器，所以 F1 触发器的状态由 0 变为 1。因此，当第 1 个时钟脉冲下降沿到来时，触发器的状态为 11，同时输出端 Y = 0。

在第 2 个时钟脉冲下降沿时刻，F0 触发器的状态由 1 变为 0，其输出端 $\overline{Q}_0$ 由 0 变为 1，从而使 F1 触发器的状态不发生变化，触发器的状态为 10。依此类推，就可以列出该时序逻辑电路的状态转换表，见表 4 – 2。

表 4 – 2 例 4 – 2 状态转换表

CP	现态		当前输出	次态	
	Q_1^n	Q_0^n	Y	Q_1^{n+1}	Q_0^{n+1}
1↓	0	0	1	1	1
2↓	1	1	0	1	0
3↓	1	0	0	0	1
4↓	0	1	0	0	0

5. 画出状态转换图与时序图

根据状态转换表画出的状态转换图和时序图分别如图 4 – 7、图 4 – 8 所示。

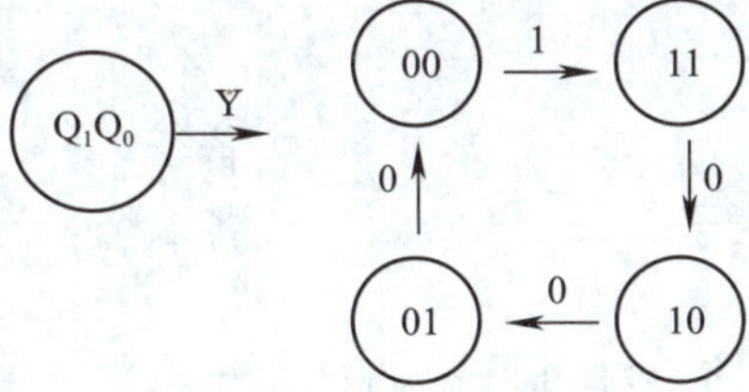

图 4 – 7 例 4 – 2 状态转换图

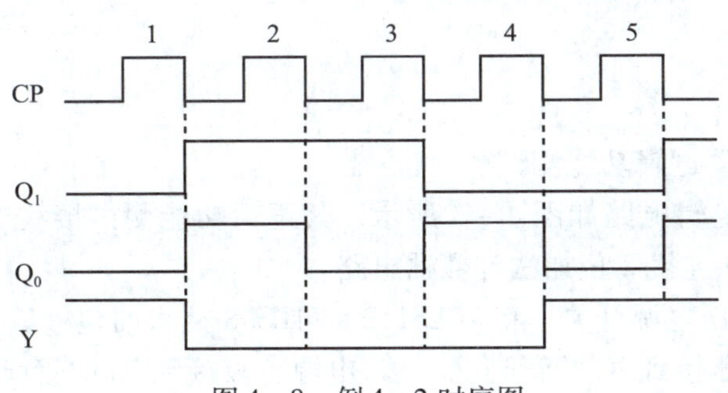

图 4 – 8 例 4 – 2 时序图

从时序图可以看出，当计数器从最小状态 00 翻转为 11 状态时，在输出端 Y 产生一个下降沿借位信号。当计数器多位连接时，可将借位输出端 Y 接至相邻高位的 CP 端。所以，若采用下降沿触发的触发器，时序逻辑电路的借位信号从 $\overline{Q}$ 端引出；同理，若采用上升沿触发的触发器，时序逻辑电路的借位信号从 Q 端引出。

6. 分析电路逻辑功能

综上所述，图 4－6 所示电路是一个异步 2 位模 4 二进制减法计数器，Y 是借位信号输出端。

任务实施

一、任务分析

本任务要求能进一步熟练识别 74LS112、74LS08 的管脚排列，并以 74LS112、74LS08 为主要元件组装 2 位加/减法计数器，同时完成 2 位加/减法计数器逻辑功能的测试和分析。

二、任务准备

1. 实训器材

（1）面包板	2 块
（2）直流稳压电源（5 V）	1 台
（3）74LS112	2 片
（4）74LS08	2 片
（5）手动脉冲信号发生器	1 台
（6）发光二极管	6 只
（7）电阻器（220 Ω）	6 个
（8）插接线	若干
（9）集成电路起拔器、镊子	各 1 个

2. 注意事项

（1）插 74LS112、74LS08 集成块时，要认清定位标记，不得插反。

（2）电源极性不得接错，要求电源电压为 +5 V，因为集成块要求的电源电压范围为 4.5～5.5 V。

三、操作步骤

1. 2 位加法计数器逻辑功能测试

2 位加法计数器逻辑电路如图 4－3 所示，其逻辑功能测试接线电路如图 4－9 所示。参照图 4－3、图 4－9 连接 2 位加法计数器电路。

（1）关闭直流稳压电源开关，将 74LS112、74LS08 插入面包板。

（2）将 +5 V 电压接到 IC 的管脚 V_{CC}，将电源负极接到 IC 的管脚 GND。

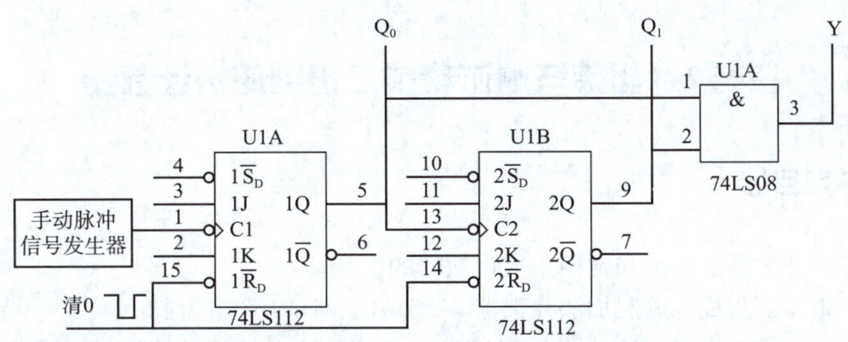

图 4-9 2 位加法计数器逻辑功能测试接线电路

(3) 用插接线将逻辑电路的输出端 Q_0、Q_1 和 Y 接电阻器与 LED 串联电路。

(4) 将手动脉冲信号发生器的输出信号接电路脉冲信号输入端 C1。

(5) 将 74LS112 的输入端 J、K 悬空。

(6) 检查无误后接通电源。

(7) 用插接线将 74LS112 的直接复位端 $\overline{R}_D$ 接低电平清 0，然后再接高电平。

(8) 每输入一个手动脉冲信号下降沿，观察输出端 Q_0、Q_1 的状态是否加 1。

(9) 当输出端 Q_1Q_0 的状态由 10 变化到 11 时，进位输出端 Y = 1；当输出端 Q_1Q_0 的状态由 11 变化到 00 时，进位输出端 Y = 0，产生下降沿进位信号。

2. 2 位减法计数器逻辑功能测试

2 位减法计数器逻辑电路如图 4-6 所示，其逻辑功能测试接线电路如图 4-10 所示。参照图 4-6、图 4-10 连接 2 位减法计数器电路。

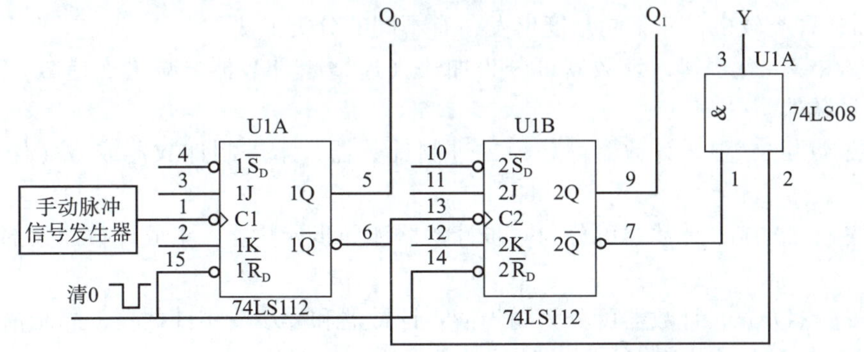

图 4-10 2 位减法计数器逻辑功能测试接线电路

连接无误后输入手动脉冲信号，每输入一个手动脉冲信号下降沿，观察输出端 Q_0、Q_1 的状态是否减 1。

当输出端 Q_1Q_0 的状态为 00 时，借位输出端 Y = 1；当输出端 Q_1Q_0 的状态由 00 变化为 11 时，借位输出端 Y = 0，产生下降沿借位信号。

完成任务后，按实训室 8S 管理要求整理实训器材、清理实训场地，最后填写实训报告。

任务2　组装与测试集成二进制加法计数器

学习目标

1. 能叙述计数器的种类和常用集成计数器的型号。
2. 能正确识别集成二进制加法计数器 74LS161、74LS163 的管脚。
3. 能叙述集成二进制加法计数器 74LS161、74LS163 的逻辑功能和工作原理。
4. 能正确组装二进制同步加法计数器测试电路，并对其逻辑功能进行测试。

任务引入

计数器是数字系统中应用非常广泛的一种基本逻辑部件，几乎每一种数字设备中都有计数器。计数器不仅可以对输入脉冲信号进行累计计数，实现计量控制，还可以进行定时控制，用作分频器，产生序列信号和执行数字运算等。本任务通过组装和测试集成二进制加法计数器来掌握二进制加法计数器的工作原理和应用。

相关知识

一、计数器的种类

计数器的种类较多，从不同角度出发，有不同的分类方法。

（1）按数字变化规律，计数器可分为加法（递增）计数器、减法（递减）计数器和加/减可逆计数器。

（2）按计数的进制，计数器可分为二进制计数器、十进制计数器或 N（任意）进制计数器。

（3）按触发方式，计数器可分为同步计数器和异步计数器，集成计数器大部分是同步计数器。

（4）按清零方式，计数器可分为同步清零计数器和异步清零计数器，同步清零计数器在时钟脉冲到达时刻才能清零，异步清零计数器则不受时钟脉冲限制。

（5）按置入数据的方式，计数器可分为同步置入数据（同步预置）计数器和异步置入数据（异步预置）计数器。同步置入数据计数器在时钟脉冲到达时刻才能置入数据，异步置入数据计数器则不受时钟脉冲限制。

集成计数器功耗低、功能灵活、体积小，因此，在小型数字系统中得到广泛应用。集成计数器产品的类型很多，表 4－3 列出了部分常用集成计数器产品的名称、型号及说明。

表 4－3　部分常用集成计数器

名称	型号		说明
十进制同步计数器	TTL	74160	同步预置、异步清零
	CMOS	40160	
	TTL	74162	同步预置、同步清零
	CMOS	40162	
4 位二进制同步计数器	TTL	74161	同步预置、异步清零
	CMOS	40161	
	TTL	74163	同步预置、同步清零
	CMOS	40163	
十进制加/减同步计数器	TTL	74168	同步预置、无清零端
	TTL	74192	异步预置、异步清零、双时钟
	CMOS	40192	
	TTL	74190	异步预置、无清零端、单时钟
	CMOS	4510	
4 位二进制加/减同步计数器	TTL	74169	同步预置、无清零端
	TTL	74193	异步预置、异步清零、双时钟
	CMOS	40193	
	TTL	74191	异步预置、无清零端、单时钟
	CMOS	4516	
双同步十进制加法计数器	CMOS	4518	异步清零，时钟脉冲可采用正负触发
双同步 4 位二进制加法计数器	CMOS	4520	
十进制计数/分配器	CMOS	4017	异步清零，采用约翰逊编码
八进制计数/分配器	CMOS	4022	
二－五－十进制异步计数器	TTL	7490、74290	可预置
		74176、74196	
二－八－十六进制异步计数器	TTL	74177、74197	可预置
		7493、74293	异步清零
二－八－十二进制异步计数器	TTL	7492	异步清零
双 4 位二进制计数器	TTL	7469、74393	异步清零
双二－五－十进制异步计数器	TTL	7468、74390、74490	异步清零、输出 8421BCD 码和 5421BCD 码
7 位二进制串行计数器	CMOS	4024	带清零端，有 7 个分频输出
12 位二进制串行计数器	CMOS	4040	带清零端，有 12 个分频输出
14 位二进制串行计数器	CMOS	4020、4060	4060 外接 RC 或石英晶体等元件时可作为振荡器。通过 14 级分频，将 32 768 Hz 变换为 2 Hz 输出

二、集成二进制加法计数器的管脚及逻辑功能

集成4位二进制同步加法计数器74LS161和74LS163的逻辑符号及管脚排列如图4－11所示。

1. 逻辑管脚

$\overline{CR}$——清零端，低电平有效。

$\overline{LD}$——预置数据控制端，低电平有效。

ET、EP——使能端，高电平时具有计数功能。

CP——时钟脉冲信号输入端，脉冲上升沿触发。

$\overline{CO}$——进位信号输出端，输出脉冲下降沿进位信号，可用于多个计数器级联。

D_0、D_1、D_2、D_3——预置数据输入端。

Q_0、Q_1、Q_2、Q_3——数据输出端。

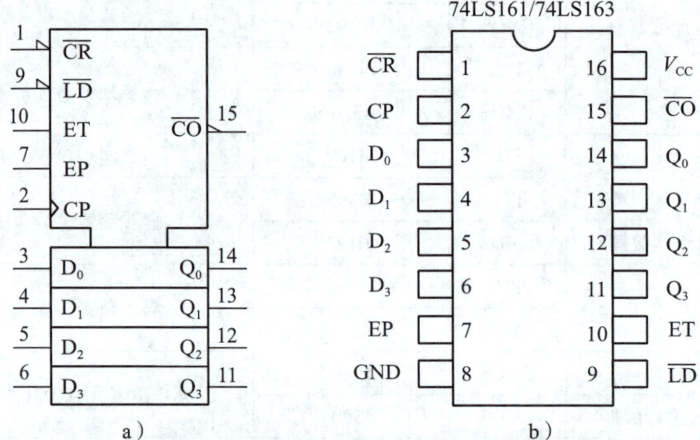

图4－11　集成4位二进制同步加法计数器74LS161和74LS163

a）逻辑符号　b）管脚排列

2. 74LS161的逻辑功能

74LS161具有异步清零、同步置数、数据保持和加法计数功能，其逻辑功能表见表4－4。

表4－4　74LS161的逻辑功能表

输入									输出				功能
$\overline{CR}$	$\overline{LD}$	EP	ET	CP	D_3	D_2	D_1	D_0	Q_3	Q_2	Q_1	Q_0	
0	×	×	×	×	×	×	×	×	0	0	0	0	异步清零
1	0	×	×	↑	d_3	d_2	d_1	d_0	d_3	d_2	d_1	d_0	同步置数
1	1	0	×	×	×	×	×	×	输出保持原状态不变				数据保持
1	1	×	0	×	×	×	×	×	输出保持原状态不变				数据保持
1	1	1	1	↑	×	×	×	×	输出数据加1				加法计数

其逻辑功能说明如下。

（1）异步清零。当清零端$\overline{CR}=0$时，输出端$Q_3Q_2Q_1Q_0=0000$。异步清零是指清零操

作不受时钟脉冲和其他输入信号的影响，属优先级最高的一种控制。

（2）同步置数。当 $\overline{CR}=1$、$\overline{LD}=0$，且时钟脉冲上升沿到来时刻三个条件同时具备时，计数器将此前预置于输入端 D_3、D_2、D_1、D_0 的数码送输出端 Q_3、Q_2、Q_1、Q_0，实现了同步并行置数。同步置数是指置数操作与时钟脉冲上升沿同步，其优先级低于异步清零。

（3）数据保持。当 $\overline{CR}=1$、$\overline{LD}=1$，使能端 ET、EP 逻辑与为零时，输出端 Q_3、Q_2、Q_1、Q_0 的状态保持不变，即具有数据保持功能。当使能端 ET 为 0 时，进位输出端 $\overline{CO}$ 为 0。当使能端 EP 为 0 时，进位输出端 $\overline{CO}$ 的状态保持不变。

（4）加法计数。当 $\overline{CR}=\overline{LD}=ET=EP=1$，且时钟脉冲上升沿到来时，计数器对时钟脉冲进行加 1 计数。

3. 74LS163 的逻辑功能

74LS163 与 74LS161 在逻辑功能上唯一不同的是 74LS163 是同步清零，即 $\overline{CR}=0$，同时在时钟脉冲上升沿到来时，$Q_3Q_2Q_1Q_0=0000$。其逻辑功能表见表 4－5。

表 4－5　74LS163 的逻辑功能表

输入									输出				功能
$\overline{CR}$	$\overline{LD}$	EP	ET	CP	D_3	D_2	D_1	D_0	Q_3	Q_2	Q_1	Q_0	
0	×	×	×	↑	×	×	×	×	0	0	0	0	同步清零
1	0	×	×	↑	d_3	d_2	d_1	d_0	d_3	d_2	d_1	d_0	同步置数
1	1	0	×	×	×	×	×	×	输出保持原状态不变				数据保持
1	1	×	0	×	×	×	×	×	输出保持原状态不变				数据保持
1	1	1	1	↑	×	×	×	×	输出数据加 1				加法计数

三、集成二进制加法计数器的工作原理

74LS161 是按二进制规律进行加法计数的计数器。74LS161 异步清零后，输出状态从 $Q_3Q_2Q_1Q_0=0000$ 开始，第 1 个时钟脉冲时刻，$Q_3Q_2Q_1Q_0=0001$；第 2 个时钟脉冲时刻，$Q_3Q_2Q_1Q_0=0010$……第 9 个时钟脉冲时刻，$Q_3Q_2Q_1Q_0=1001$……第 15 个时钟脉冲时刻，$Q_3Q_2Q_1Q_0=1111$；第 16 个时钟脉冲时刻，$Q_3Q_2Q_1Q_0=0000$，计数器返回初始状态，完成一个周期计数过程。其时序图如图 4－12 所示，状态转换图如图 4－13 所示。

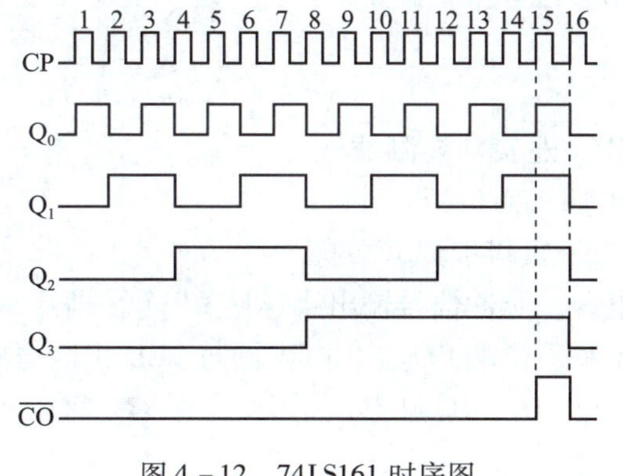

图 4－12　74LS161 时序图

$Q_3Q_2Q_1Q_0 \xrightarrow{\overline{CO}}$

0000 →(0) 0001 →(0) 0010 →(0) 0011 →(0) 0100 ↓(0) 0101 ↓(0) 0110 ↓(0) 0111 ↓(0) 1000 ←(0) 1001 ←(0) 1010 ←(0) 1011 ←(0) 1100 ↑(0) 1101 ↑(0) 1110 ↑(0) 1111 ↑(1) 0000

图 4－13　74LS161 状态转换图

由时序图可以看出，进位信号 $\overline{CO}$ 在第 15 个时钟脉冲上升沿时刻上升为高电平，在第 16 个时钟脉冲上升沿时刻产生一个下降沿进位信号，$\overline{CO}$ 脉冲宽度为一个 CP 周期。在多级计数电路中，$\overline{CO}$ 输出端与上位计数器级联，以传送进位信号。

4 位二进制计数器一个完整的计数周期包括 16 个计数状态。如果从 Q_0 输出，就是二进制计数器；如果从 Q_1 输出，就是四进制计数器；如果从 Q_2 输出，就是八进制计数器；如果从 Q_3 输出，就是十六进制计数器。时钟脉冲信号和计数器输出信号 Q_0、Q_1、Q_2、Q_3 的频率依次降低了二分之一，这就是计数器的分频作用。例如，设时钟脉冲信号频率为 16 Hz，经过 4 级分频后从 Q_3 输出，频率为 1 Hz。

任务实施

一、任务分析

本任务要求能正确识别 74LS161、74LS163 的管脚排列，分别以 74LS161、74LS163 为主要元件连接 4 位二进制同步加法计数器测试电路，并结合手动脉冲信号发生器测试其逻辑功能，实现 0000 ~ 1111 计数。

二、任务准备

1. 实训器材

（1）面包板	1 块
（2）直流稳压电源（5 V）	1 台
（3）74LS161、74LS163	各 1 片
（4）手动脉冲信号发生器	1 台
（5）发光二极管	5 只
（6）电阻器（220 Ω）	5 个
（7）插接线	若干
（8）集成电路起拔器、镊子	各 1 个

2. 注意事项

本任务注意事项参见课题一和课题二的相关任务。

三、操作步骤

1. 集成 4 位二进制同步加法计数器 74LS161 逻辑功能测试

（1）关闭直流稳压电源开关，将 74LS161 插入面包板。

（2）将 +5 V 电压接到 IC 的管脚⑯，将电源负极接到 IC 的管脚⑧。

（3）将手动脉冲信号发生器连接 +5 V 电源，脉冲信号输出线连接 CP（②脚）。

（4）用插接线将输出端 Q_3、Q_2、Q_1、Q_0 和进位端 $\overline{CO}$ 连接电阻器与 LED 串联电路。

（5）将 $\overline{LD}$、ET、EP 及数据输入端 D_3、D_2、D_1、D_0 悬空。

（6）检查无误后接通电源。

（7）用插接线将清零端 $\overline{CR}$（①脚）接低电平，清零后接高电平。

（8）手动发出时钟脉冲，在每个脉冲信号的上升沿时刻，计数器做加 1 操作，输出端状态依次显示为“0000 ~ 1111”。

（9）观察进位信号 $\overline{CO}$ 电平的变化时刻。

2. 集成 4 位二进制同步加法计数器 74LS163 逻辑功能测试

74LS161、74LS163 的管脚排列相同，因此可参考上述步骤，对集成 4 位二进制同步加法计数器 74LS163 的逻辑功能进行测试，观察其信号变化。

测试完毕，按实训室 8S 管理要求整理实训器材、清理实训场地，最后填写实训报告。

任务 3　组装与测试集成二进制加/减可逆计数器

学习目标

1. 能正确识别集成二进制加/减可逆计数器 74LS193 的管脚。

2. 能叙述集成二进制加/减可逆计数器 74LS193 的逻辑功能和工作原理，分析其加、减法功能电路的区别。

3. 能正确组装集成二进制加/减可逆计数器测试电路，并对其逻辑功能进行测试。

任务引入

减法计数器是指每来一个时钟脉冲信号，计数器的输出状态为减 1 操作。例如，为了帮助司机或行人掌握通过路口的时机，交通信号灯的时间数码显示为每秒减 1。又如，停车场计数器对场内停留车辆数目进行统计时，每进一辆车计数器做加 1 操作，每出一辆车计数器做减 1 操作。

集成二进制计数器 74LS193 是同步 4 位二进制加/减可逆计数器，具有加、减两个时钟脉冲输入端，并具有异步清零和异步置数等功能。本任务通过组装与测试集成二进制加/减可逆计数器来掌握二进制加/减可逆计数器的工作原理和应用。

相关知识

一、集成二进制加/减可逆计数器的管脚及逻辑功能

集成二进制加/减可逆计数器 74LS193 的逻辑符号及管脚排列如图 4 – 14 所示。

1. 74LS193 的管脚

CR——异步清零端，高电平有效。

$\overline{LD}$——异步预置数据控制端，低电平有效。

UP——加时钟脉冲信号输入端，脉冲上升沿触发。

DOWN——减时钟脉冲信号输入端，脉冲上升沿触发。

CO——进位信号输出端，输出脉冲上升沿进位信号，可用于加法计数时级联。

BO——借位信号输出端，输出脉冲上升沿借位信号，可用于减法计数时级联。

D_0、D_1、D_2、D_3——预置数据输入端。

Q_0、Q_1、Q_2、Q_3——数据输出端。

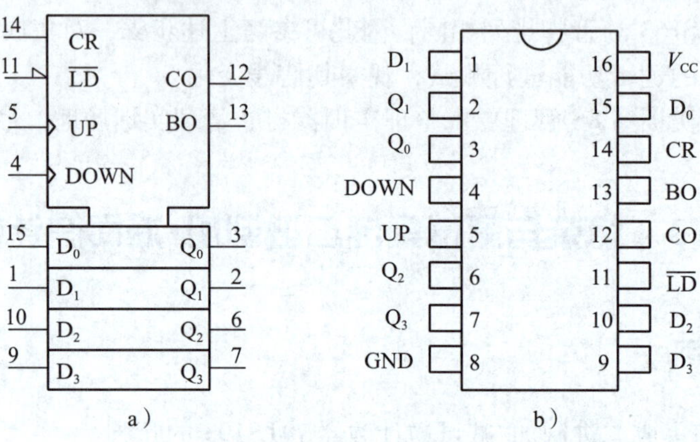

图 4－14　集成二进制加/减可逆计数器 74LS193

a）逻辑符号　b）管脚排列

2. 74LS193 的逻辑功能

74LS193 具有异步清零、异步置数、数据保持和加/减计数功能，其逻辑功能见表 4－6。

表 4－6　集成二进制加/减可逆计数器 74LS193 的逻辑功能表

输入								输出				功能
CR	$\overline{LD}$	UP	DOWN	D_3	D_2	D_1	D_0	Q_3	Q_2	Q_1	Q_0	
1	×	×	×	×	×	×	×	0	0	0	0	异步清零
0	0	×	×	d_3	d_2	d_1	d_0	d_3	d_2	d_1	d_0	异步置数
0	1	0/1	0/1	×	×	×	×	输出保持原状态不变				数据保持
0	1	↑	1	×	×	×	×	二进制加 1 计数				加法计数
0	1	1	↑	×	×	×	×	二进制减 1 计数				减法计数

其逻辑功能说明如下。

（1）异步清零。当清零端 CR＝1 时，输出端 $Q_3Q_2Q_1Q_0=0000$。

（2）异步置数。当 CR＝$\overline{LD}$＝0 时，计数器将此前预置于输入端 D_3、D_2、D_1、D_0 的数码送输出端 Q_3、Q_2、Q_1、Q_0，实现了异步并行置数。异步置数是指置入数据的操作与时钟脉冲无关。

（3）数据保持。当加/减脉冲端为稳定电平时，输出端 Q_3、Q_2、Q_1、Q_0 的状态保持不变。

（4）加法计数。当 CR＝0、$\overline{LD}$＝DOWN＝1，且 UP 脉冲上升沿到来时，计数器进行加 1 计数。

（5）减法计数。当 CR = 0、$\overline{LD}$ = UP = 1，且 DOWN 脉冲上升沿到来时，计数器进行减 1 计数。

二、集成二进制加/减可逆计数器的工作原理

1. 加法计数

如果时钟脉冲从 UP 端输入，74LS193 做加法计数，其时序图如图 4 – 15 所示，状态转换图如图 4 – 16 所示。

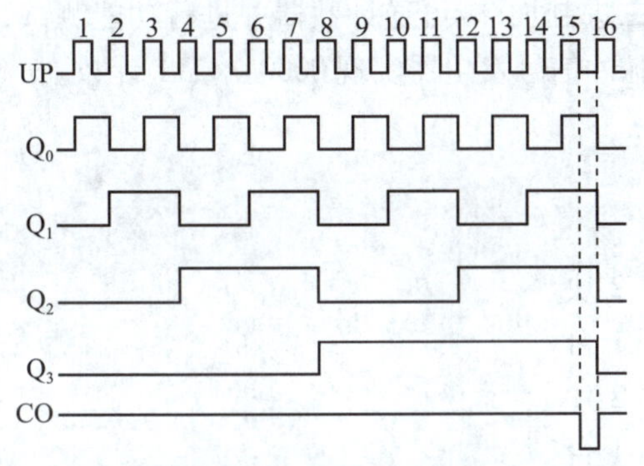

图 4 – 15　74LS193 加法计数时序图

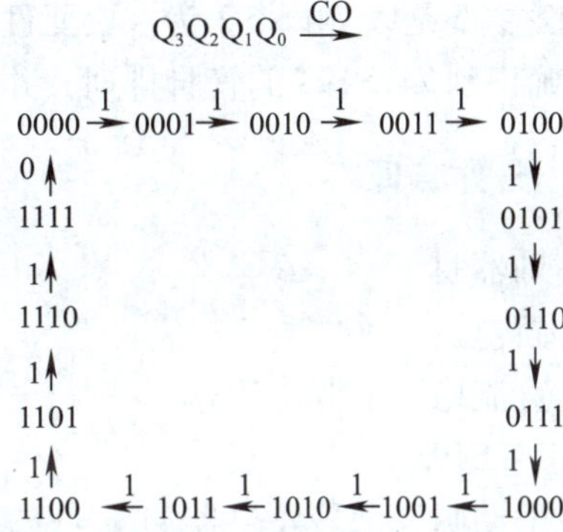

图 4 – 16　74LS193 加法计数状态转换图

由时序图可以看出，进位信号 CO 在第 15 个时钟脉冲下降沿时刻下降为低电平，在第 16 个时钟脉冲上升沿时刻产生一个脉冲上升沿进位信号，CO 脉冲宽度为半个时钟周期。

2. 减法计数

如果时钟脉冲从 DOWN 端输入，74LS193 做减法计数。74LS193 异步清零后，输出状态从 $Q_3Q_2Q_1Q_0$ = 0000 开始，第 1 个时钟脉冲时刻执行减 1 操作，$Q_3Q_2Q_1Q_0$ = 1111，同时产生借位信号；第 2 个时钟脉冲时刻，$Q_3Q_2Q_1Q_0$ = 1110……第 16 个时钟脉冲时刻，$Q_3Q_2Q_1Q_0$ = 0000，计数器输出返回 0000 的初始状态，完成一个周期计数过程。其时序图如图 4 – 17 所示，状态转换图如图 4 – 18 所示。

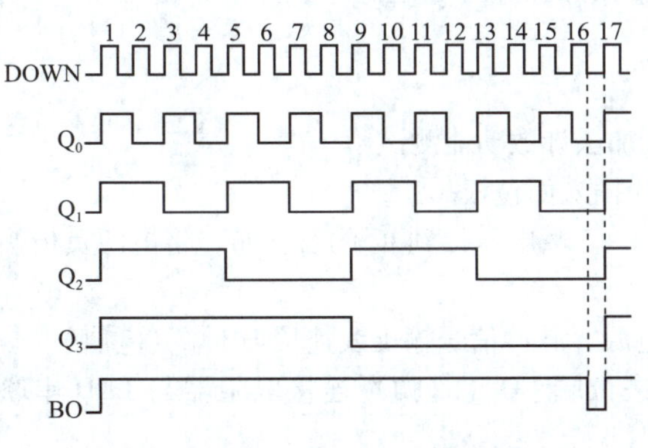

图 4 – 17　74LS193 减法计数时序图

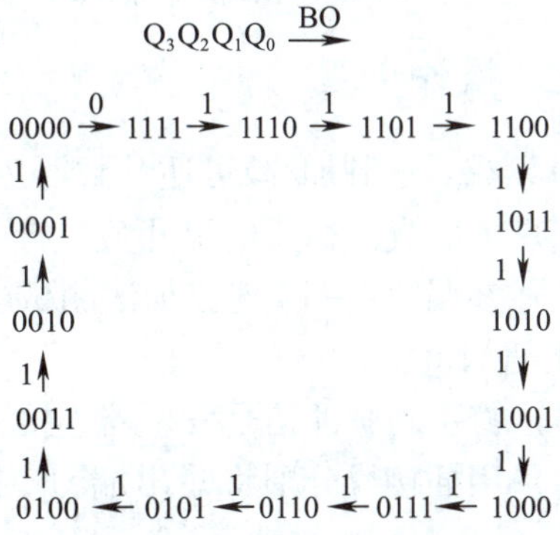

Q3Q2Q1Q0 BO
0000 0 1111 1 1110 1 1101 1 1100
1 1011 1 1010 1 1001 1 1000
1 0111 1 0110 1 0101 1 0100
1 0011 1 0010 1 0001 1

图 4 – 18　74LS193 减法计数状态转换图

由时序图可以看出，在第 1 个时钟脉冲时刻，输出端状态由 0000 上升到最大值 1111，

同时在借位输出端 BO 产生一个脉冲上升沿借位信号；在第 16 个时钟脉冲下降沿时刻下降为低电平，在第 17 个时钟脉冲上升沿时刻产生一个脉冲上升沿借位信号，BO 脉冲宽度为半个时钟周期。

任务实施

一、任务分析

本任务主要是以 74LS193 为主要元件组装集成二进制加/减可逆计数器并进行功能测试，要求能正确识别 74LS193 的管脚排列，并通过手动脉冲信号发生器实现 0000～1111 计数。

二、任务准备

1. 实训器材

（1）面包板	2 块
（2）直流稳压电源（5 V）	1 台
（3）74LS193	2 片
（4）手动脉冲信号发生器	1 台
（5）发光二极管	10 只
（6）电阻器（220 Ω）	10 个
（7）插接线	若干
（8）集成电路起拔器、镊子	各 1 个

2. 注意事项

（1）连接电路之前一定要熟记 74LS193 的管脚排列及功能，即 CR 为清零端，$\overline{LD}$ 为置数端，UP 为加计数端，DOWN 为减计数端，CO、BO 分别为加法进位、减法借位输出端，D_0、D_1、D_2、D_3 为数据输入端，Q_0、Q_1、Q_2、Q_3 为数据输出端。

（2）连接电路，进行加法计数功能测试时，脉冲信号输出线连接 UP 端（⑤脚）；进行减法计数功能测试时，脉冲信号输出线连接 DOWN 端（④脚）。

三、操作步骤

1. 集成二进制加/减可逆计数器 74LS193 加法计数功能测试

（1）关闭直流稳压电源开关，将 74LS193 插入面包板。

（2）参照图 4－14 连接加法测试电路，将＋5 V 电压接到 IC 的管脚⑯，将电源负极接到 IC 的管脚⑧。

（3）将手动脉冲信号发生器连接＋5 V 电源，脉冲信号输出线连接 UP 端（⑤脚）。

（4）用插接线分别将输出端 Q_3～Q_0 和进位端 CO（⑫脚）连接电阻器与 LED 串联电路。

（5）将 $\overline{LD}$、DOWN 端及数据输入端 D_3～D_0 悬空。

（6）检查无误后接通电源。

（7）用插接线将异步清零端 CR（⑭脚）接高电平，清零后接低电平。

（8）手动发出时钟脉冲，在每个脉冲信号的上升沿时刻，计数器做加 1 操作，输出端状态依次显示为“0000 ~ 1111”。

（9）观察进位信号 CO 出现的时刻。

2. 集成二进制加/减可逆计数器 74LS193 减法计数功能测试

（1）关闭直流稳压电源开关，将 74LS193 插入面包板。

（2）参照图 4 - 14 连接减法测试电路，将 +5 V 电压接到 IC 的管脚⑯，将电源负极接到 IC 的管脚⑧。

（3）将手动脉冲信号发生器连接 +5 V 电源，脉冲信号输出线连接 DOWN 端（④脚）。

（4）用插接线分别将输出端 $Q_3 \sim Q_0$ 和借位端 BO（⑬脚）连接电阻器与 LED 串联电路。

（5）将 $\overline{LD}$、UP 端及数据输入端 $D_3 \sim D_0$ 悬空。

（6）检查无误后接通电源。

（7）用插接线将异步清零端 CR 接高电平，清零后接低电平。

（8）手动发出时钟脉冲，在每个脉冲信号的上升沿时刻，计数器做减 1 操作，输出端状态依次显示为“1111 ~ 0000”。

（9）观察借位信号 BO 出现的时刻。

（10）完成任务后，按实训室 8S 管理要求整理实训器材、清理实训场地，最后填写实训报告。

任务 4 组装与测试集成十进制加/减可逆计数器

学习目标

1. 能正确识别集成十进制加/减可逆计数器 74LS192 的管脚。
2. 能叙述集成十进制加/减可逆计数器 74LS192 的逻辑功能和工作原理。
3. 能用 Multisim 14. 0 软件对集成十进制加/减可逆计数器 74LS192 的加法计数功能进行仿真测试。
4. 能正确连接集成十进制加/减可逆计数器 74LS192 的功能测试电路，并对其逻辑功能进行测试。

任务引入

由于人们习惯于十进制计数规则，因此许多计数器产品是十进制计数器，通常十进制计数器输出为 8421BCD 码，当计数至第十个时钟脉冲时，十进制计数器的输出要从“1001”跳变到“0000”，完成一次 1 位十进制计数循环。

集成十进制计数器 74LS192 是加/减可逆计数器，具有加、减两个时钟脉冲输入端。通常将计数器累计输入脉冲的最大个数称为计数器的“模”，常用“M”表示，十进制计数器的模为 10。本任务通过组装与测试集成十进制加/减可逆计数器 74LS192 来掌握十进制加/减可逆计数器的工作原理和应用。

相关知识

一、集成十进制加/减可逆计数器的管脚及逻辑功能

集成十进制加/减可逆计数器 74LS192 的逻辑符号及管脚排列如图 4－19 所示。74LS192 具有异步清零、异步置数、数据保持和加/减计数功能，其逻辑功能见表 4－7。

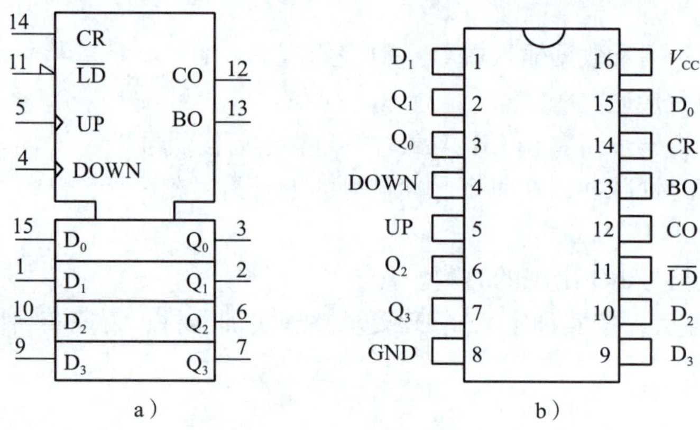

图 4－19　集成十进制加/减可逆计数器 74LS192

a）逻辑符号　b）管脚排列

表 4－7　集成十进制加/减可逆计数器 74LS192 的逻辑功能表

输入								输出				功能
CR	$\overline{LD}$	UP	DOWN	D_3	D_2	D_1	D_0	Q_3	Q_2	Q_1	Q_0	
1	×	×	×	×	×	×	×	0	0	0	0	异步清零
0	0	×	×	d_3	d_2	d_1	d_0	d_3	d_2	d_1	d_0	异步置数
0	1	0/1	0/1	×	×	×	×	输出保持原状态不变				数据保持
0	1	↑	1	×	×	×	×	十进制加 1 计数				加法计数
0	1	1	↑	×	×	×	×	十进制减 1 计数				减法计数

二、集成十进制加/减可逆计数器的工作原理

1. 加法计数

如果时钟脉冲从 UP 端输入，74LS192 做加法计数，其时序图如图 4－20 所示，状态转换图如图 4－21 所示。

由时序图可以看出，进位信号 CO 在第 9 个时钟脉冲下降沿时刻下降为低电平，在第

10 个时钟脉冲上升沿时刻产生一个脉冲上升沿进位信号，CO 脉冲宽度为半个时钟周期。

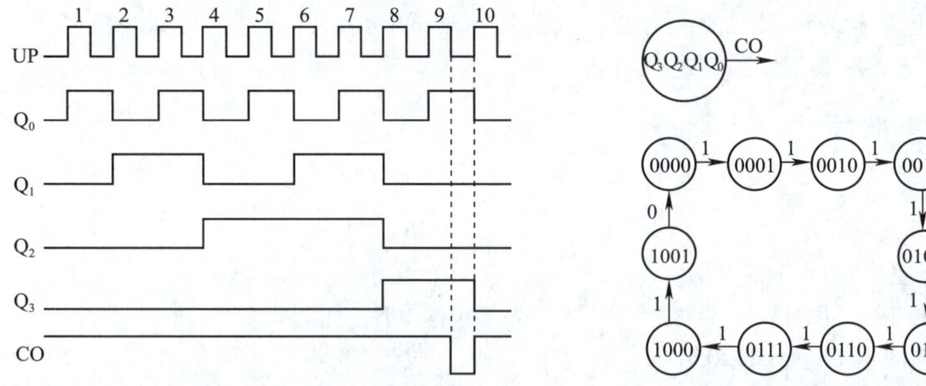

图 4－20　74LS192 加法计数时序图　　图 4－21　74LS192 加法计数状态转换图

2. 减法计数

如果时钟脉冲从 DOWN 端输入，则 74LS192 做减法计数。74LS192 异步清零后，输出状态从 0000 开始，即 $Q_3Q_2Q_1Q_0=0000$；第 1 个时钟脉冲时刻，$Q_3Q_2Q_1Q_0=1001$，同时产生一个脉冲上升沿借位信号；第 2 个时钟脉冲时刻，$Q_3Q_2Q_1Q_0=1000$……第 10 个时钟脉冲时刻，$Q_3Q_2Q_1Q_0=0000$，计数器输出返回 0000 的初始状态，完成一个周期计数过程。其时序图如图 4－22 所示，状态转换图如图 4－23 所示。

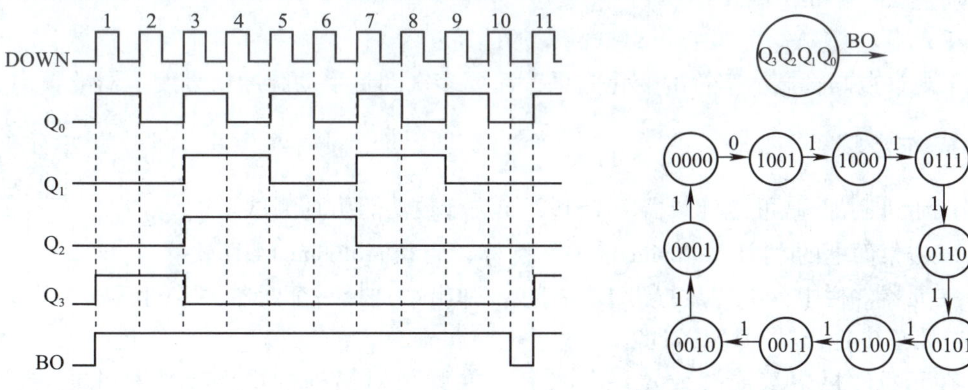

图 4－22　74LS192 减法计数时序图　　图 4－23　74LS192 减法计数状态转换图

由时序图可以看出，在第 1 个时钟脉冲时刻，输出端状态由 0000 上升到 1001，同时在借位输出端 BO 产生一个脉冲上升沿借位信号；在第 10 个时钟脉冲下降沿时刻，BO 下降为低电平，在第 11 个时钟脉冲上升沿时刻产生一个脉冲上升沿借位信号，BO 脉冲宽度为半个时钟周期。

任务实施

一、任务分析

本任务先用 Multisim 14.0 软件对 74LS192 十进制加法计数功能进行仿真测试，然后再以七段译码器 CD4511、共阴极数码管 SM120501K 及集成十进制加/减可逆计数器 74LS192 为主要元件组装集成十进制加/减可逆计数器功能测试电路，并通过手动脉冲信号发生器实现 0 ~9 计数，对其逻辑功能进行测试。

二、任务准备

1. 实训器材

（1）面包板	1 块
（2）直流稳压电源（5 V）	1 台
（3）74LS192、CD4511	各 1 片
（4）共阴极数码管 SM120501K	1 只
（5）电阻器（470 Ω）	7 个
（6）手动脉冲信号发生器	1 台
（7）插接线	若干
（8）集成电路起拔器、镊子	各 1 个
（9）Multisim 14.0 仿真测试平台	1 套

2. 注意事项

（1）连接加法和减法计数功能测试电路时，注意脉冲信号输出线连接 74LS192 的管脚不同，分别是 UP 端和 DOWN 端。

（2）手动脉冲信号发生器的频率越高，数码管逐个显示字符的切换速度就越快，因此，为便于观察数码管显示字符的变化效果，需要多次调整手动脉冲信号发生器的频率。

三、操作步骤

1. 集成十进制加/减可逆计数器 74LS192 加法计数功能仿真测试

（1）双击桌面上的“NI Multisim 14.0”图标，启动 Multisim 14.0 软件。

（2）在元器件栏中双击“放置 TTL”按钮，弹出“选择一个元器件”对话框，从 TTL 数字集成电路库中拖出“74LS192D”。

（3）在元器件栏中双击“放置源”按钮，在弹出对话框的电源库中拖出电源 V_{CC} 和地。

（4）在元器件栏中双击“放置指示器”按钮，在弹出对话框的显示器材库中拖出译码显示器“DCD_HEX_DIG_GREEN”和 1 个逻辑指示灯“PROBE_BLUE”。

（5）从仪表栏中拖出函数发生器“XFG1”。

（6）参照图 4 -24 连接所有元器件，将脉冲信号加到 U1 加时钟脉冲信号输入端 UP，减时钟脉冲信号输入端 DOWN 接高电平。

（7）单击“仿真”菜单中的“运行”命令或按快捷键【F5】进行测试，数码管依次显示 0 ~9 和进位指示灯亮。

（8）在测试过程中，若数码管显示数字时切换速度不合适，可双击“XFG1”图标，在弹出的对话框中将脉冲信号的频率改为 2 Hz，如图 4 -25 所示。

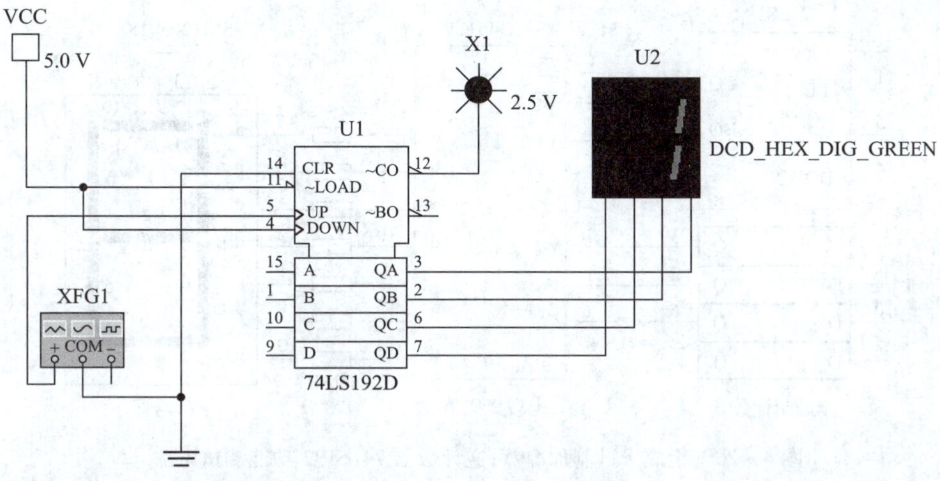

图 4－24　集成十进制加/减可逆计数器 74LS192 加法计数功能仿真测试电路

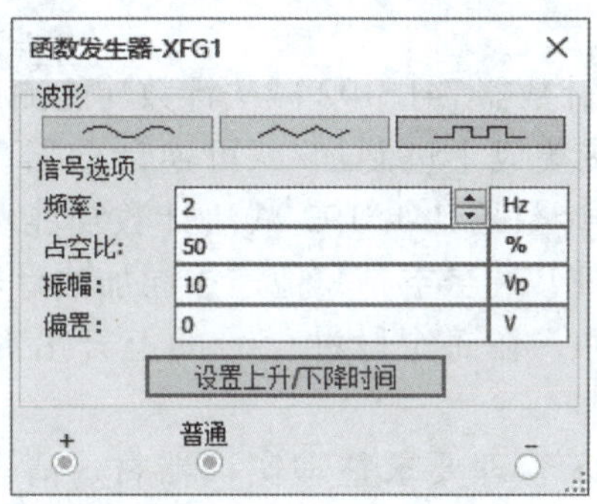

图 4－25　调整脉冲信号的频率

（9）观察运行结果与逻辑功能是否一致。

（10）测试完毕，单击“文件”菜单中的“另存为”命令，以“课题四任务 4. ms14”为文件名保存文件后，退出 Multisim 14. 0 软件。

2. 集成十进制加/减可逆计数器 74LS192 加法计数功能测试

参照图 4－26 连接集成十进制加/减可逆计数器 74LS192 加法计数功能测试电路。

（1）关闭直流稳压电源开关，将 74LS192、CD4511 插入面包板。

（2）将 +5 V 电压接到 IC 的管脚⑯，将电源负极接到 IC 的管脚⑧。

（3）将手动脉冲信号发生器连接 +5 V 电源，脉冲信号输出线连接 74LS192 的 UP 端。

（4）用插接线将 74LS192 的数据输出端与 CD4511 的数据输入端连接。

（5）用插接线将 CD4511 译码输出端 a ~ g 接电阻器与共阴极数码管串联电路。

（6）将 74LS192 的 $\overline{LD}$、DOWN 端及数据输入端 D_3、D_2、D_1、D_0 悬空。

（7）用插接线将 CD4511 的 $\overline{LT}$、$\overline{BI}$ 端接高电平，LE 端接低电平。

（8）检查无误后接通电源。

（9）用插接线将 74LS192 异步清零端 CR 接高电平，清零后接低电平。

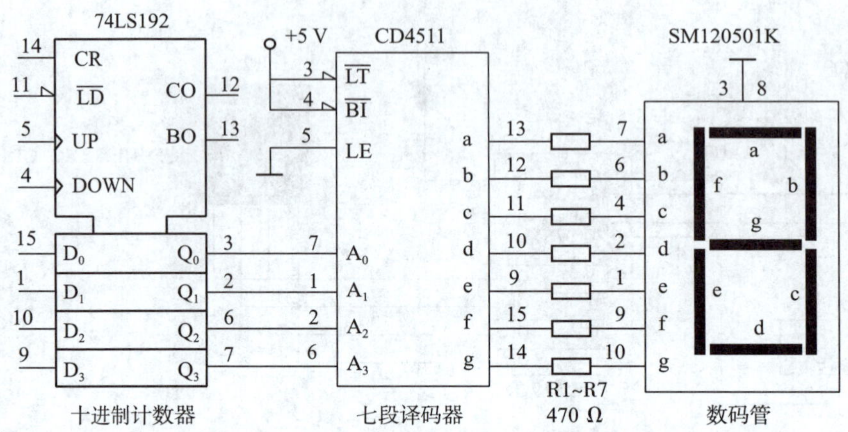

图 4 – 26　集成十进制加/减可逆计数器 74LS192 功能测试电路

（10）手动发出时钟脉冲，在每个脉冲信号的上升沿时刻，数码管逐个显示字符“0 ~ 9”。

3. 集成十进制加/减可逆计数器 74LS192 减法计数功能测试

同理，参照图 4 – 26 连接集成十进制加/减可逆计数器 74LS192 减法计数功能测试电路。集成十进制加/减可逆计数器 74LS192 减法计数功能测试电路脉冲信号输出线连接 74LS192 的 DOWN 端，将 UP 端悬空，其他连接同加法计数功能测试电路。连接无误并清零后，手动发出时钟脉冲，在每个脉冲信号的上升沿时刻，数码管逐个显示字符“9 ~ 0”。

完成任务后，按实训室 8S 管理要求整理实训器材、清理实训场地，最后填写实训报告。

任务 5　组装与测试寄存器

学习目标

1. 能叙述数据寄存器的基本功能和工作原理。

2. 能正确识别集成数据寄存器 74LS174 和集成双向移位寄存器 74LS194 的管脚并说明其逻辑功能。

3. 能用 Multisim 14.0 软件对集成数据寄存器 74LS174 和集成双向移位寄存器 74LS194 的逻辑功能进行仿真测试。

4. 能正确连接集成数据寄存器 74LS174 和集成双向移位寄存器 74LS194 的功能测试电路，并对其逻辑功能进行测试。

任务引入

寄存器是数字逻辑电路中非常重要的时序逻辑部件，用来存放指令、运算结果及数码，以便系统随时调用。寄存器通常由具有存储功能的多位触发器构成。一个触发器可以存储1位二进制数据，所以用 n 个触发器就可以组合成一个能存储 n 位二进制数据的寄存器。

按照存取数据方式的不同，寄存器可分为数据寄存器和移位寄存器两大类。数据寄存器也称数码寄存器，它只能并行输入数据和输出数据，常用来暂时存放某些数据。移位寄存器不仅可以存储数据，还具有移位功能。移位寄存器中的数据可以在移位脉冲作用下依次左移或右移，数据既可以并行输入和输出，又可以串行输入和输出，而且还可以进行数据的串并转换，使用十分灵活。本任务通过组装与测试寄存器功能电路来了解寄存器的逻辑功能，掌握其应用。

相关知识

一、数据寄存器的基本功能

通常，数据寄存器应具有以下4种基本功能。

（1）预置：在接收数据前对整个寄存器的状态置0（复位清零）。

（2）接收数据：在时钟脉冲信号的作用下，将外部输入数据接收到寄存器中。

（3）保存数据：寄存器接收数据后，只要不出现置0或接收新的数据，寄存器应保持原数据不变。

（4）输出数据：在输出信号的作用下，寄存器中的数据通过输出端输出。

二、数据寄存器的工作原理

图4－27所示为4位并行数据寄存器。电路由4个D触发器构成，CP为上升沿有效的时钟脉冲信号，所有D触发器的CP输入端连接在一起，所以是同步数据寄存器。4个D触发器的复位端 $\overline{R}_D$ 连接在一起，可同时置0。$D_3 \sim D_0$ 为寄存器的并行数据输入端，$Q_3 \sim Q_0$ 为并行数据输出端。

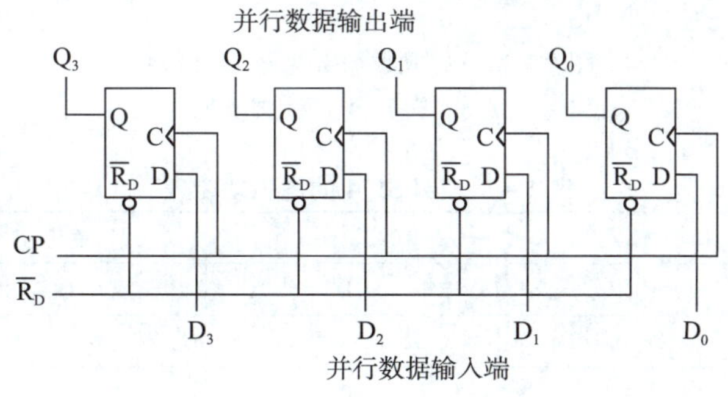

图4－27　4位并行数据寄存器

数据寄存器的工作原理如下。

1. 置0

当 $\overline{R}_D=0$ 时，各D触发器复位，$Q_3\sim Q_0$ 的输出均为0。置0后，$\overline{R}_D=1$。

2. 接收数据

因为D触发器的特性方程为 $Q^{n+1}=D$，所以电路状态方程为：

$$Q_3^{n+1}Q_2^{n+1}Q_1^{n+1}Q_0^{n+1}=D_3D_2D_1D_0$$

例如，4位数据1011加到输入端，使 $D_3D_2D_1D_0=1011$，当时钟脉冲上升沿到来时，4位数据被置入输出端，即 $Q_3Q_2Q_1Q_0=1011$。

3. 保存数据

时钟脉冲信号消失后，各D触发器处于保持状态，寄存器保存数据1011。

4. 输出数据

寄存器的4个输出端并行排列，所以4位数据可以同时并行输出。

由于寄存器能同时输入、输出4位数据，故称为4位并行输入、并行输出的同步数据寄存器。

三、集成数据寄存器74LS174

集成数据寄存器74LS174的逻辑符号和管脚排列如图4－28所示。74LS174有公共清零端 $\overline{CR}$ 和公共时钟脉冲端CP，内部包含6个D触发器，D_n、Q_n 分别为数据输入端和输出端，在时钟脉冲信号作用下，可以并行输入或并行输出6位数据。其逻辑功能见表4－8。

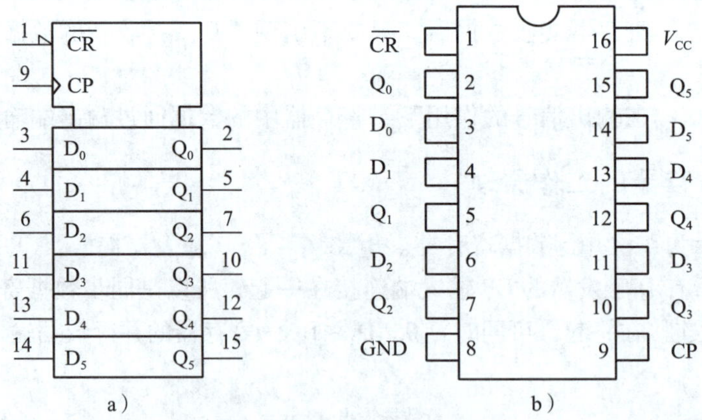

图4－28　集成数据寄存器74LS174

a）逻辑符号　b）管脚排列

表4－8　74LS174的逻辑功能表

输入			输出	功能
$\overline{CR}$	CP	D	Q	
0	×	×	0	异步清零
1	↑	0	0	Q＝D

续表

输入			输出	功能
$\overline{CR}$	CP	D	Q	
1	↑	1	1	Q = D
1	0	×	Q′	保持

注：符号 Q′表示上一个时钟脉冲后的输出状态。

74LS273 是 8 位并行数据寄存器，有 20 根管脚，与 74LS174 的逻辑功能完全相同。

四、集成双向移位寄存器 74LS194

集成双向移位寄存器 74LS194 的逻辑符号和管脚排列如图 4－29 所示。

1. 管脚说明

$\overline{CR}$——异步清零端（低电平有效）。

CP ——时钟脉冲信号端。

M_1、M_0——工作方式控制端。

$D_3 \sim D_0$——数据输入端。

$Q_3 \sim Q_0$——数据输出端。

D_{SL}——串行左移数据输入端。

D_{SR}——串行右移数据输入端。

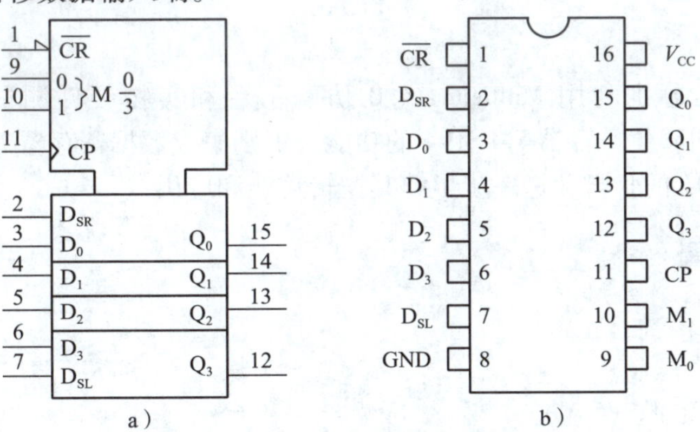

图 4－29　集成双向移位寄存器 74LS194

a）逻辑符号　b）管脚排列

2. 逻辑功能

M_1、M_0 为工作方式控制端，M_1、M_0 的四种取值（00、01、10、11）决定了寄存器的逻辑功能，见表 4－9。

表 4－9　集成双向移位寄存器 74LS194 的逻辑功能表

$\overline{CR}$	M_1	M_0	CP	功能
0	×	×	×	异步清零
1	0	0	×	保持

续表

$\overline{CR}$	M_1	M_0	CP	功能
1	0	1	↑	数据串行右移
1	1	0	↑	数据串行左移
1	1	1	↑	数据并行输入/输出

当 $M_1M_0=00$ 时，寄存器具有数据保持功能。

当 $M_1M_0=01$ 时，寄存器具有数据串行右移功能，按 $Q_0 \to Q_3$ 方向顺序移位，从 D_{SR} 端输入数据，从 Q_3 端输出数据。

当 $M_1M_0=10$ 时，寄存器具有数据串行左移功能，按 $Q_3 \to Q_0$ 方向顺序移位，从 D_{SL} 端输入数据，从 Q_0 端输出数据。

当 $M_1M_0=11$ 时，寄存器具有数据并行输入/输出功能。

在课题一中曾经得出结论，二进制数据乘以 2，左移 1 位；乘以 4，左移 2 位；乘以 8，左移 3 位……二进制数据除以 2，右移 1 位；除以 4，右移 2 位；除以 8，右移 3 位……因此，数据移位操作相当于对数据做乘除运算。这里应注意，人们通常使用的移位方向与 74LS194 的移位方向不同。

任务实施

一、任务分析

本任务主要是分别利用 Multisim 14.0 仿真平台和实物硬件测试集成数据寄存器 74LS174、集成双向移位寄存器 74LS194 的功能，识别集成数据寄存器 74LS174、集成双向移位寄存器 74LS194 的管脚，进一步了解其逻辑功能和应用。

二、任务准备

1. 实训器材

(1) 面包板　　1 块
(2) 直流稳压电源（5 V）　　1 台
(3) 74LS174、74LS194　　各 1 片
(4) 发光二极管　　10 只
(5) 电阻器（220 Ω）　　10 个
(6) 手动脉冲信号发生器　　1 台
(7) 插接线　　若干
(8) 集成电路起拔器、镊子　　各 1 个
(9) Multisim 14.0 仿真平台　　1 套

2. 注意事项

(1) 在测试 74LS174、74LS194 的逻辑功能时，电源的正极、负极分别接到芯片的管脚⑯和管脚⑧。

（2）74LS194 和 CD40194 都是四位双向通用移位寄存器，两者功能相同，在使用过程中可以互换使用，但一定要注意两者的工作电源电压不同，74LS194 要求电源电压为 5 V，CD40194 要求电源电压为 3 ~ 18 V。

（3）双向移位寄存器 74LS194 具有左移、右移、保持、复位和置数等功能，要对 M_1 和 M_0（Multisim 14.0 仿真软件中，M_1 和 M_0 分别对应 S1、S0）进行设置，从而实现其不同的功能。

三、操作步骤

1. 集成数据寄存器 74LS174 逻辑功能仿真测试

（1）双击桌面上的“NI Multisim 14.0”图标，启动 Multisim 14.0 软件。

（2）从 TTL 数字集成电路库中拖出 74LS174。

（3）从电源库中拖出 V_{CC} 和地。

（4）从基本元件库中拖出电阻器、开关 PB_DPST、发光二极管。

（5）参照图 4 - 30 调整元器件布局，完成线路连接。

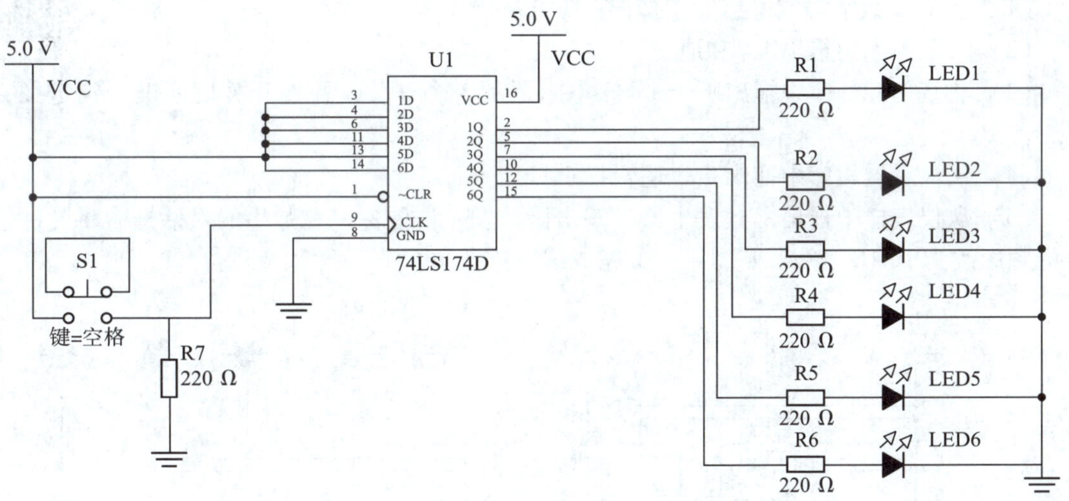

图 4 - 30　集成数据寄存器 74LS174 仿真测试电路

（6）将寄存器的数据输入端 1D ~ 6D 全部接入高电平，单击“仿真”菜单中的“运行”命令或按快捷键【F5】进行测试，按下开关 S1，发送上升沿脉冲，观察发光二极管状态。

（7）调整导线连接，将寄存器的数据输入端 1D ~ 6D 接入不同的高、低电平，单击“仿真”菜单中的“运行”命令或按快捷键【F5】进行测试，按下开关 S1，发送上升沿脉冲，观察发光二极管状态。

（8）分析测试结果与集成数据寄存器 74LS174 的逻辑功能是否一致。

（9）测试完毕，单击“文件”菜单中的“另存为”命令，以“课题四任务 5 - 01. ms14”为文件名保存文件后，退出 Multisim 14.0 软件。

2. 集成数据寄存器 74LS174 逻辑功能测试

（1）关闭稳压电源开关，将集成电路块 74LS174 插入面包板。

（2）参照图 4－28，将 +5 V 电压接到 IC 的管脚⑯，将电源负极接到 IC 的管脚⑧。

（3）将手动脉冲信号发生器连接 +5 V 电源，脉冲信号输出线连接 74LS174 的管脚⑨。

（4）用插接线将寄存器的数据输出端 $Q_5 \sim Q_0$ 连接电阻器与 LED 串联电路。

（5）接通稳压电源开关，开始测试。

（6）低电平清零后将异步清零端 $\overline{CR}$ 接高电平。

（7）用插接线将寄存器的数据输入端 $D_5 \sim D_0$ 接入不同的高、低电平。

（8）手动发出一个脉冲信号，在脉冲信号的上升沿时刻，寄存器输出状态应等于其输入状态。

（9）重复操作第（7）和（8）步。

（10）分析测试结果与集成数据寄存器 74LS174 的逻辑功能是否一致。

3. 集成双向移位寄存器 74LS194 逻辑功能仿真测试

（1）从 TTL 数字集成电路库中拖出 74LS194。

（2）从电源库中拖出 V_{CC} 和地。

（3）从基本元件库中拖出 1 个 1 kΩ 电阻器和 3 个开关，并将开关切换键分别定义为 A、B、R。

（4）从显示器材库中拖出 4 个逻辑指示灯。

（5）从仪表栏中拖出函数发生器，双击函数发生器图标，在弹出的对话框中将脉冲信号的频率改为 10 Hz，并参照图 4－31 完成线路连接。

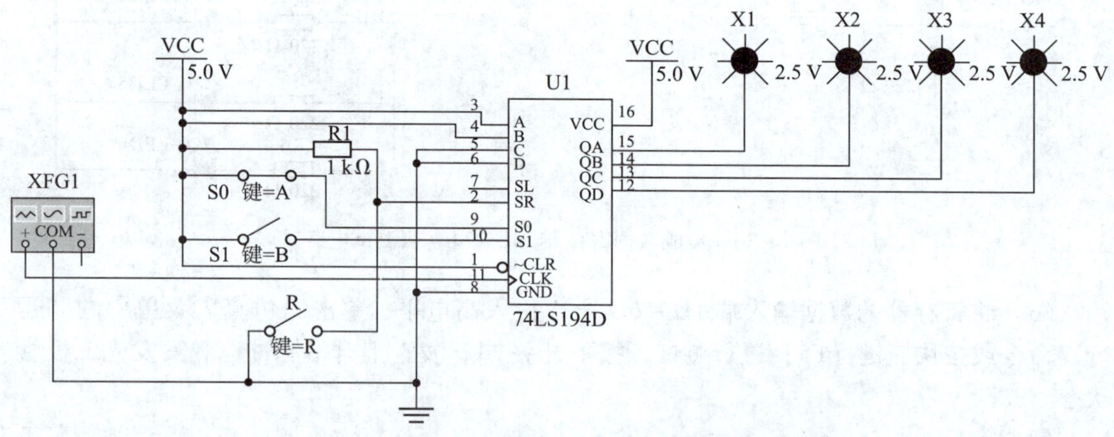

图 4－31　集成双向移位寄存器 74LS194 仿真测试电路

（6）设置 S1S0＝01（开关 S0 闭合，为 1；开关 S1 断开，为 0），使移位寄存器为数据右移状态。

（7）单击“仿真”菜单中的“运行”命令或按快捷键【F5】进行测试。

（8）反复按下切换键 R，输入数据 0 或 1，观察输出端数据的移动方向。

(9) 设置 S1S0 = 10（开关 S0 断开，为 0；开关 S1 闭合，为 1），使移位寄存器为数据左移状态，重复操作第（8）和（9）步。

(10) 设置 S1S0 = 11（开关 S0、S1 同时闭合），使移位寄存器为数据并行输入/输出状态。将输入端 A、B、C、D 分别接入高、低电平，按快捷键【F5】进行测试，此时输出信号状态应等于输入信号状态。

(11) 检查仿真结果，验证 74LS194 是否具有数据串行左移、右移，并行输入/输出的逻辑功能。

(12) 测试完毕，单击“文件”菜单中的“另存为”命令，以“课题四任务 5 - 02. ms14”为文件名保存文件后，退出 Multisim 14. 0 软件。

4. 集成双向移位寄存器 74LS194 逻辑功能测试

(1) 关闭稳压电源开关，将集成电路块 74LS194 插入面包板。

(2) 参照图 4 - 32，将 +5 V 电压接到 IC 的管脚⑯，将电源负极接到 IC 的管脚⑧。

(3) 将手动脉冲信号发生器连接 +5 V 电源，脉冲信号输出线连接 74LS194 的管脚⑪。

(4) 用插接线将寄存器的数据输出端 QD ~ QA(⑫ ~ ⑮脚，$Q_3Q_2Q_1Q_0$) 连接电阻器与 LED 串联电路。

(5) 接通稳压电源开关，开始测试。

(6) 低电平清零后将异步清零端 $\overline{CR}$ 接高电平。

(7) 将 S0、S1 都接入高电平，即设置 S1S0（M_1M_0）= 11，使移位寄存器为数据并行输入/输出工作方式。

(8) 用插接线将寄存器的数据输入端（D、C、B、A 分别对应⑥、⑤、④、③脚）设为 $D_3D_2D_1D_0$ = 1001，即输入端 A、D 接入高电平，B、C 接入低电平，如图 4 - 32 所示。

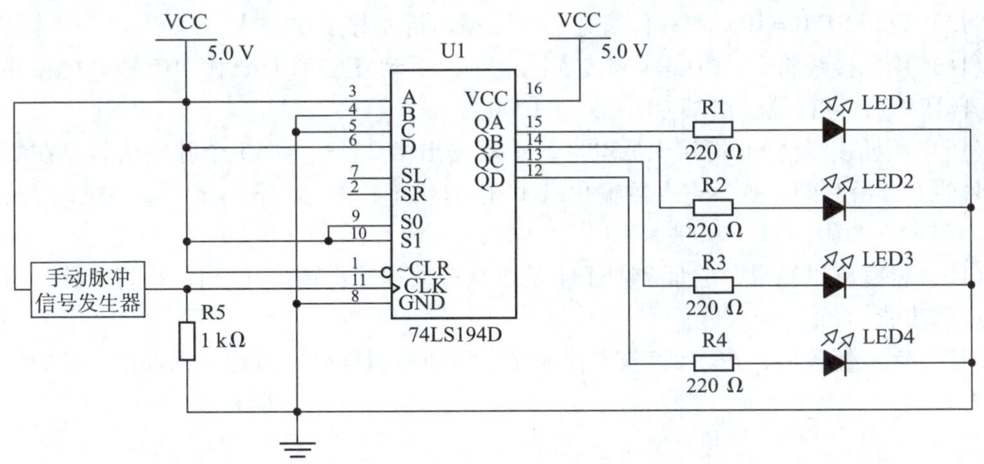

图 4 - 32　集成双向移位寄存器 74LS194 功能测试电路（S1S0 = 11）

(9) 手动发出一个脉冲信号，在脉冲信号的上升沿时刻，观察 LED 的状态，检测移位寄存器输出端 QD ~ QA 的输出是否为 1001，即图 4 - 32 中 LED1、LED4 亮，LED2、LED3 灭。

（10）参照图 4－33，将 S1 接入低电平、S0 接入高电平，即设置 S1S0（M_1M_0）＝01，使移位寄存器为数据串行右移工作方式。

（11）用插接线将 SR（D_{SR}）端接入高电平，如图 4－33 所示，手动发出第 1 个脉冲信号，在脉冲信号的上升沿时刻，寄存器输出端 $Q_3Q_2Q_1Q_0$＝0001。

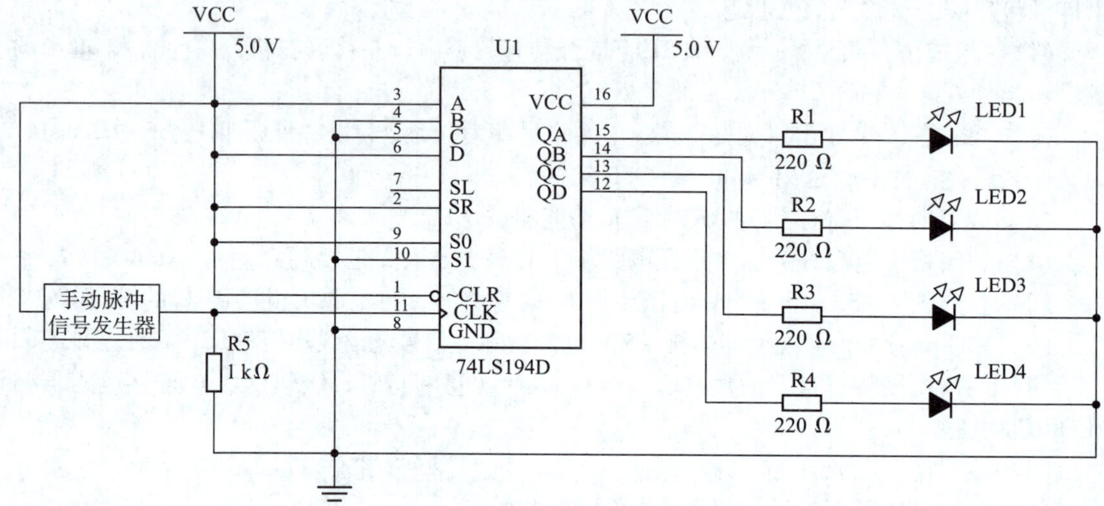

图 4－33　集成双向移位寄存器 74LS194 功能测试电路（S1S0＝01，SR 端接入高电平）

（12）用插接线将 SR 端接入低电平，手动发出第 2、3、4、5 个脉冲信号，在每个脉冲信号的上升沿时刻，观察寄存器输出端 LED 的状态，寄存器输出端 QD～QA 的输出应分别为 0010→0100→1000→0000。

（13）设置 S1S0＝10，使移位寄存器为数据串行左移工作方式。

（14）用插接线将 SL（D_{SL}）端接入高电平，手动发出第 1 个脉冲信号，在脉冲信号的上升沿时刻，寄存器输出端 QD～QA＝1000。

（15）用插接线将 SL 端接入低电平，手动发出第 2、3、4、5 个脉冲信号，在每个脉冲信号的上升沿时刻，观察寄存器输出端 LED 的状态，寄存器输出端 QD～QA 的输出应分别为 0100→0010→0001→0000。

（16）检查测试结果，验证 74LS194 是否具有数据并行输入/输出、串行右移、串行左移的逻辑功能。

（17）完成任务后，按实训室 8S 管理要求整理实训器材、清理实训场地，最后填写实训报告。

课题五　组装与测试 555 时基电路和石英晶体多谐振荡器电路

在时序逻辑电路中，矩形脉冲作为时钟信号控制和协调整个数字电路系统的有序工作。时钟脉冲是周期性矩形脉冲，其特性的好坏直接关系到整个数字电路系统能否正常工作。在数字电路系统中，获取矩形脉冲的方式主要有两种：一种是利用多谐振荡器等脉冲振荡电路直接产生所需要的矩形脉冲；另一种是利用施密特触发器、单稳态触发器等整形电路或脉冲变换电路将已有波形进行整形、变换，使之符合要求。

555 集成电路是一种将模拟电路和数字电路巧妙地结合在一起的数模混合集成电路。它具有成本低廉、电路结构简单、控制功能强、输出功率大、可靠性好、使用灵活等特点，只需外接若干电阻器、电容器等元器件，就能构成定时器、施密特触发器、多谐振荡器等诸多不同的应用电路，完成延时控制、波形整形和产生脉冲信号等功能，实现定时、检测、报警，因此，在自动控制、家用电器、电动玩具、仪器仪表等领域都得到了广泛应用。

555 集成电路有 TTL 型（双极型）和 CMOS 型（单极型）两种类型，其内部分别采用晶体管和场效应管。本课题将介绍 555 延时控制电路、555 施密特触发器、555 时钟脉冲信号发生器、石英晶体秒脉冲振荡器等脉冲波形产生与变换电路的组成、工作原理、应用、典型电路组装及相关参数的测试。

任务 1　组装与测试 555 延时控制电路

学习目标

1. 能说明 555 集成电路各管脚功能及内部结构。
2. 能根据 555 集成电路输出和输入的逻辑规律，分析其工作原理及功能。
3. 能分析 555 延时接通控制电路的结构及其工作原理，计算延时时间。
4. 能分析 555 延时断开控制电路的结构及其工作原理。
5. 能正确组装 555 延时控制电路，并测试其实际延时时间。

任务引入

在实际生产中，经常遇到时间控制问题，如电动机的延时启动或延时停止控制等，以555集成电路芯片为核心构成的时间继电器在电气控制设备中应用十分广泛。555延时控制测试电路如图5－1所示。

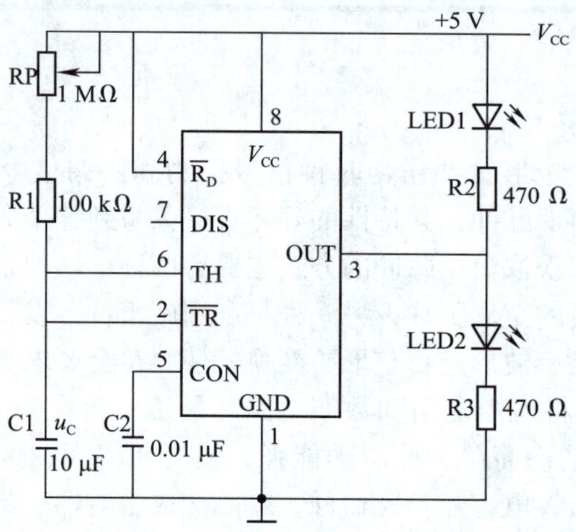

图5－1　555延时控制测试电路

相关知识

一、555集成电路的结构

定时电路是一种产生时间延迟和多种脉冲信号的控制电路。在数字系统中，把具有定时功能的电路称为定时器或时基电路。555集成电路通常采用双列直插式封装，其逻辑符号和管脚排列如图5－2所示，管脚号按逆时针方向排列，左上角为管脚①。

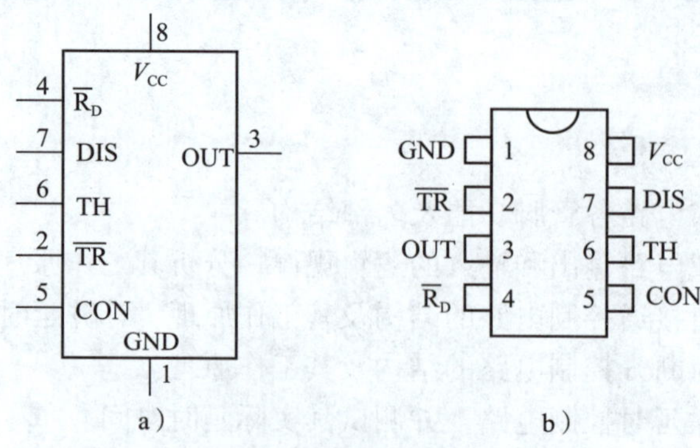

图5－2　555集成电路
a）逻辑符号　b）管脚排列

1. 555集成电路各管脚功能

GND——接地端。

$\overline{TR}$——低电平触发端，也称为置位控制端。该脚接低电平时，输出端置1。

OUT——输出端。输出电压只有高、低电平两种可能，输出高电平时约等于电源电压V_{CC}，输出低电平时等于0 V。TTL类型最大输出电流为200 mA，可直接驱动直流继电器等负载。CMOS类型输出电流约为4 mA。

$\overline{R}_D$——直接复位端，接低电平时使输出端置0，电路不工作。该端正常工作时应接高电平V_{CC}。

CON——电压控制端，不用时经串联的0.01μF电容接地，抑制来自电源的噪声或纹波电压，以提高抗干扰能力。

TH——高电平触发端，也称复位控制端。

DIS——放电端，该端与放电三极管VT的集电极相连，当输出端OUT为低电平时，放电三极管VT导通，外接电容器通过三极管VT放电；当输出端OUT为高电平时，DIS端开路，外接电容器充电。

V_{CC}——直流电源端，TTL类型的电源电压为4.5～16 V，CMOS类型的电源电压为3～18 V，通常应根据负载的额定电压来确定555集成电路的电源电压。例如，若负载为额定电压12 V的直流继电器，则555集成电路的电源电压也应选择12 V。

2. 555集成电路的内部结构

555集成电路内部结构框图如图5－3所示，它由电阻分压器、电压比较器、RS触发器、输出级单元电路和放电电路组成。

（1）电阻分压器和电压比较器

555集成电路因输入端设计有三个5 kΩ的电阻器而得名。由三个5 kΩ电阻器串联构成的电阻分压器将电源电压V_{CC}分成三等份，电压比较器C1的同相端电压U_+为$\frac{2}{3}V_{CC}$，电压比较器C2的反相端电压U_-为$\frac{1}{3}V_{CC}$。电压控制端⑤脚也可以外接控制电压来改变分压值。

C1和C2是两个结构完全相同的电压比较器，分别由两个开环的集成运放构成。比较器C1的反相端TH称为高电平触发端。比较器C2的同相端$\overline{TR}$称为低电平触发端。

（2）RS触发器

RS触发器的状态由两个电压比较器的输出控制。C1输出低电平且C2输出高电平时，RS触发器被复位，输出为0；C2输出低电平且C1输出高电平时，RS触发器被置位，输出为1。当C1、C2输出均为高电平时，RS触发器的状态保持不变。$\overline{R}_D$是RS触发器外部直接清零的复位端，定时器正常工作时应将此管脚接V_{CC}。

（3）输出级单元电路

两级反相器构成了输出级，用来提高输出电流，以增强555集成电路的带负载能力。两级反相器受RS触发器Q端的控制，所以输出端OUT的电压与Q端同相。

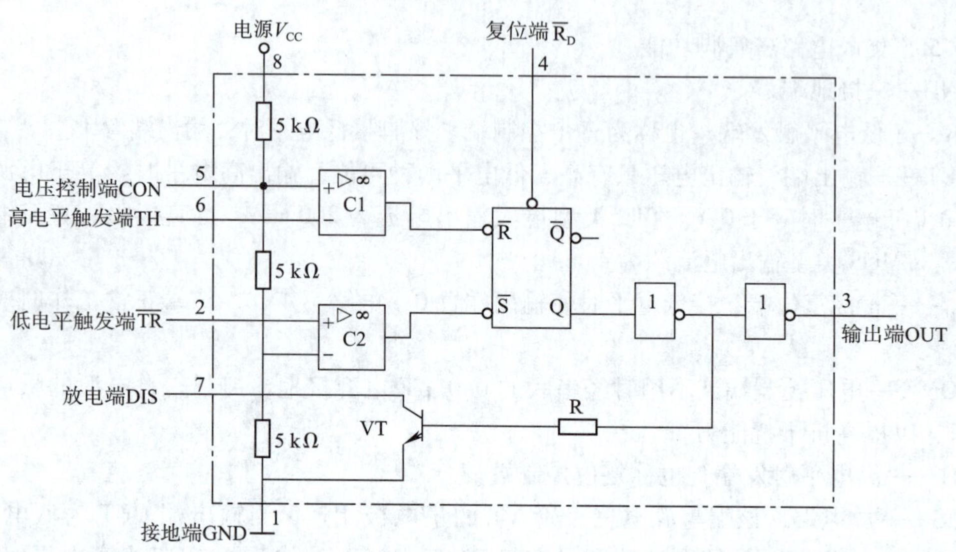

图 5－3　555 集成电路内部结构框图

（4）放电电路

放电电路由放电三极管 VT 和基极电阻器 R 构成。放电三极管的状态受第一级反相器的控制。当 Q 端为低电平时，第一级反相器的输出为高电平，VT 导通；当 Q 端为高电平时，第一级反相器的输出为低电平，VT 截止。

二、555 集成电路的工作原理

555 集成电路的工作状态取决于电压比较器 C1 和 C2 的状态，两个比较器的输出电压控制 RS 触发器和放电三极管的状态。当电压控制端⑤脚没有外接电压时，C1 的同相端电压为$\frac{2}{3}V_{CC}$，C2 的反相端电压为$\frac{1}{3}V_{CC}$。

（1）当直接复位端④脚接低电平时，不论 C1 和 C2 为何种状态，RS 触发器的状态 Q＝0，输出端 OUT＝0，放电三极管导通。

（2）当低电平触发端②脚的输入电压高于$\frac{1}{3}V_{CC}$，高电平触发端⑥脚的输入电压低于$\frac{2}{3}V_{CC}$时，C1 和 C2 输出均为高电平，不改变 RS 触发器的状态，所以输出保持原来的状态不变。

（3）当低电平触发端②脚的输入电压低于$\frac{1}{3}V_{CC}$，C2 输出为低电平，使 RS 触发器置 1，即 Q＝1，输出端 OUT＝1，放电三极管截止。

（4）当低电平触发端②脚的输入电压高于$\frac{1}{3}V_{CC}$，高电平触发端⑥脚的输入电压高于$\frac{2}{3}V_{CC}$时，C1 输出为低电平，C2 输出为高电平，使 RS 触发器置 0，即 Q＝0，输出端 OUT＝0，放电三极管导通。

将以上的分析结果列表，就得到 555 集成电路的功能表，见表 5－1。

表5－1　555集成电路的功能表

$\overline{R}_D$	$\overline{TR}$	TH	DIS	OUT
0	×	×	导通	0
1	$>\frac{1}{3}V_{CC}$	$<\frac{2}{3}V_{CC}$	保持原态不变	保持原态不变
1	$<\frac{1}{3}V_{CC}$	×	截止	1
1	$>\frac{1}{3}V_{CC}$	$>\frac{2}{3}V_{CC}$	导通	0

三、555构成的延时接通控制电路

应用555集成电路构成的延时接通控制电路如图5－4a所示。图中，K为直流12 V继电器线圈，VD为钳位二极管，用以吸收线圈断电时产生的感应电动势，起保护555输出级的作用。如用直流继电器的常开触点作为控制负载灯HL的开关，则555电路通电后需要经过一段延时时间，负载灯HL才能通电点亮。

电路的工作原理为：当接通电源时，由于电容器两端的电压不能突变，低电平触发端②脚为低电平，由555集成电路的工作原理可知，输出端③脚为高电平（接近12 V），继电器线圈K两端无工作电压，其常开触点分断，负载灯HL不能通电。此时，电源V_{CC}通过电位器RP和电阻器R1对电容器C1充电，电容器两端的电压随着充电过程逐渐增加。当电容器两端的电压高于$\frac{1}{3}V_{CC}$而低于$\frac{2}{3}V_{CC}$时，输出端③脚保持高电平不变；当电容器两端的电压高于$\frac{2}{3}V_{CC}$时，高、低电平触发端⑥脚、②脚同为高电平，输出端③脚为低电平，继电器线圈K获得电压约为12 V，其常开触点闭合，控制负载灯HL通电点亮。

电路中电容器电压波形u_C和输出端电压波形u_o如图5－4b所示。

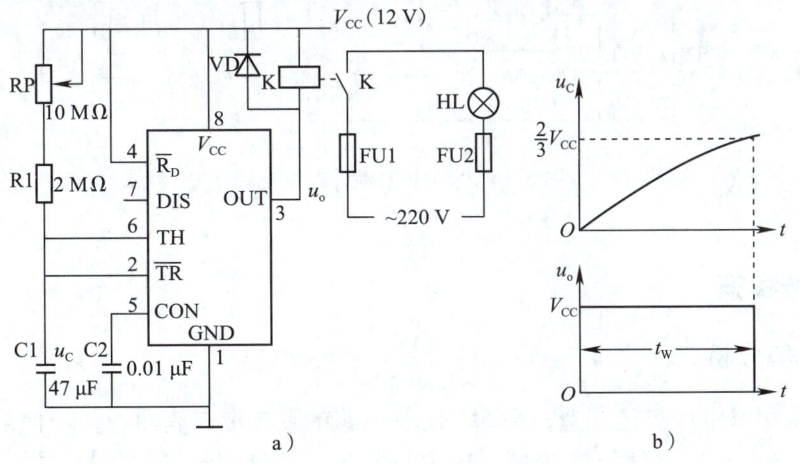

图5－4　555延时接通控制电路及其波形图

a）555延时接通控制电路　b）波形图

从这个例子可以看出，由于555集成电路的输出功率较大，直接驱动了小型直流继电器，如果直流继电器的触点容量为250 V/2 A以上，可以实现弱电控制强电。

延时时间 t_W 的长短与电容器充电过程的快慢有关，与电源电压数值无关，延时时间可按下式计算：

$$t_W = RC\ln 3 \approx 1.1RC$$

式中，R 是充电电路中的总电阻。在实际电路中，$R = R_P + R_1$，通过调整电位器的阻值大小，来调节延时时间的长短。

【例5-1】 在图5-4a所示电路中，$C_1 = 47\ \mu F$，$R_P = 10\ M\Omega$，$R_1 = 2\ M\Omega$，求延时时间 t_W。

解：

当 $R_P = 0$ 时，$t_{W1} = 1.1R_1C_1 = 1.1 \times 2 \times 47\ s = 103.4\ s$。

当 $R_P = 10\ M\Omega$ 时，$t_{W2} = 1.1\ (R_1 + R_P)C_1 = 1.1 \times (2 + 10) \times 47\ s = 620.4\ s$。

通过调整电位器的阻值，555延时电路的延时时间范围为103.4～620.4 s。

四、555构成的延时断开控制电路

应用555集成电路构成的延时断开控制电路如图5-5所示。与图5-4所示电路不同的是，继电器线圈K接在输出端③脚和地之间。工作原理与延时时间的计算与延时接通控制电路相同。

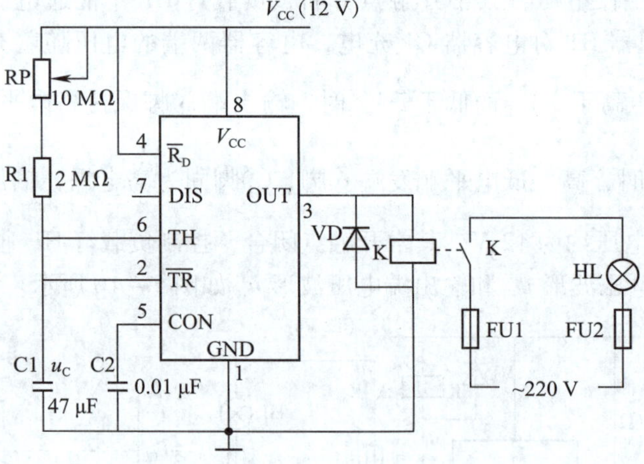

图5-5　555延时断开控制电路

任务实施

一、任务分析

NE555采用CMOS工艺制造，NE555时基电路的封装形式有两种，一种是DIP双列直插8脚封装，另一种是SOP-8小型（SMD）封装。其他HA17555、LM555、CA555分属不同公司生产的产品，内部结构和工作原理都相同。本任务的主要内容是组装555延时控制电路，要求能正确识别555集成电路的管脚排列，测试其实际延时时间，并与计算的理论延时时间进行对比，分析存在误差的原因。

二、任务准备

1. 实训器材

（1）面包板　　1块

（2）直流稳压电源（5 V）　　1台

（3）555集成电路　　1片

（4）电阻器（100 kΩ）　　1个

（5）电阻器（470 Ω）　　2个

（6）电位器（1 MΩ）　　1个

（7）电容器（10 μF、0.01 μF）　　各1个

（8）发光二极管　　2只

（9）插接线　　若干

（10）集成电路起拔器、镊子　　各1个

2. 注意事项

（1）组装前要根据材料清单核对元器件的数量、规格和型号。

（2）组装前要检测各元器件。

（3）其他注意事项参见课题一和课题二的相关任务。

三、操作步骤

（1）分析图5－1所示电路的工作原理，根据图示元器件参数计算理论延时时间并填入表5－2中。

（2）关闭直流稳压电源开关，将555集成电路等元器件插入面包板，按图5－1连接电路。

（3）将+5 V电压接到555集成电路的⑧脚和④脚，将电源负极接到555集成电路的①脚。

（4）根据表5－2的要求将电位器阻值调到最小或最大。

（5）接通电源开关时开始计时，此时LED2亮、LED1灭。

（6）当LED1亮、LED2灭时，说明延时时间到，将实际延时时间填入表5－2中。

（7）将理论延时时间与实际延时时间做比较，如果相差较多，应找出原因。

表5－2　555延时控制电路测试记录

电容C1	电阻R	理论延时时间/s	实际延时时间/s
10 μF	100 kΩ（电位器最小值时）		
10 μF	1.1 MΩ（电位器最大值时）		

（8）完成任务后，按实训室8S管理要求整理实训器材、清理实训场地，最后填写实训报告。

任务2　组装与测试555施密特触发器

学习目标

1. 能叙述施密特触发器的电压转移特性。
2. 能分析用555集成电路构成的施密特触发器的工作原理。
3. 能认识用555集成电路构成的门槛电压可调的施密特触发器。
4. 能分析TTL逻辑电压检测器的工作原理。
5. 能分析施密特触发器回差电压测试电路的工作原理。
6. 能使用施密特触发器回差电压测试电路测量门槛电压与回差电压。

任务引入

施密特触发器有两个显著的特点：一是输入信号上升和下降过程中，引起输出信号状态变换的输入电平是不同的，其差值称为回差电压；二是输出电压波形的边沿很陡，可以得到理想的矩形脉冲。由于以上两个特点，施密特触发器在信号变换、整形、幅度鉴别以及自动控制方面得到了广泛应用。

在自动控制中广泛应用回差电压特性。例如，在水塔的水位控制中，若回差电压（通过水位传感器将水位差变换为回差电压）合适，则水泵启动与停止的间歇合理；若回差电压太小，则很小的水位变化便会引起水泵频繁地启动和停止，容易损坏水泵电动机。

相关知识

一、施密特触发器的电压转移特性

施密特触发器的电压转移特性曲线如图5－6所示。在电压转移特性曲线中，存在着两个不同的门限转换电压。输出由高电压转换为低电压的临界输入电压称为上门槛电压 U_+；输出由低电压转换为高电压的临界输入电压称为下门槛电压 U_-。从转移特性曲线可知，触发器的输入电压不断增加，当增加到大于上门槛电压时，触发器的输出电压由高电压翻转为低电压；而当输入电压下降到上门槛电压 U_+ 时，触发器却不会由低电压翻转到高电压，而必须当输入电压下降到下门槛电压 U_- 时，触发器才能从低电压翻转到高电压。通常 $U_+ > U_-$，上门槛电压 U_+ 与下门槛电压 U_- 的差值称为回差电压。

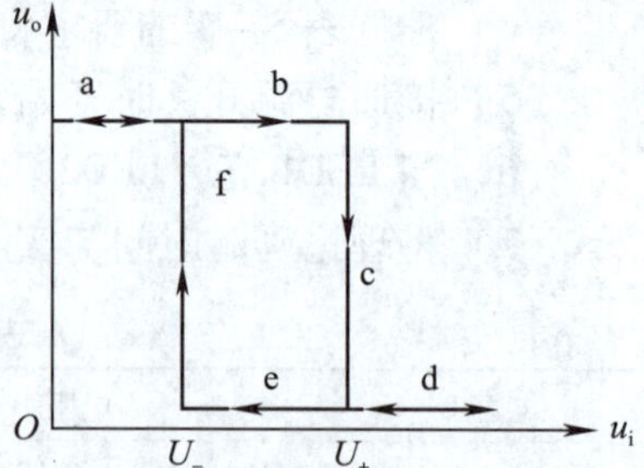

图5－6　施密特触发器的电压转移特性曲线

二、用555集成电路构成的施密特触发器

用555集成电路构成的施密特触发器如图5－7a所示，将555集成电路的低电平触发端②脚与高电平触发端⑥脚连在一起，作为外加输入信号 u_i 的输入端，③脚为输出信号端。

若输入信号 u_i 是一个三角波，由555集成电路的工作原理可知，当外加电压 u_i 增加到大于 $\frac{2}{3}V_{CC}$ 时，②脚和⑥脚同为高电平，③脚由高电平翻转为低电平；当外加电压 u_i 下降到小于 $\frac{1}{3}V_{CC}$ 时，②脚和⑥脚同为低电平，③脚从低电平翻转为高电平。其上门槛电压 U_+ 为 $\frac{2}{3}V_{CC}$，下门槛电压 U_- 为 $\frac{1}{3}V_{CC}$，回差电压为 $\frac{2}{3}V_{CC}-\frac{1}{3}V_{CC}=\frac{1}{3}V_{CC}$。

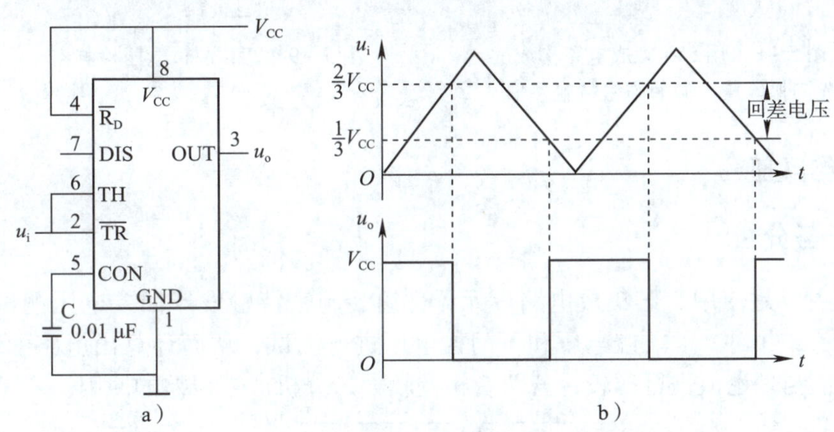

图5－7 用555集成电路构成的施密特触发器
a）电路图 b）波形图

利用施密特触发器很容易把非矩形波的输入信号变换为矩形脉冲信号。由图5－7b可以看出，当输入电压 u_i 为三角波时，只要三角波的幅度高于施密特触发器的上门槛电压 U_+，就可以在输出端得到矩形脉冲。

三、用555集成电路构成的门槛电压可调的施密特触发器

利用外部电路可以改变施密特触发器的门槛电压和回差电压，图5－8所示为用555集成电路构成的门槛电压可调的施密特触发器。将555集成电路的⑤脚接稳压电路，则上门槛电压 U_+ 为稳压二极管的输出电压 U_S，下门槛电压 U_- 为 $\frac{1}{2}U_S$，回差电压为 $U_S-\frac{1}{2}U_S=\frac{1}{2}U_S$。

四、应用举例——TTL逻辑电压检测器

若在555集成电路的输出端与直流电源之间和输出端与地之间分别接入一个电阻器和一个发光二极管，并将②脚和⑥脚连在一起作为检测探头，就构成了TTL逻辑电压检测

器，如图 5－9 所示。当检测点为低电平时，输出端③脚输出高电平，绿色发光二极管亮；当检测点为高电平时，输出端③脚输出低电平，红色发光二极管亮。

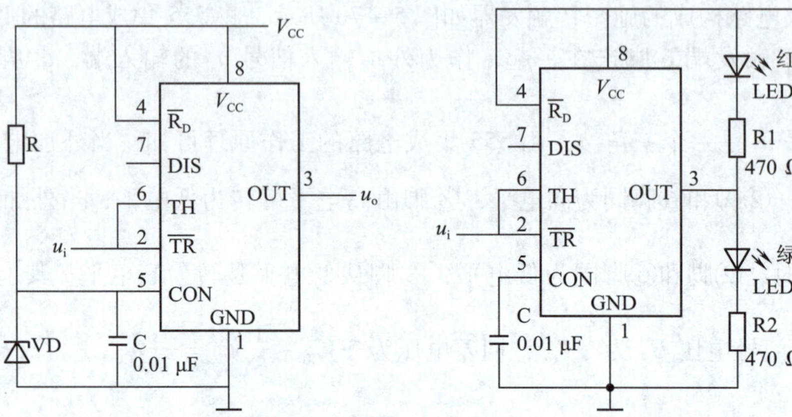

图 5－8　用 555 集成电路构成的门槛电压可调的施密特触发器

图 5－9　TTL 逻辑电压检测器

任务实施

一、任务分析

本任务主要是使用 555 集成电路等元器件组装施密特触发器回差电压测试电路，如图 5－10 所示，并对其上门槛电压和下门槛电压进行测试，从而计算出电路的回差电压，最后将实测值与理论值进行比较，若两者相差较大，分析产生误差的原因。

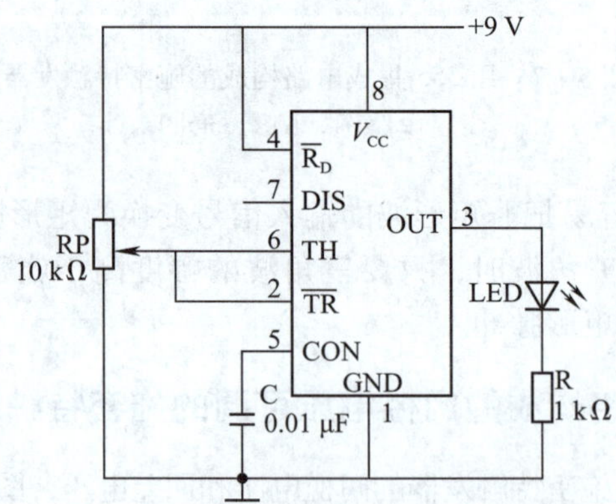

图 5－10　施密特触发器回差电压测试电路

二、任务准备

1. 实训器材

（1）555 集成电路　　　　　　　　　1 片

（2）面包板　　　　　　　　　　　　1 块

（3）直流稳压电源（9 V）　　1 台
（4）万用表　　1 块
（5）电容器（0.01 μF）　　1 个
（6）电位器（10 kΩ）　　1 个
（7）电阻器（1 kΩ）　　1 个
（8）发光二极管　　1 只
（9）插接线　　若干
（10）集成电路起拔器、镊子　　各 1 个

2. 注意事项

本任务注意事项可参见课题一和课题二的相关任务。

三、操作步骤

参照图 5－10 连接施密特触发器回差电压测试电路。

（1）关闭稳压电源开关，将 555 集成电路等元器件插入面包板，如图 5－11 所示。

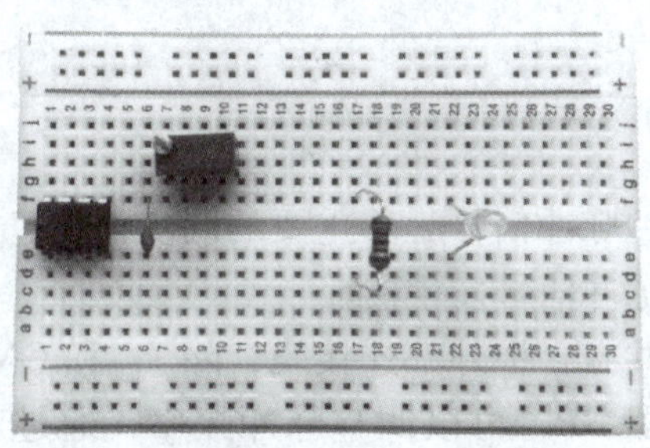

图 5－11　元器件实物图

（2）将 +9 V 电压接到 555 集成电路的④脚和⑧脚，将电源负极接到 555 集成电路的①脚。

（3）将 0.01 μF 电容器接到 555 集成电路的⑤脚和地之间。

（4）将电位器接到电源和地之间，中间抽头接到 555 集成电路的⑥脚和②脚。

（5）将发光二极管和电阻器接到 555 集成电路的③脚和①脚之间。

（6）接通稳压电源开关，用万用表的直流电压挡测量 555 集成电路⑥脚和②脚的对地电压。缓慢改变电位器的阻值，观察发光二极管的发光情况，分别记录发光二极管由发光到不发光转变时刻电压表的读数（上门槛电压）和发光二极管由不发光到发光转变时刻电压表的读数（下门槛电压），从而计算出电路的回差电压，将结果填入表 5－3 中。

表 5－3　测试结果记录

上门槛电压/V	理论值：	实测值：
下门槛电压/V	理论值：	实测值：
回差电压/V	理论值：	实测值：

（7）将理论值与实测值做比较，如果相差较多，应找出原因。

（8）完成任务后，按实训室 8S 管理要求整理实训器材、清理实训场地，最后填写实训报告。

任务 3　组装与测试 555 时钟脉冲信号发生器

学习目标

1. 能叙述用 555 集成电路构成的多谐振荡器的电路结构及特点。
2. 能叙述用 555 集成电路构成的多谐振荡器的工作原理。
3. 能正确计算多谐振荡器的振荡周期、占空比等。
4. 能使用 Multisim 14.0 仿真软件进行 555 多谐振荡器仿真测试。
5. 能正确利用 555 集成电路组装时钟脉冲信号发生器并测试其功能。

任务引入

在时序逻辑电路中，时钟脉冲信号起着重要的同步作用，可利用 555 集成电路来组装一个如图 5－12 所示的时钟脉冲信号发生器。

该时钟脉冲信号发生器共有 3 根外部连接线，除 V_{CC} 和 GND 两根连接线外，还有一根脉冲信号输出线。调节电位器 RP，可以调整脉冲频率，通过观察发光二极管的闪烁情况可以知道输出脉冲频率的高低。

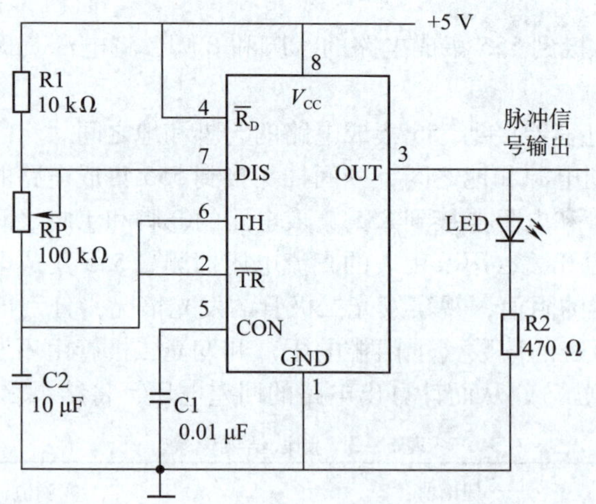

图 5－12　555 时钟脉冲信号发生器

相关知识

一、用 555 集成电路构成的多谐振荡器电路

多谐振荡器是一种能够自动产生矩形波的电路，因为在矩形波中包含了多次谐波成分，故称为多谐振荡器。用 555 集成电路构成的多谐振荡器如图 5－13a 所示，电容器两端的电压 u_C 和输出端电压 u_o 的波形图如图 5－13b 所示。

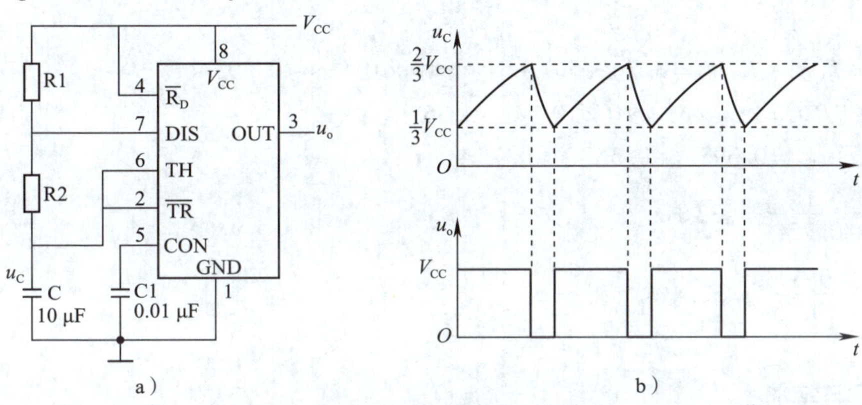

图 5－13　用 555 集成电路构成的多谐振荡器
a）电路图　b）波形图

二、用 555 集成电路构成的多谐振荡器的工作原理

当接通电源时，由于电容器两端的电压不能突变，低电平触发端②脚和高电平触发端⑥脚的电位均小于$\frac{1}{3}V_{CC}$，555 集成电路被置位，输出端③脚为高电平，放电管截止。

电源通过电阻器 R1 和 R2 对电容器 C 进行充电，电容器两端的电压逐渐升高，在到达$\frac{2}{3}V_{CC}$之前，输出端③脚保持高电平不变。当电容器两端的电压达到$\frac{2}{3}V_{CC}$时，555 集成电路被复位，输出端③脚变为低电平，同时放电管导通，电容器 C 经电阻器 R2 和⑦脚放电，电容器上的电压逐渐下降。

当电容器电压下降到$\frac{1}{3}V_{CC}$时，555 集成电路再次被置位，输出端③脚为高电平，放电管截止，电容器停止放电，电源通过电阻器 R1 和 R2 再次对电容器 C 进行充电，如此反复，形成振荡，输出连续的矩形脉冲波。

由于电阻器 R1、R2 和电容器 C 构成充电回路，则充电时间（高电平宽度）为：

$$t_{W1}=\ln 2(R_1+R_2)C\approx 0.7(R_1+R_2)C$$

由于电阻器 R2 和电容器 C 构成放电回路，则放电时间（低电平宽度）为：

$$t_{W2}=\ln 2R_2C\approx 0.7R_2C$$

故振荡周期为：

$$T = t_{W1} + t_{W2} = 0.7(R_1 + 2R_2)C$$

高电平时间占整个周期时间的百分比称为占空比，用 q 表示，则占空比 q 为：

$$q = \frac{t_{W1}}{T} = \frac{R_1 + R_2}{R_1 + 2R_2}$$

若取 $R_2 >> R_1$，则电路可输出占空比约为50%的方波。

【例5－2】设 $R_1 = 5.1\ \text{k}\Omega$，$R_2 = 51\ \text{k}\Omega$，$C = 10\ \mu\text{F}$，计算如图5－13a所示多谐振荡器的振荡周期、频率和占空比。

解：

$t_{W1} = 0.7(R_1 + R_2)C = 0.7 \times (5.1 + 51) \times 10 \times 10^{-3}\ \text{s} \approx 0.393\ \text{s}$

$t_{W2} = 0.7R_2C = 0.7 \times 51 \times 10 \times 10^{-3}\ \text{s} \approx 0.357\ \text{s}$

$T = t_{W1} + t_{W2} = 0.393\ \text{s} + 0.357\ \text{s} = 0.75\ \text{s}$

$f = \frac{1}{T} = \frac{1}{0.75\text{s}} \approx 1.33\ \text{Hz}$

$q = \frac{t_{W1}}{T} = \frac{0.393\text{s}}{0.75\text{s}} = 52.4\%$

任务实施

一、任务分析

本任务主要用Multisim 14.0软件对555多谐振荡器进行仿真测试，同时，用实物组装如图5－12所示555时钟脉冲信号发生器并进行测试，要求能正确、熟练地识别555集成电路的管脚排列，能通过电位器RP调整脉冲频率，通过观察发光二极管的闪烁情况判断输出脉冲频率的高低。

二、任务准备

1. 实训器材

（1）面包板	1块
（2）直流稳压电源（5 V）	1台
（3）555集成电路	1片
（4）电容器（0.01 μF、10 μF）	各1个
（5）电位器（100 kΩ）	1个
（6）电阻器（10 kΩ、470 Ω）	各1个
（7）发光二极管	1只
（8）集成电路起拔器、镊子	各1个
（9）Multisim 14.0仿真平台	1套

2. 注意事项

本任务注意事项参见课题一和课题二的相关任务。

三、操作步骤

1. 555多谐振荡器仿真测试

（1）双击桌面上的“NI Multisim 14.0”图标，启动Multisim 14.0软件。

（2）从混合元件库中拖出555集成电路。

（3）从电源库中拖出电源 V_{CC} 和地，并将电源值设置为5 V。

（4）从基本元件库中拖出电阻器和电容器，修改参数值，如图5－14所示。

（5）从仪表栏中拖出双踪示波器，A通道接555集成电路的输出端③脚，用来观察输出矩形波脉冲信号；B通道接555集成电路的②脚和⑥脚，用来观察电容器的充放电波形。

（6）连接好电路后单击仿真工具栏中的“运行”按钮进行测试。

（7）555多谐振荡器输出波形图如图5－15所示，可以看出输出波形为矩形波。

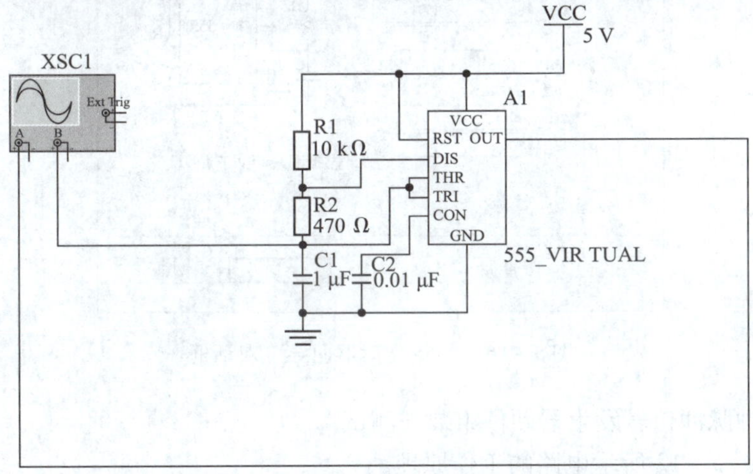

图5－14　555多谐振荡器仿真测试电路

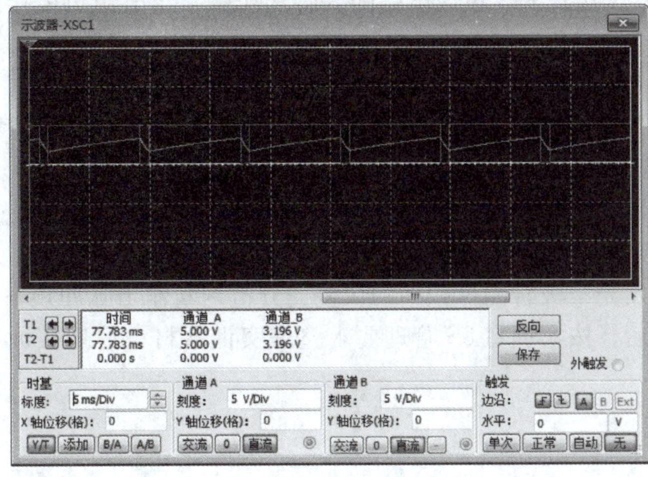

图5－15　555多谐振荡器输出波形图

（8）测试完毕，单击“文件”菜单中的“另存为”命令，以“课题五任务3. ms14”为文件名保存文件后，退出 Multisim 14. 0 软件。

555 多谐振荡器仿真测试电路也可以使用电路向导来实现，其方法为：单击“工具”菜单“电路向导”子菜单中的“555 定时器向导”命令，可弹出“555 定时器向导”对话框，如图 5 - 16 所示，在对话框中选择类型为“非稳态运动”，设置电压为 5 V，然后单击“搭建电路”按钮，即可在电路编辑区搭建一个电路。按照图 5 - 14 修改电容器、电阻器的参数值，适当调整电路，再从仪表栏中拖出双踪示波器，连接电路即可。

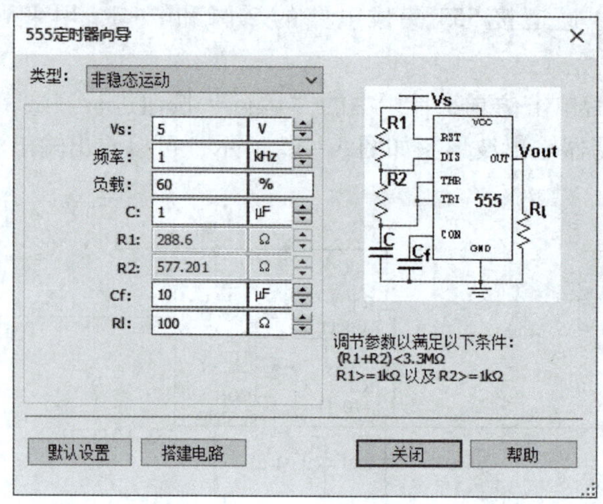

图 5 - 16 “555 定时器向导”对话框

2. 555 时钟脉冲信号发生器硬件组装与测试

（1）分析图 5 - 12 所示电路的工作原理。

（2）关闭直流稳压电源开关，将 555 集成电路等元器件插入面包板。

（3）将 +5 V 电压接到 555 集成电路的⑧脚和④脚，将电源负极接到 555 集成电路的①脚。

（4）将 0. 01 μF 电容器接到⑤脚，10 μF 电容器接到②脚和⑥脚。

（5）按图 5 - 12 连接电位器、电阻器及发光二极管，将发光二极管接到③脚，接通电源，发光二极管闪烁。

（6）调节电位器，增加电位器阻值时，发光二极管闪烁频率变慢；减小电位器阻值时，发光二极管闪烁频率变快。

（7）通过观察发光二极管闪烁频率的快慢，分析判断输出脉冲频率的高低。

（8）完成任务后，按实训室 8S 管理要求整理实训器材、清理实训场地，最后填写实训报告。

任务4　组装与测试石英晶体秒脉冲振荡器

学习目标

1. 能叙述石英晶体振荡器的工作原理。
2. 能叙述CD4060的管脚排列和内部结构。
3. 能使用Multisim 14.0仿真软件进行石英晶体多谐振荡器仿真测试。
4. 能正确使用CD4060等元器件组装石英晶体秒脉冲振荡器，并测试其功能。

任务引入

一般的振荡器易受温度变化、电源电压波动等因素影响，导致振荡频率不稳定。在各类电子设备中为了保证计时准确，通常采用石英晶体制作的多谐振荡器。利用石英晶体产生稳定的高频信号，经过多级分频后可以得到频率精确度和稳定度较高的脉冲信号。在图5－17所示石英晶体秒脉冲振荡器电路中，CD4060的输出频率为2 Hz，将JK触发器74LS112接成T′触发器进行2分频，便得到1 Hz的秒脉冲信号。家用电子钟几乎都采用了石英晶体振荡器的矩形发生器，由于石英晶体振荡器的频率稳定度很高，所以走时很准。

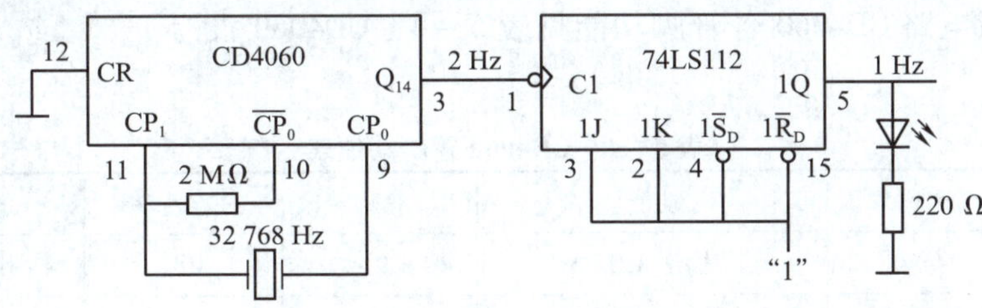

图5－17　石英晶体秒脉冲振荡器电路

相关知识

一、石英晶体振荡器

石英晶体振荡器是利用石英晶体的压电效应制成的一种电谐振元件。石英晶体按一定的方式切割下来的薄片，称为石英晶片，在晶片的两个相对面装上一对金属板，就构成了石英晶体。不同尺寸、不同形状的石英晶体具有不同的固有谐振频率，图5－17所示电路中使用的石英晶体谐振频率为32 768 Hz。

二、14 级二进制计数器/分频器/振荡器 CD4060

CMOS 集成电路 CD4060 的管脚排列、内部结构框图和外部接线如图 5－18 所示。CD4060 是 14 级二进制计数器/分频器/振荡器，内部振荡电路与外接石英晶振、电阻器、电容器共同组成谐振频率为 32 768 Hz 的多谐振荡器，并进行 14 级 2 分频，从 Q_{14} 端输出频率为 2 Hz 的脉冲信号。

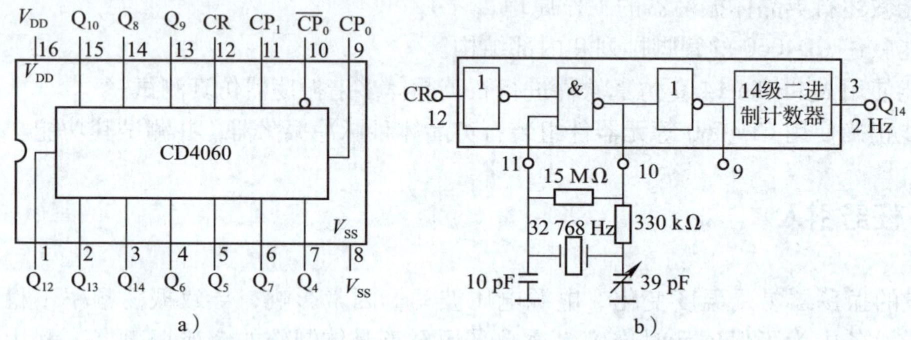

图 5－18　14 级二进制计数器/分频器/振荡器 CD4060

a）管脚排列　b）内部结构框图和外部接线

在图 5－18 所示的振荡电路中，与非门用于起振（受复位端 CR 控制），15 MΩ 的电阻器为与非门提供静态工作点，电容器起频率校正和温度校正作用，非门则起对输出波形整形以及与负载隔离的作用。

CMOS 集成电路 CD4060 各管脚功能见表 5－4，CD4060 没有 1、2、3、11 级分频输出端。

表 5－4　CD4060 管脚功能表

管脚	名称	功能	管脚	名称	功能
1	Q_{12}	输出 8 Hz	9	CP_0	外接振荡元件
2	Q_{13}	输出 4 Hz	10	$\overline{CP_0}$	外接振荡元件
3	Q_{14}	输出 2 Hz	11	CP_1	外接振荡元件
4	Q_6	输出 512 Hz	12	CR	高电平清零
5	Q_5	输出 1 024 Hz	13	Q_9	输出 64 Hz
6	Q_7	输出 256 Hz	14	Q_8	输出 128 Hz
7	Q_4	输出 2 048 Hz	15	Q_{10}	输出 32 Hz
8	V_{SS}	接地	16	V_{DD}	电源正极

CD4060 集成电路的工作电压为 1～15 V，工作频率为 8 MHz。当 $V_{DD}=5$ V 时可以输出 0.88 mA 电流，驱动 2 个 L 系列或 1 个 LS 系列 TTL 门电路。CD4060 集成电路的多个频率值可以同时输出。

任务实施

一、任务分析

本任务主要用 Multisim 14.0 软件对石英晶体多谐振荡器进行仿真测试，同时以CD4060为主要元件组装石英晶体秒脉冲振荡器并进行测试，要求能正确识别CD4060的管脚排列、内部结构，能实现发光二极管的秒脉冲频率闪烁。石英晶体秒脉冲振荡器电路如图5－17所示，无频率校正电容器，外部接线简单，电路起振迅速。

二、任务准备

1. 实训器材

（1）面包板	1块
（2）直流稳压电源（5 V）	1台
（3）CD4060	1片
（4）74LS112	1片
（5）电阻器（2 MΩ、220 Ω）	各1个
（6）发光二极管	1只
（7）石英晶体（晶振32 768 Hz）	1个
（8）插接线	若干
（9）集成电路起拔器、镊子	各1个

2. 注意事项

石英晶体的石英片很薄又很脆，忌受到剧烈振动。如果石英晶体不慎掉到地上，容易将其内部的晶体振坏。

三、操作步骤

1. 石英晶体多谐振荡器仿真测试

（1）双击桌面上的“NI Multisim 14.0”图标，启动Multisim 14.0软件。

（2）从CMOS元件库中拖出非门4009BD。

（3）从电源库中拖出地。

（4）在“元器件”框中搜索“CRYSTAL_VIRTUAL”，完成晶振的放置。

（5）从基本元件库中拖出电阻器和电容器，从仪表栏中拖出双踪示波器，通道A接多谐振荡器输出信号，通道B接经非门整形后的信号。

（6）如图5－19所示，连接电路后按快捷键【F5】进行仿真测试。

（7）双击示波器图标，观察双踪示波器的显示波形，如图5－20所示。

（8）测试完毕，单击“文件”菜单中的“另存为”命令，以“课题五任务4.ms14”为文件名保存文件后，退出Multisim 14.0软件。

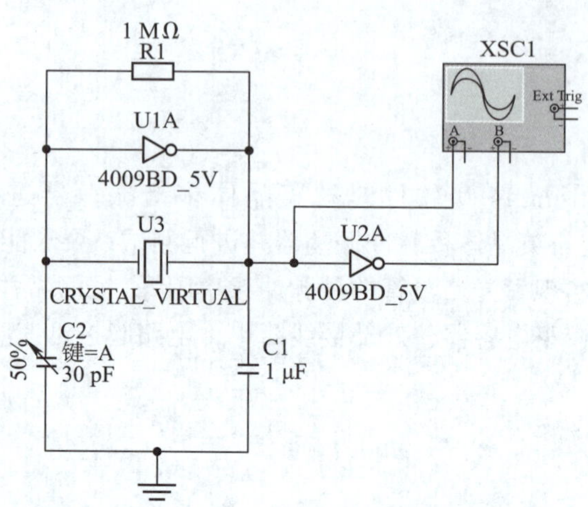

图 5－19　石英晶体多谐振荡器仿真测试电路

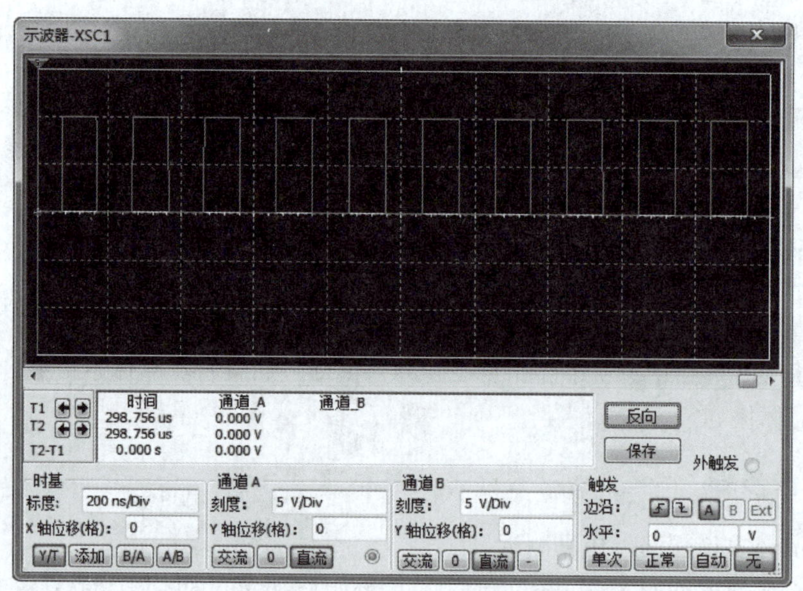

图 5－20　石英晶体多谐振荡器输出波形图

2. 石英晶体秒脉冲振荡器硬件组装与测试

（1）根据材料清单核对元器件数量、规格和型号。

（2）检测各元器件的好坏。

（3）将 CD4060、74LS112 等元器件插入面包板。

（4）在面包板的合适位置插入电阻器、石英晶体及发光二极管等元器件，如图 5－21 所示。

（5）参照图 5－17，用插接线连接石英晶体秒脉冲振荡器电路。

（6）接通电源后，发光二极管立即以秒脉冲频率闪烁。

（7）完成任务后，按实训室8S管理要求整理实训器材、清理实训场地，最后填写实训报告。

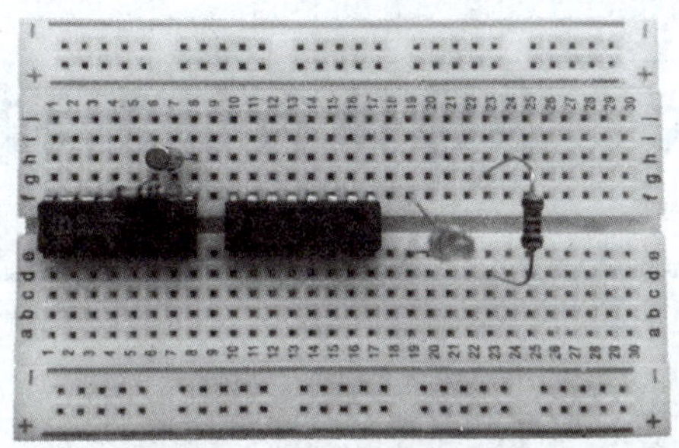

图5－21　石英晶体秒脉冲振荡器组装元器件摆放

课题六　半导体存储器和可编程逻辑器件的应用

半导体存储器是能够存储大量二进制信息的器件，可以存放各种程序、数据和表格参数，是数字系统和计算机中不可缺少的组成部分。

在数字集成电路芯片中，有两类芯片，一类是定制芯片，它们的逻辑功能是确定的，例如，74LS00 是四 2 输入与非门集成电路，CD4060 是 14 级二进制计数器/分频器/振荡器；另一类是可编程逻辑器件（programmable logic device，PLD），PLD 出厂时没有确定的逻辑功能，用户可以通过编程方式写入逻辑功能，制作出符合自己需要的专用芯片。可编程逻辑器件相对于专用集成电路（application specific integrated circuit，ASIC）是一种可定制的集成电路。

在前面学习的数字电路系统中，设计者根据需要选择合适的集成器件（如 TTL74 系列），并按照此种器件典型的电路搭成系统并调试应用，组建系统需要的芯片数量多且种类繁杂。而 PLD 的出现，使数字系统的传统设计得到变革，设计人员通过软件、硬件开发工具对器件进行设计和编程，把一个能实现特定逻辑功能的数字系统“集成”在一片 PLD 上，制作成“片上数字系统”。

PLD 的分类如图 6－1 所示。集成度较低的可编程逻辑器件称为低密度可编程逻辑器件（LDPLD）。集成度较高的可编程逻辑器件称为高密度可编程逻辑器件（HDPLD），其内部集成数以万计的逻辑门电路，足够用来设计非常复杂的数字系统。在高密度可编程逻辑器件中，复杂可编程逻辑器件（CPLD）和现场可编程门阵列（FPGA）发展迅速，使用广泛。PLD 具有高集成度、高可靠性和高性价比等优点，它的出现提高了电子系统的设计速度，调试和维修也更加方便。

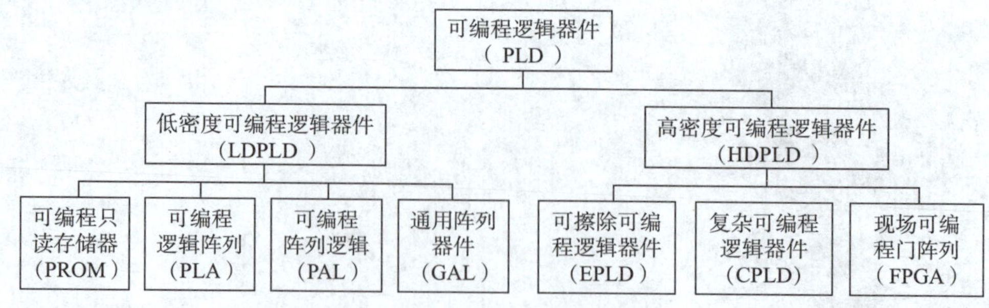

图 6－1　PLD 的分类

Verilog 硬件描述语言是设计可编程逻辑器件的工具之一。Quartus 软件是 Altera 公司的综合性 PLD/FPGA 开发软件，支持原理图、Verilog HDL 及 AHDL 等多种设计输入形式，内嵌的综合器和仿真器可以完成从设计输入到硬件配置的完整 PLD 设计流程。

本课题将通过 FPGA 开发板实现流水灯功能、ROM 的应用及读写测试、认识随机存储器 RAM 3 个任务的学习，了解 FPGA、ROM 及 RAM 的工作原理和应用，掌握可编程逻辑器件的开发与设计方法。

任务 1　利用 FPGA 开发板实现流水灯功能

学习目标

1. 能叙述 FPGA 的特点及用途。
2. 能说明 Verilog HDL 的基本语法。
3. 能认识 Quartus 的开发环境及 FPGA 的基本开发流程。
4. 能正确使用 FPGA 开发板的硬件资源。
5. 能正确下载 FPGA 程序。
6. 能利用 FPGA 开发板及 Quartus 软件实现流水灯控制。

任务引入

流水灯就是让一排 LED 在一定时间内先后点亮并循环往复，可以由 JK 触发器、D 触发器和 3 线 -8 线译码器构成一个流水灯数字电路实现，也可以利用 FPGA 开发板实现。

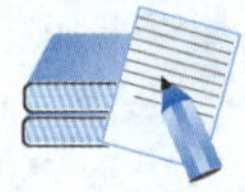

相关知识

一、现场可编程门阵列

现场可编程门阵列（field programmable gate array，FPGA）属于高密度可编程逻辑器件，即可编程芯片。相对于中小规模数字电路系统，FPGA 是作为专用集成电路领域半定制电路而出现的，克服了之前可编程器件门电路数有限的缺点。FPGA 芯片主要由输入/输出单元、逻辑阵列块和内部连接线三部分组成。FPGA 通过模拟 CPU、GPU 等硬件进行各种并行运算，与目标硬件的高速接口互连。用户可以通过编程，实现定制化的功能需要。

FPGA 开发板以 Altera 公司 Cyclone IV 系列为核心，添加外围模块电路而组成。其搭配 Quartus 可编程逻辑的设计环境（可以通过 Intel 官网下载），实现开发以及学习功能。当设计者通过原理图或 HDL 语言描述了一个逻辑电路后，FPGA 开发软件会自动计算逻辑电路所有可能的结果，并把结果写入 RAM。

二、Verilog HDL

Verilog 是一种硬件描述语言（hardware description language，HDL），既不同于汇编语言这种底层语言，又不同于 C 语言这种面向过程的语言。利用 Verilog，数字电路系统的设计可以从顶层到底层（从抽象到具体）逐层描述设计思想，用一系列分层次的模块来表示极其复杂的数字系统。

下面以利用 Verilog 语言描述如图 6－2 所示的两通道数据选择器 MUX1 为例，说明 Verilog HDL 的基本语法。

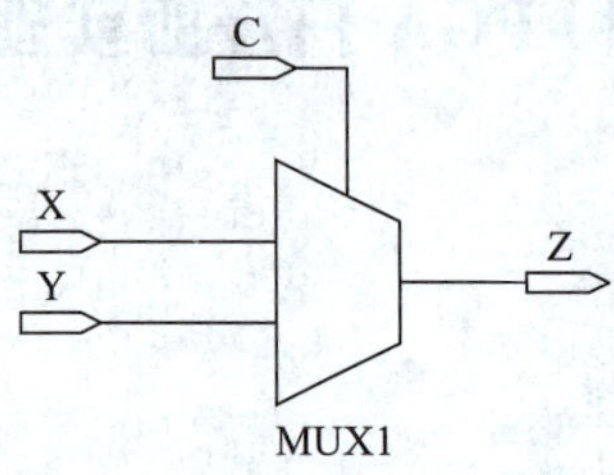

图 6－2　两通道数据选择器

```
module mux1（X，Y，C，Z）；//定义模块，模块名为 mux1
input X，Y，C；            //定义输入端口为 X，Y，C
output Z；                 //定义输出端口为 Z
assign Z＝(C＝＝0)？X:Y；  //输出信号，当 C 为 0 时，选择 X 输出；当 C 为 1 时，
                           选择 Y 输出
end module                 //结束程序
```

三、FPGA 实现流水灯控制原理

如图 6－3 所示为 LED 点亮原理图，FPGA 开发板将输入/输出（I/O）口经过一个电阻器和 LED 串联接地，I/O 口输出高电平时 LED 就点亮。

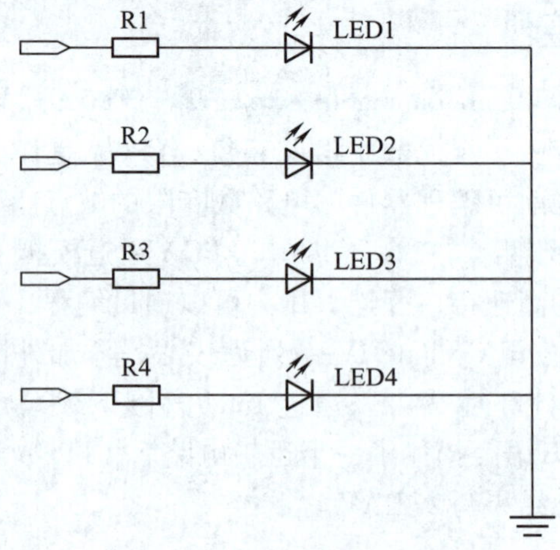

图 6－3　LED 点亮原理图

四、程序设计

FPGA 的设计中通常使用计数器来计时，利用时钟周期累加器进行逐步累加，形成按“s”计时的时钟。本任务中，每过1 s 点亮下一个 LED 并熄灭当前 LED，在第4 个 LED 熄灭之后循环整个流程。此处采用 Verilog 语言编程，在本书中不详细做程序语法介绍，只需了解程序基本结构，熟悉将程序写入开发板的方法即可。

其代码为：

```
'timescale 1ns/1ps
module water_led
(
input clk，//开发板系统时钟为 50 MHz
input rst_n，//复位、低电平有效
output reg [3:0] led//控制 LED 管脚输出信号
)；
//定义了一个 32 位的计数器，计数器是寄存器类型，可用以保存数值
reg [31:0] timer;
//以 4 s 为周期对计数器进行循环
always@ （posedge clk or negedge rst_n） //类似于 C 语言中的 while
begin
if （rst_n ==1'b0）
timer <=32'd0；//有复位低电平信号时，计数器清 0
else if （timer ==32'd199_999_999） //4 s 的计数器（50 MHz ×4 s -1 =199999999 次）
timer <=32'd0；//每过一个计数周期（4 s） 清 0
else
timer <= timer +32'd1；//计数器自加 1
end
//LED 的控制
always@ （posedge clk or negedge rst_n）
begin
if （rst_n ==1'b0）
led <=4'b0000；//复位输出信号
else if （timer ==32'd49_999_999）//计数到第 1 s，LED1 点亮
led <=4'b0001；
else if （timer ==32'd99_999_999）//计数到第 2 s，LED2 点亮
led <=4'b0010；
else if （timer ==32'd149_999_999）//计数到第 3 s，LED3 点亮
led <=4'b0100；
```

```
else if (timer ==32'd199_999_999)//计数到第4 s，LED4 点亮
led <=4'b1000;
end
end module
```

任务实施

一、任务分析

本任务利用 FPGA 开发板及 Quartus 软件，用 Verilog 语言编写程序，实现流水灯数字电路的功能，即在一个周期（4 s）内，LED1 第 1 s 亮，LED2 第 2 s 亮，LED3 第 3 s 亮，LED4 第 4 s 亮，让 4 个 LED 依次点亮。本任务所用的 FPGA 开发板如图 6 - 4 所示，选用处理单元为 Intel FPGA Cyclone IV E（EP4CE6F17C8）。

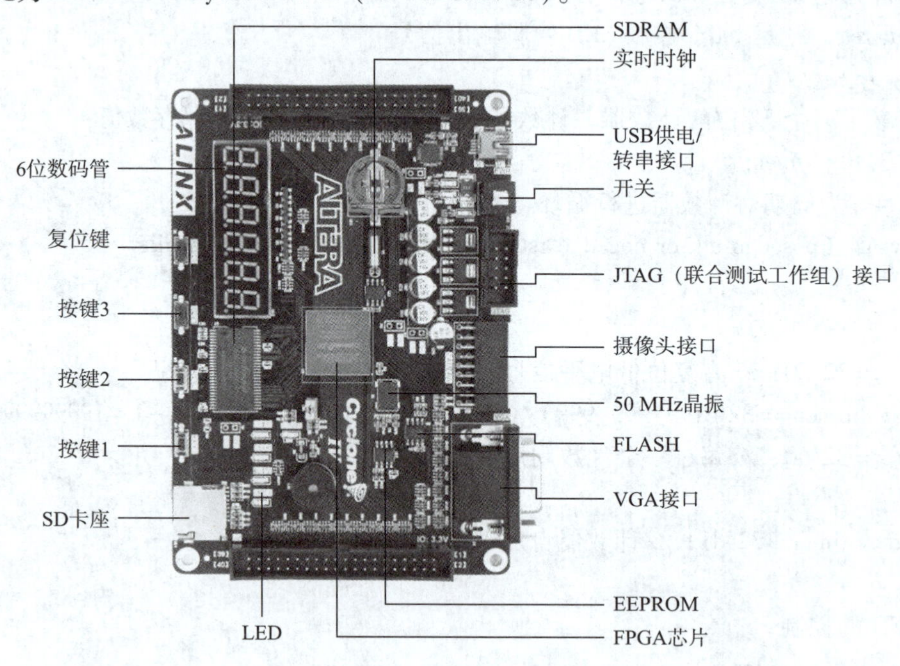

图 6 - 4　FPGA 开发板

二、任务准备

1. 实训器材

（1）FPGA 开发板 AX301　　1 块

（2）JTAG 下载器　　1 个

（3）FPGA 软件开发环境及计算机　　1 套

2. 注意事项

（1）连接 USB 电源线及下载器连接线后再打开电源。

（2）Verilog 与 FPGA 开发环境 Quartus 软件可自行下载安装。

三、操作步骤

（1）运行 Quartus，依次单击“File”→“New Project Wizard”，在向导中单击“Next”按钮，选择存储位置并命名该工程，如图 6-5 所示。

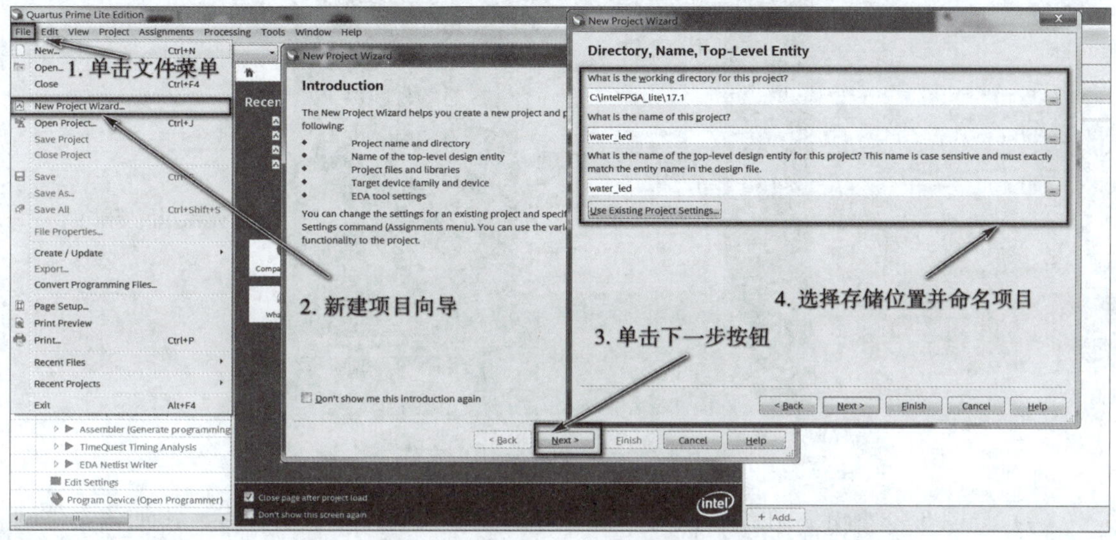

图 6-5 新建工程

（2）单击“Next”按钮，默认工程类别为空，在电路板设置界面选择 Cyclone IV E 处理单元（EP4CE6F17C8），如图 6-6 所示。默认 EDA 工具设置，最后单击“Finish”按钮完成工程的建立。

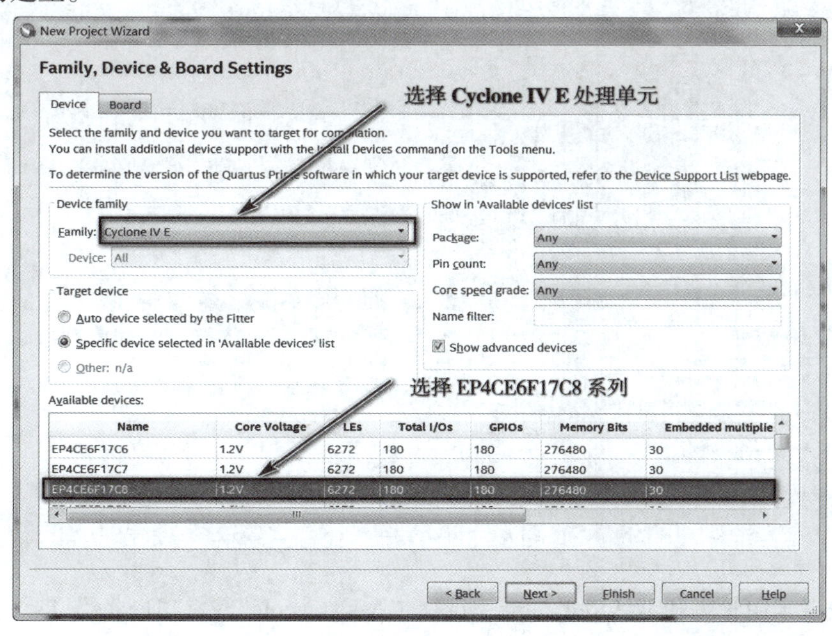

图 6-6 设置处理单元

（3）回到 Quartus 界面，新建 Verilog HDL 文件，如图 6 -7 所示。

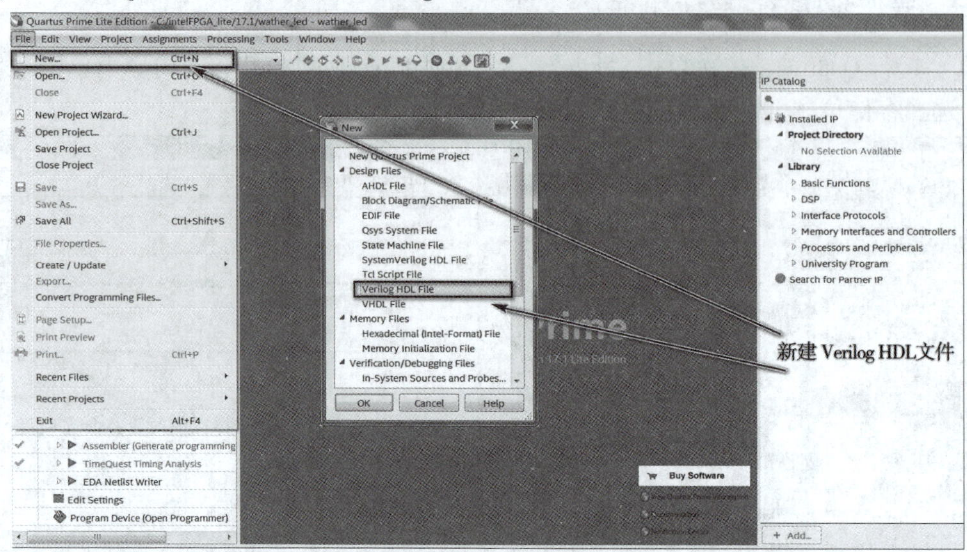

图 6 -7　新建 Verilog HDL 文件

（4）如图 6 -8 所示，在编辑区写入设计好的程序代码，完成后保存，添加该文件到工程中。

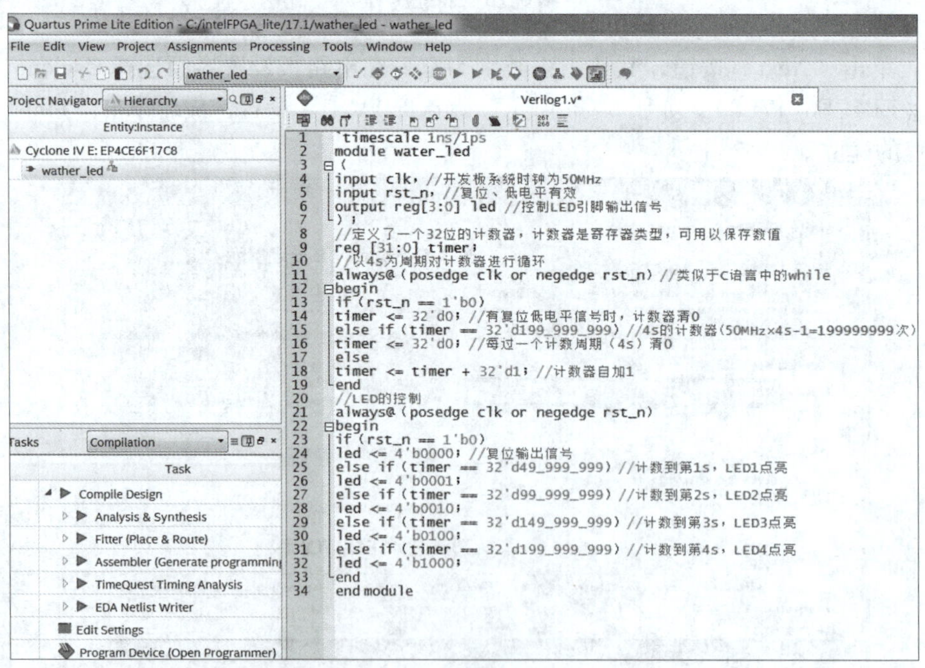

图 6 -8　编写程序代码

（5）设置未用管脚和默认电平标准，选择“Assignments”→“Device”即可打开器件配置。单击“Device and Pin Options”，在“Unused Pins”选项中将“Reserve all unused pins”

设置为“As input tri－stated”，将未使用的管脚作为三态输入，如图 6－9 和图 6－10 所示。

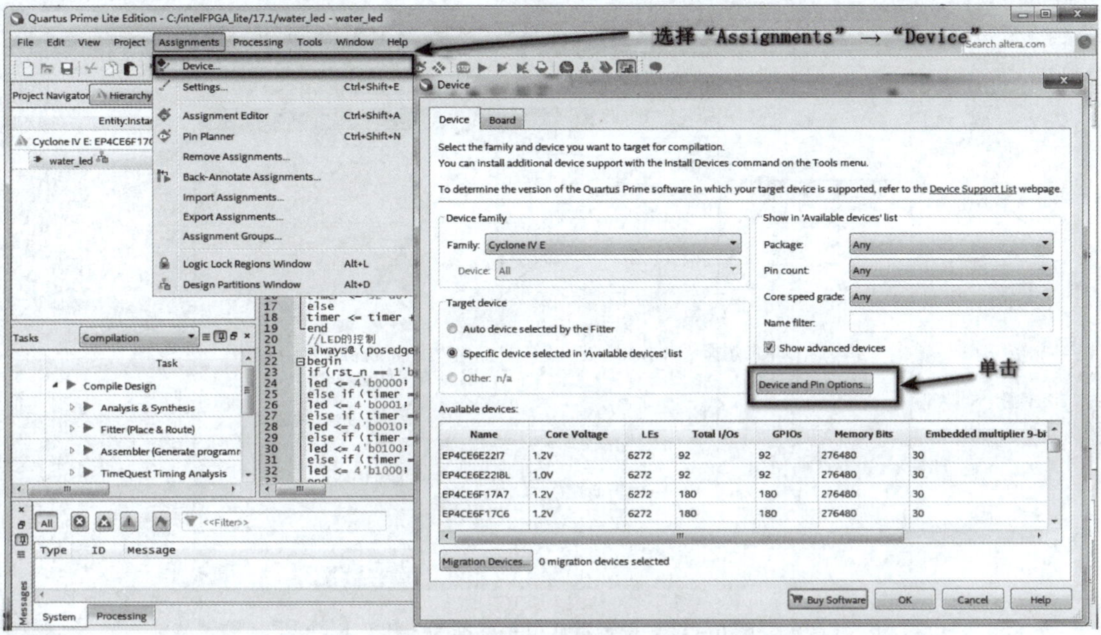

图 6－9　设置未用管脚和默认电平标准

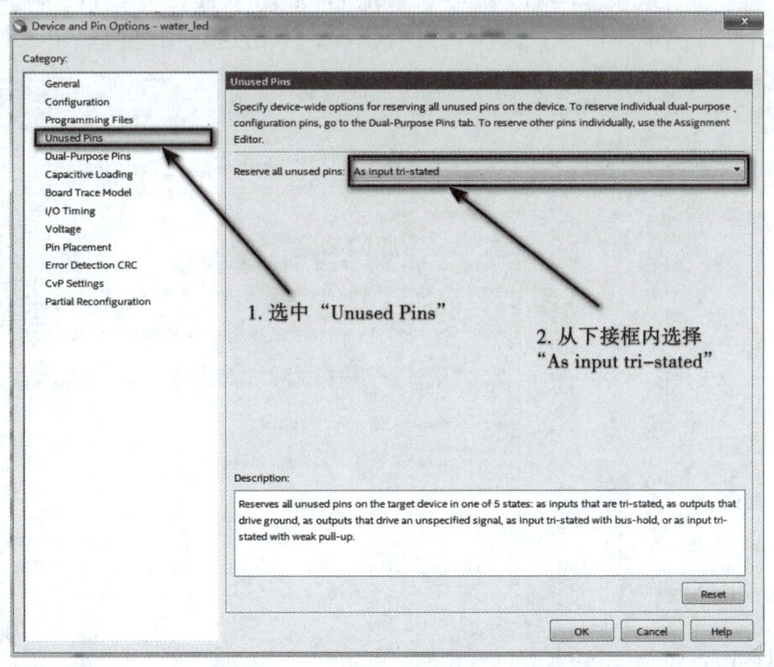

图 6－10　设置未用管脚为三态输入

在“Voltage”选项中将“Default I/O standard”设置为“3.3－V LVTTL”（因为 FPGA 开发板的 I/O BANK 电压为 3.3 V），如图 6－11 所示。

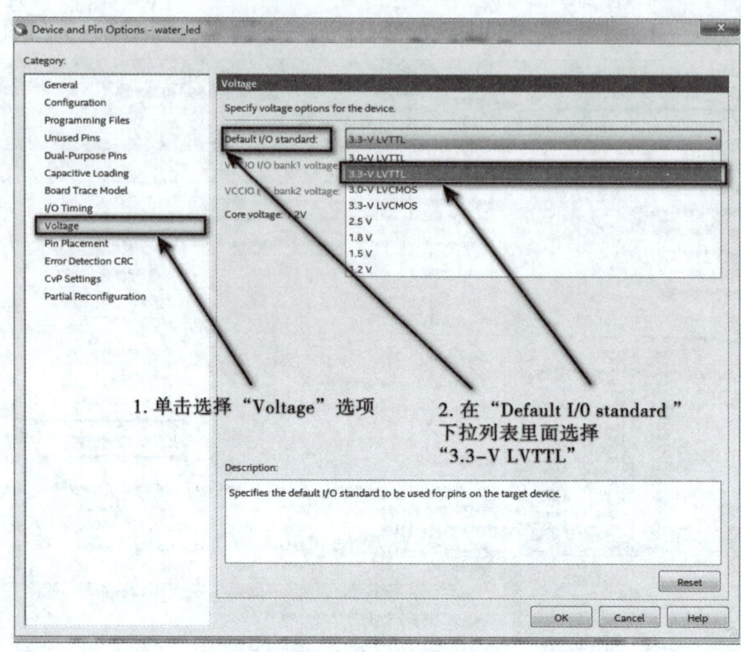

图 6 – 11　设置默认电平标准为 3. 3 V

（6）进行预编译（图 6 – 12），Quartus 对输入/输出管脚进行分析。编译过程中信息显示窗口如果出现红色字体信息，表示该处有错误，双击这条信息可以定位具体故障点。

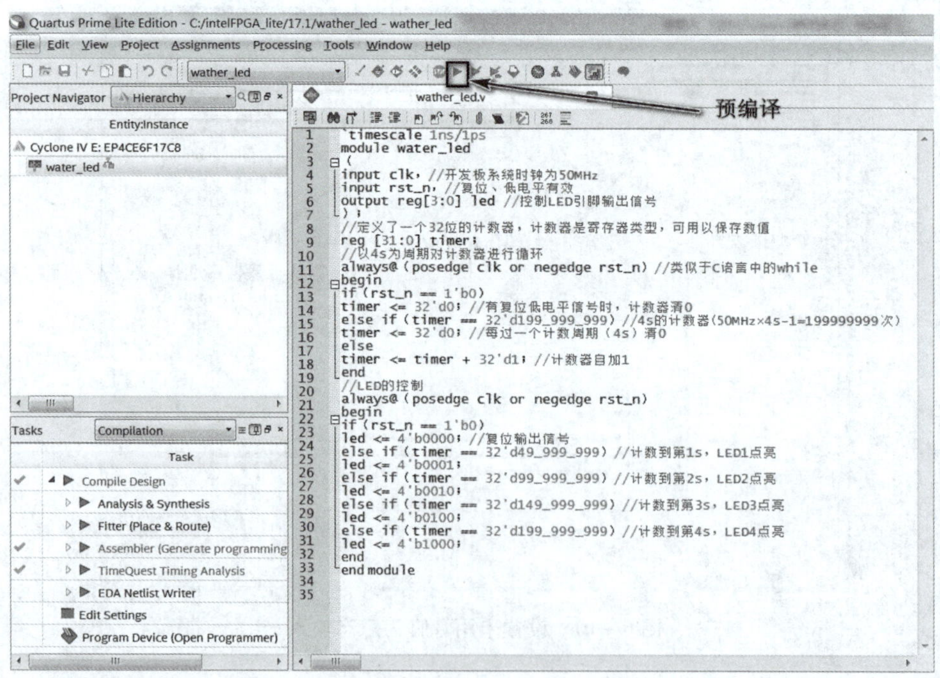

图 6 – 12　预编译

（7）软件端口与硬件 I/O 对应，单击“Assignments”→“Pin Planner”，按照图 6－13、图 6－14 对 I/O 位置进行设置。

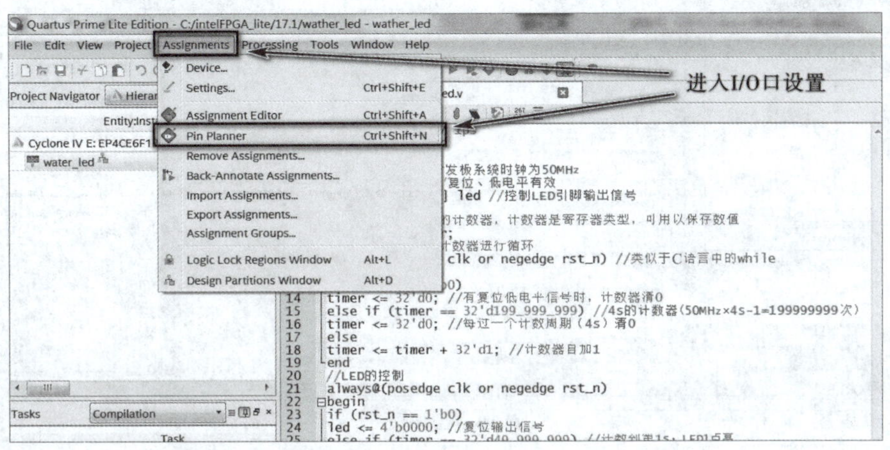

图 6－13　对应硬件 I/O 设置

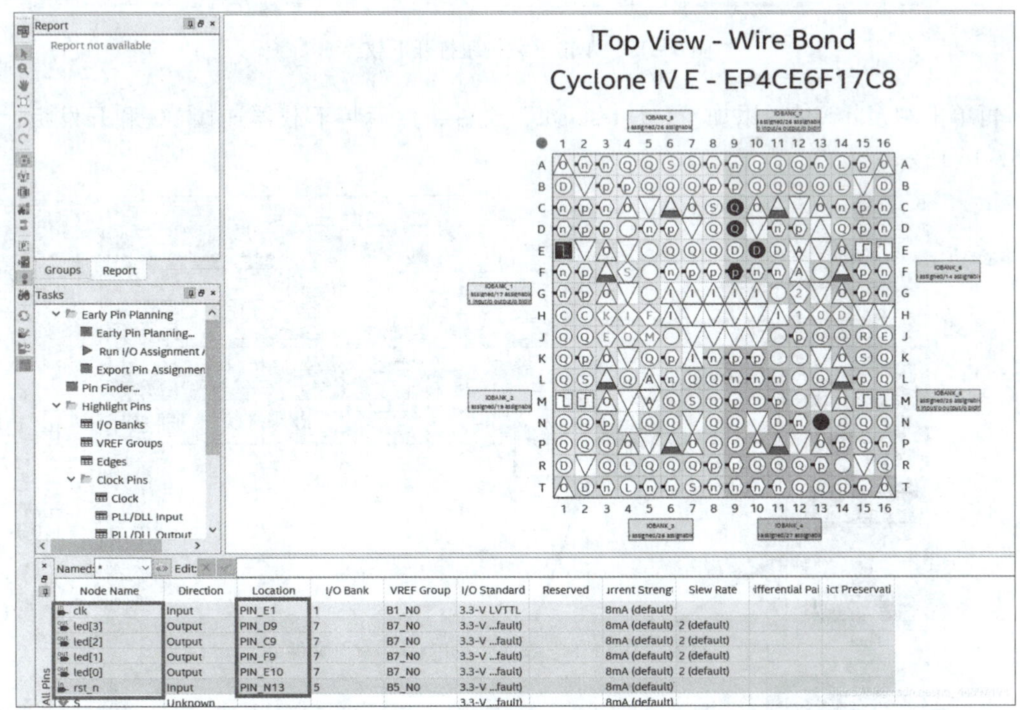

图 6－14　软件端口与硬件 I/O 对应

（8）再次编译。编译完成后在 output_files 文件中可以看到“water_led. sof”文件，将该文件通过 JTAG 方式下载到 FPGA 运行。先单击下载按钮打开下载界面，如图 6－15 所示。

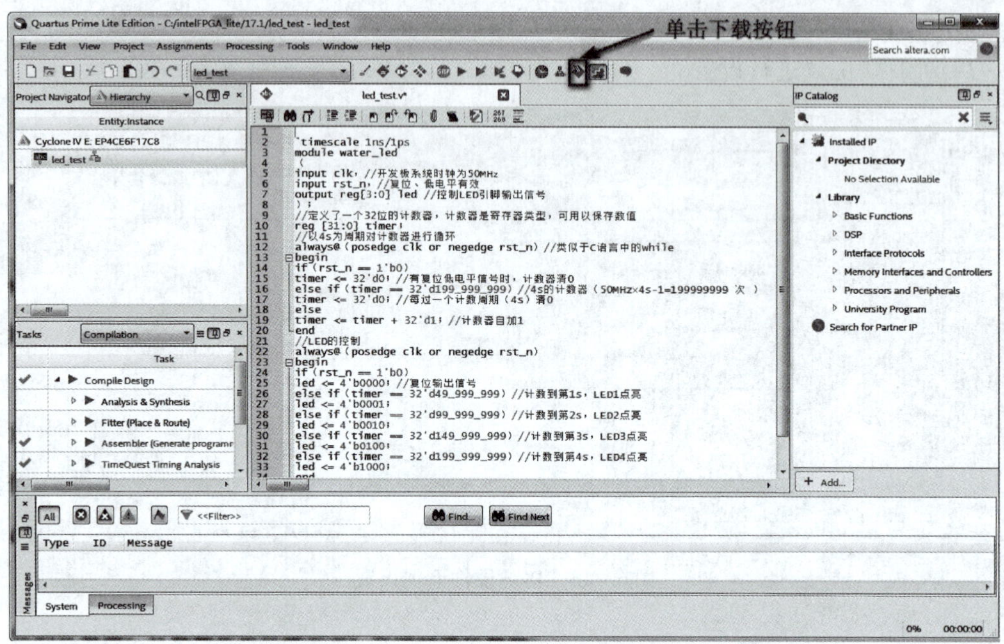

图 6-15　单击下载按钮打开下载界面

再单击“Add File”添加“led_test. sof”文件，然后将下载器连接 PC 和开发板，如图 6-16 所示。

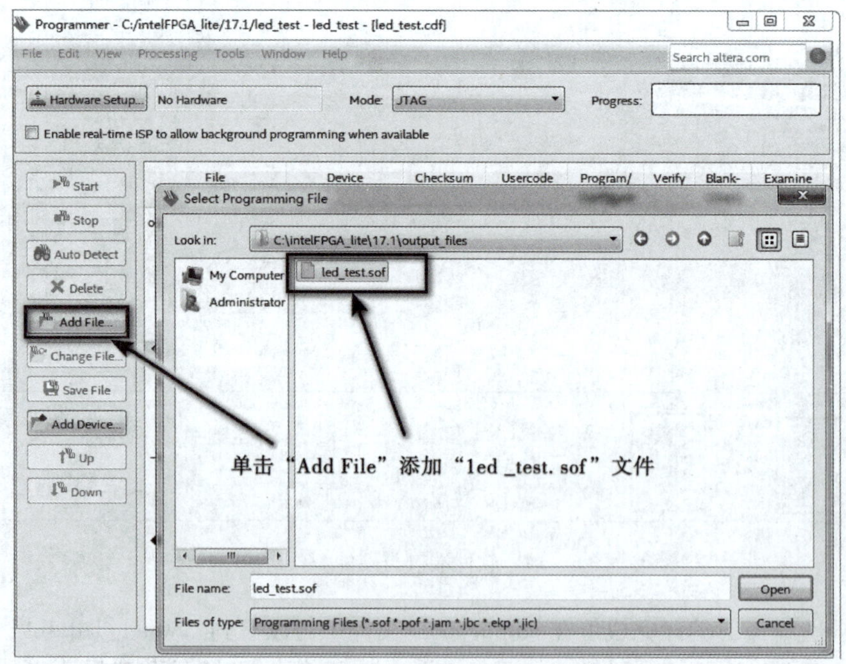

图 6-16　选择下载文件

确认连接成功后，选择连接模式为“JTAG”，最后单击“Start”按钮下载程序，如图 6－17 所示。

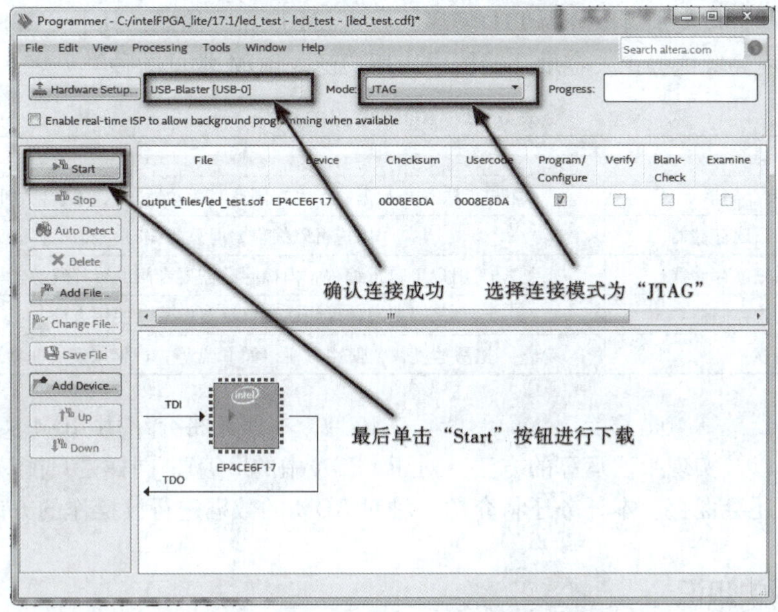

图 6－17　下载程序

（9）程序下载完成后，若 4 个 LED 流水灯循环点亮，表示逻辑功能结果正常。

（10）完成实训后，关闭所有程序，并关闭计算机，执行实训室 8S 管理制度。

（11）根据实训流程和实训结果，撰写实训总结报告，并对实训现象进行说明。

任务 2　ROM 的应用及读写测试

学习目标

1. 能识别 8 位数据缓冲器 74LS244 的逻辑符号和管脚。
2. 能识别 W27C512 芯片的逻辑符号和管脚，叙述其工作方式。
3. 能分析利用只读存储器实现组合逻辑函数的电路工作过程与输出代码。
4. 能分析两个一位十进制数乘法运算电路的工作过程。
5. 能熟练使用 FPGA 内部的 ROM，并利用程序对该 ROM 的数据进行读操作。

任务引入

半导体存储器根据断电后数据是否丢失分为只读存储器（read-only memory，ROM）和随机存储器（random access memory，RAM），断电后 ROM 中的数据保持不变，下次通电后原保存的数据仍然可取出使用，而 RAM 断电后数据将丢失；按数据擦除方式分为一次性擦除 ROM、紫外线擦除 ROM 和电擦除 ROM，其中电擦除 ROM 又称为 EEPROM，可以反复擦除或改写数据；按类别可以分为 TTL 型存储器和 CMOS 型存储器，其中 CMOS 型存储器以功耗低、集成度高等优势在大容量存储器中应用广泛。ROM 常见的种类见表 6－1。

表 6－1　ROM 常见的种类

种类	特点
掩膜只读存储器	用户无法写入数据，厂家在制造时一次性写入，适合大批量生产
一次性编程只读存储器	用户可以编程，但只能编写一次
紫外线擦除只读存储器	用户可自行编程，但擦除时需要专门的紫外线擦除器
电擦除只读存储器	擦写速度快，可以反复擦写，使用方便
闪存	擦写速度快，使用方便，如 U 盘等，近年来发展非常迅速

只读存储器的特点是只能读出而不能写入信息，本任务将介绍用 ROM 实现组合逻辑函数的方法，以及实现乘法运算的方法。对于 FPGA 中的 ROM，同样是只能读取信息，而且断电后信息还会保存。本任务还将介绍一种对 ROM 的数据进行读操作的方法。

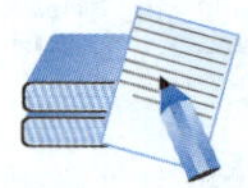

相关知识

一、8 位数据缓冲器 74LS244

因为通常 ROM 的输出电流较小，无法有效地驱动负载，因此，ROM 要通过数据缓冲器才能驱动负载。74LS244 是 8 线 3 态数据缓冲器，电源电压为 5 V，高电平输出电流为 15 mA，低电平输出电流为 24 mA，有较强的负载能力，可以直接驱动发光二极管或小功率负载，其逻辑符号和管脚排列如图 6－18 所示。

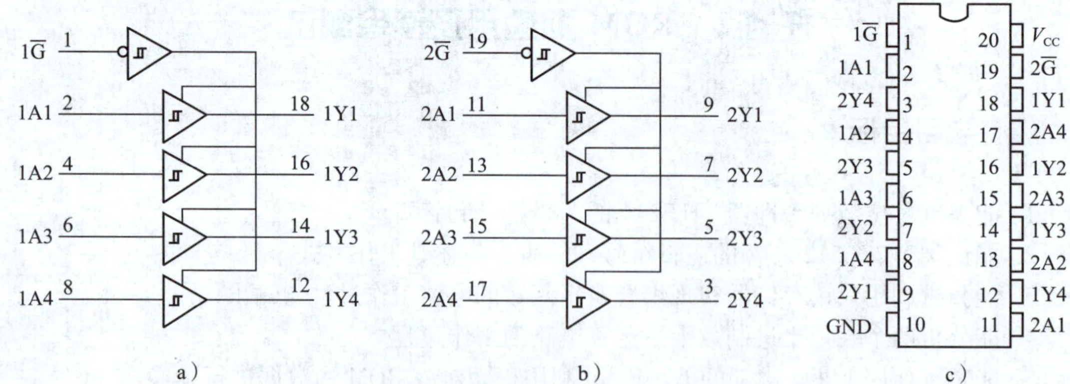

图 6－18　8 位数据缓冲器 74LS244

a）、b）逻辑符号　c）管脚排列

其管脚功能如下。

V_{CC}，GND——接 5 V 电源正、负极。

1A1～1A4——缓冲器 1 输入端。

1Y1～1Y4——缓冲器 1 输出端。

1$\overline{G}$——缓冲器 1 三态控制端，接低电平时，芯片正常工作；接高电平时，1Y1～1Y4 处于高阻状态。

2A1～2A4——缓冲器 2 输入端。

2Y1～2Y4——缓冲器 2 输出端。

2$\overline{G}$——缓冲器 2 三态控制端，接低电平时，芯片正常工作；接高电平时，2Y1～2Y4 处于高阻状态。

二、W27C512 芯片

W27C512 是 EEPROM 芯片，型号中 C 表示工作电压为 5 V，512 表示芯片存储容量为 512Kbit（64KB×8 位），其逻辑符号和管脚排列如图 6－19 所示。

W27C512 芯片各管脚的功能如下。

V_{CC}、V_{SS}——接 5 V 电源正、负极。

A_0～A_{15}——16 根地址线，所能表示的地址有 2^{16} 个，该存储器有 64 KB 存储单元，其地址编号依次为 0000H～0FFFFH。

D_0～D_7——8 根双向数据线，可以同时读出（或写入）8 位二进制数据。

$\overline{CE}$——片选控制线，只有当$\overline{CE}$为低电平时，该存储器才被选中工作。

$\overline{OE}/V_{PP}$——3 态输出/编程控制线。当 $\overline{OE}/V_{PP}$为低电平时，数据才能输出；当 $\overline{OE}/V_{PP}$ 为高电平时，输出端为高阻态。

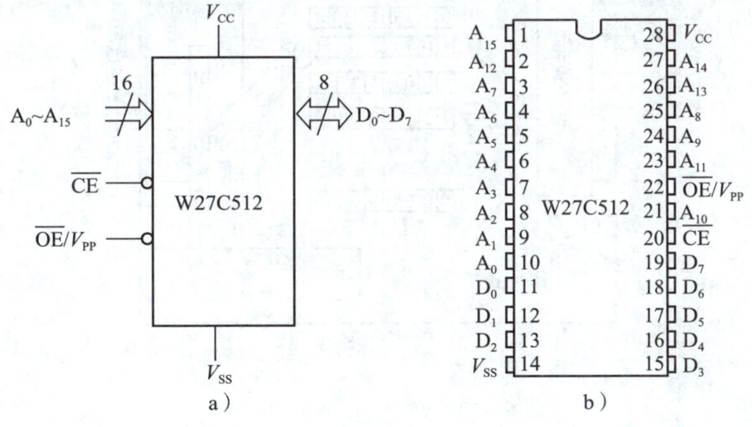

图 6－19　ROM 芯片 W27C512

a）逻辑符号　b）管脚排列

W27C512 的工作方式见表 6－2。

表 6－2　W27C512 的工作方式

工作方式	$\overline{CE}$	$\overline{OE}/V_{PP}$	D_7～D_0
读数据	0	0	数据输出

续表

工作方式	$\overline{CE}$	$\overline{OE}/V_{PP}$	$D_7 \sim D_0$
无输出	0	1	高阻
编程	下降沿脉冲	V_{PP}	数据输入
编程禁止	1	V_{PP}	高阻
未选中	1	×	高阻

注：擦除电压 $V_{PE}=14$ V，编程电压 $V_{PP}=12$ V。

（1）读数据方式。当 $\overline{CE}=0$、$\overline{OE}/V_{PP}=0$，并有地址码输入时，从 $D_7 \sim D_0$ 读出该地址单元的数据。

（2）无输出方式。当 $\overline{CE}=0$、$\overline{OE}/V_{PP}=1$ 时，数据输出端 $D_7 \sim D_0$ 呈高阻隔离状态。

（3）编程方式。在 $\overline{OE}/V_{PP}$端加入编程电压 12 V，在地址线上输入单元地址，在数据线上输入要写入的数据，在 $\overline{CE}$ 端加入 100 ms 脉冲下降沿时，数据就被写入由地址码确定的存储单元中。

（4）编程禁止方式。在编程方式下，如果 $\overline{CE}$ 端保持高电平，则芯片不能被编程，数据端为高阻隔离状态。

（5）未选中方式。当 $\overline{CE}=1$ 时，芯片处于未选中和编程禁止状态。当多个芯片接入数据总线时，不用的芯片处于备用状态。

图 6－20 所示为只读存储器 W27C512 的结构框图，它主要由地址译码器、存储矩阵、输出缓冲器和读/写/输出控制器组成。

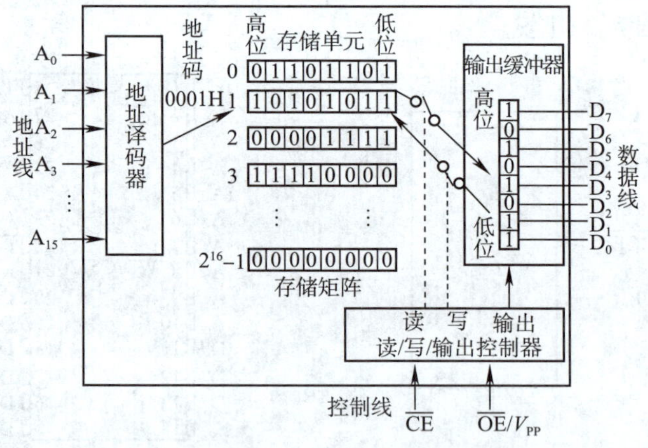

图 6－20　W27C512 的结构框图

地址译码器将输入的地址码译成相应的单元地址控制信号，利用这个信号从存储矩阵中选出指定的存储单元。例如，图 6－20 中 16 位地址总线 $A_{15} \sim A_0$ 的电平为 0000 0000 0000 0001（即地址码为 0001H）时，选中存储矩阵中的 1 号单元。

存储矩阵中每个存储单元可以保存一个字节的数据，例如，1 号单元当前保存的数据为 1010 1011（即数据为 0ABH）。

输出缓冲器使用 3 态门，用于实现输出的 3 态控制，便于和数据总线连接。

读/写/输出控制器通过控制端$\overline{CE}$、$\overline{OE}/V_{PP}$使存储器工作于读出数据、写入数据和输出3态控制方式。

三、实现组合逻辑函数的电路与输出代码

因为ROM的地址译码器相当于一个n位的“与”阵列，而存储矩阵是可编程“或”阵列，所以可以用来实现与/或形式的逻辑函数式。把ROM中的n位地址作为逻辑函数的输入变量，则ROM的n位地址译码器的输出是由输入变量组成的2^n个最小项，即实现了逻辑变量的“与”运算；ROM中的存储矩阵是把有关的最小项“或”运算后输出，即形成了各个组合逻辑函数。

如果选用W27C512芯片来实现组合逻辑电路，由于W27C512有16位地址输入和8位数据输出，则逻辑函数最多可以达到16个输入变量，可以同时完成8个组合逻辑函数。

利用逻辑加运算法则$A+\overline{A}=1$将下述逻辑函数式化为最小项表达式。

$$Y_1=\overline{A}\overline{B}+AB=\sum(0,1,6,7)$$

$$Y_2=\overline{B}\overline{C}+\overline{A}C=\sum(0,1,3,4)$$

$$Y_3=\overline{A}B\overline{C}+C=\sum(1,2,3,5,7)$$

实现3位逻辑变量的逻辑电路如图6-21所示。3个逻辑函数式共有A、B、C三个输入变量，分别对应于ROM的地址输入端A_2、A_1、A_0，其余地址输入端接地。ROM的数据输出端D_0、D_1、D_2对应逻辑函数式Y_1、Y_2、Y_3。

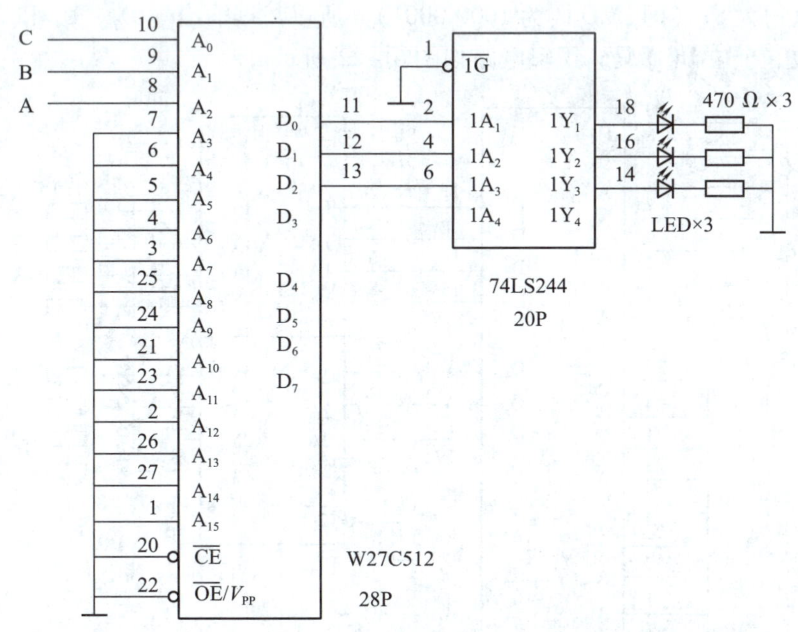

图6-21　实现3位逻辑变量的逻辑电路

ROM输出和组合逻辑函数真值表见表6-3，将8位ROM输出数据转换为16进制，即写入ROM的逻辑函数输出代码。

表 6-3 ROM 输出和组合逻辑函数真值表

输入变量	ROM 输出和组合逻辑函数真值表			逻辑函数输出代码
ABC	D_2/Y_3	D_1/Y_2	D_0/Y_1	
000	0	1	1	03H
001	1	1	1	07H
010	1	0	0	04H
011	1	1	0	06H
100	0	1	0	02H
101	1	0	0	04H
110	0	0	1	01H
111	1	0	1	05H

四、实现两个一位十进制数乘法运算的电路

两个一位十进制乘数分别用 8421BCD 码表示，A 乘数使用 ROM 的 $A_7 \sim A_4$ 地址输入端，B 乘数使用 ROM 的 $A_3 \sim A_0$ 地址输入端，其余地址输入端接地。由于两个一位十进制乘数积的最大值为 81（即 BCD 码为 1000 0001），所以数据输出端 $D_7 \sim D_4$ 和 $D_3 \sim D_0$ 分别显示积的十位、个位 BCD 码，逻辑电路如图 6-22 所示。

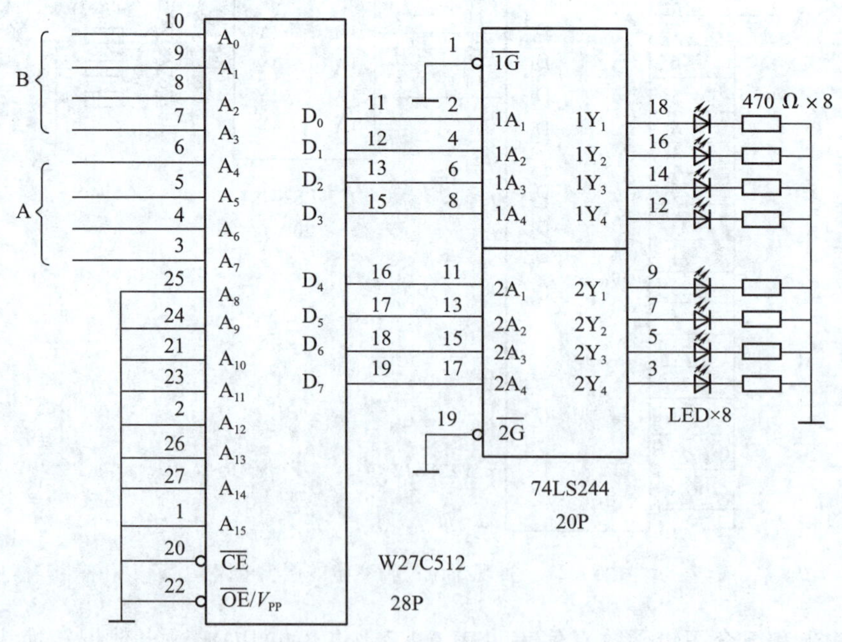

图 6-22 两个一位十进制数乘法运算电路

任务实施

一、任务分析

本任务的主要内容是对 FPGA 中的 ROM 数据进行读取操作，通过 IP 核例化一个 ROM，根据 ROM 的读时序即可读取 ROM 中存储的数据（IP 核是 Altera 公司在 Quartus 软件里提供的 ROM 的一个知识产权模块，类似一个模板）。在实训过程中，通过 Quartus 集成的在线逻辑分析仪 Signal Tap 观察 ROM 的读时序和从 ROM 中读取的数据。

二、任务准备

1. 实训器材

（1）FPGA 开发板　　1 块

（2）JTAG 下载器　　1 个

（3）FPGA 软件开发环境及计算机　　1 套

2. 注意事项

参考本课题任务 1。

三、操作步骤

1. 进行程序设计

（1）ROM 的初始化

mif 文件是在编译和仿真过程中作为 ROM 初始化的输入文件。mif 文件格式如下。

```
depth=××; //存储深度
width=××; //存储宽度
address_radix=DEC; //可选的地址基值
data_radix=DEC; //输入一个十进制数
content
begin
   ××(address):××(data); //地址范围
End
```

创建方法：如图 6－23 所示，在 Quartus 下先创建好项目，然后依次单击“File”→“New”→“Memory Initialization File”，选择建立 ROM 的位宽和字数，保存 mif 文件。

（2）ROM 的 IP 核添加与配置

新建名为“rom_test”的工程，如图 6－24 所示。单击“Tools”→“IP Catalog”，搜索“ROM”，选择“ROM:1－PORT”，在弹出的对话框中选择“Verilog”并命名、保存文件。单击“Next”按钮，如图 6－25 所示，选择数据宽度与深度，单击“Next”按钮，如图 6－26 所示，选择之前配置的 mif 文件位置，然后单击“Next”按钮，后续操作默认配置，直到完成。

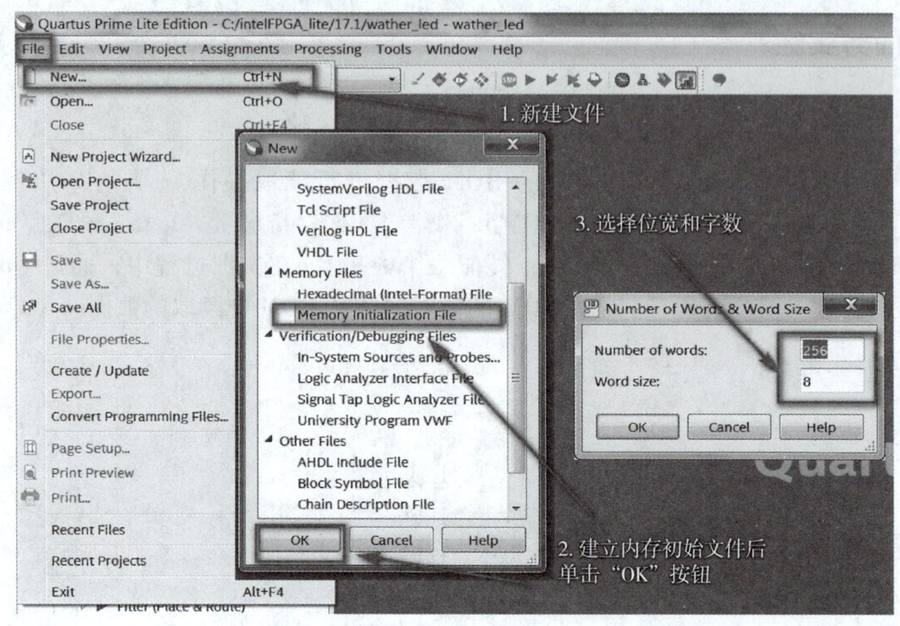

图 6－23　生成 mif 文件

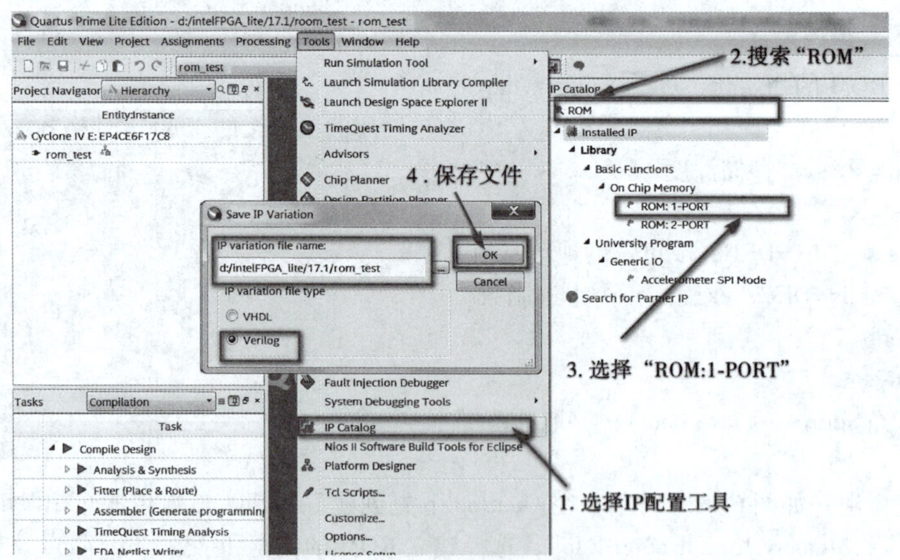

图 6－24　ROM 的 IP 核添加与配置

2. 下载程序到 FPGA

（1）关闭 FPGA 开发板电源，连接 USB 电源线及 JTAG 下载器。

（2）通过 Quartus 环境配置管脚，生成 sof 文件。在 Signal Tap 环境下下载 rom_test. sof 文件到 FPGA，然后单击触发按钮。

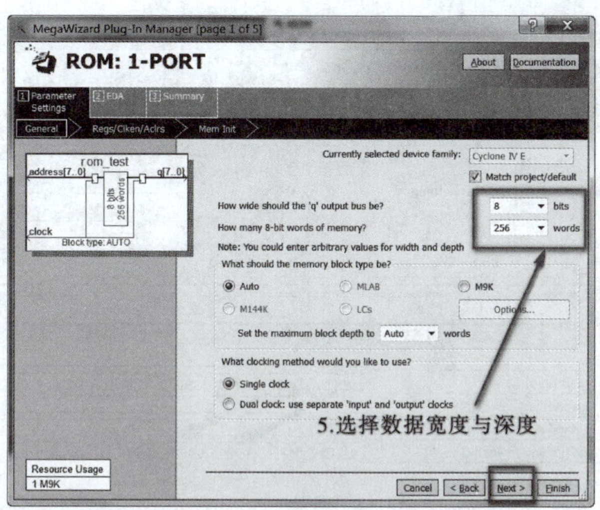

图 6－25 选择数据宽度与深度

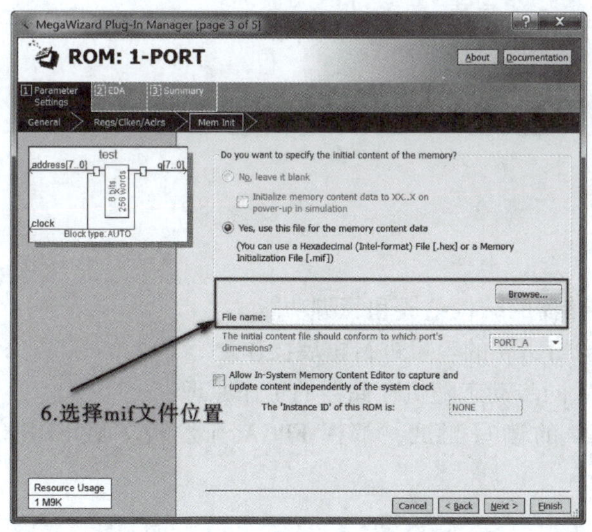

图 6－26 选择 mif 文件位置

3. 观察读取的数据

如图 6－27 所示，在 data 窗口可以发现“r_addr”在不断地从 0 累加。

完成任务后，关闭所有程序和计算机，执行实训室 8S 管理制度。整理相关数据，填写实训报告。

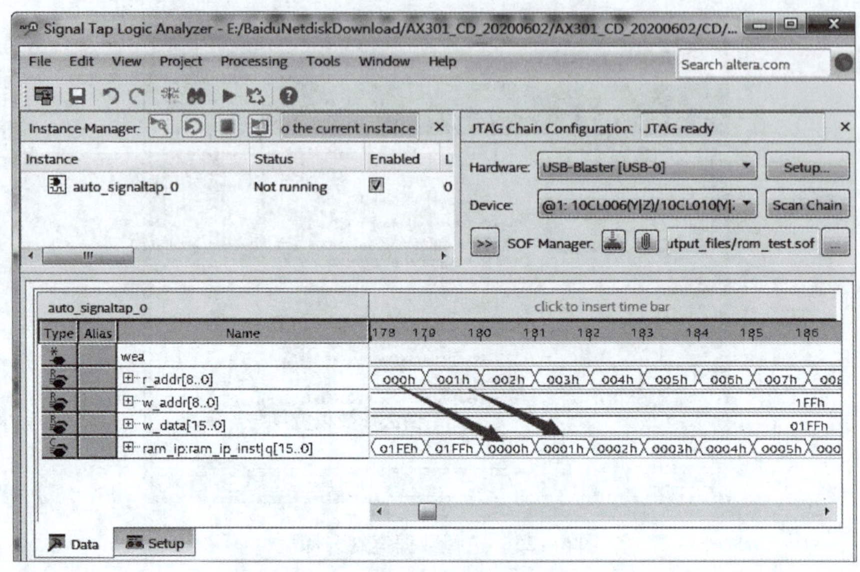

图 6－27　利用 Signal Tap 观察读取的数据

任务 3　认识随机存储器 RAM

学习目标

1. 能叙述随机存储器的结构组成和管脚功能。
2. 能对随机存储器 RAM 的容量进行扩展操作。
3. 能分析 SDRAM 同步动态随机存储器的工作原理。
4. 能通过 SDRAM 的读写测试，掌握 FPGA 开发板下载 SDRAM 读写测试程序的方法。

任务引入

随机存储器 RAM 可以随时对选中的存储单元进行信息的读/写操作，但电源断电时，所有的信息都会消失。RAM 的特点是存取速度快，RAM 是计算机的主要存储器（简称内存），是与中央处理器（CPU）配合工作的重要部件。

相关知识

一、随机存储器的结构

随机存储器 RAM2114 的结构框图和管脚排列如图 6－28 所示，其内部结构由存储矩阵、行/列地址译码器和读/写控制电路三部分组成。

存储矩阵由若干个存储单元构成，存储单元数量 M 与地址线 N 的关系是 $M=2^N$。RAM2114 有 10 条地址线 $A_0\sim A_9$，其中 $A_3\sim A_8$ 为 6 条行地址线，可产生 64 条行选择线，每次选中一行。A_0、A_1、A_2、A_9 为列地址线，可产生 16 条列选择线，每次选中一列。行线、列线交叉处即为选中的一个存储单元，因此 RAM2114 有 $64\times16=1\ 024$ 个存储单元。RAM2114 共有 $I/O_0\sim I/O_3$ 四条双向数据线，即 RAM2114 的每个单元有 4 位数据，总存储容量为 1KB ×4 位。

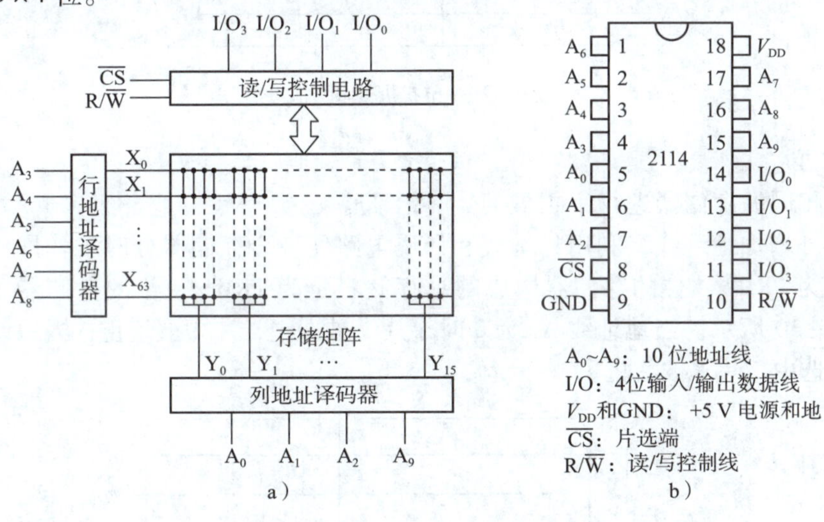

图 6－28　RAM2114 的结构框图和管脚排列

a）结构框图　b）管脚排列

译码器的作用是把地址线的 2^N 种组合译成地址信号，并选择指定的存储单元。

读/写控制电路用于选择芯片和控制数据线信号传输的方向。当片选信号 $\overline{CS}=0$ 时，芯片被选中工作；当片选信号 $\overline{CS}=1$ 时，芯片被禁止，I/O 数据线处于高阻状态，方便 RAM 进行字扩展和位扩展。

当芯片被选中并且读写控制线 $R/\overline{W}=0$ 时，进行写入操作，加到 4 位 I/O 数据线上的数据写入存储单元；当读写控制线 $R/\overline{W}=1$ 时，进行读数操作，存储单元的 4 位数据传送到 I/O 数据线上。

二、RAM 容量扩展

如果 RAM 容量不够，可以更换大容量存储器，例如，RAM6264 有 $A_0\sim A_{12}$ 共 13 根地址线，有 $D_0 \sim D_7$ 共 8 根 I/O 数据线，总存储容量为 8KB ×8 位。此外，也可以对 RAM 的位和字容量进行扩展。

1. 位扩展

位扩展的方法是将几片相同型号的存储器的数据线、地址线和读/写控制线并联使用。用 2 片总存储容量为 1KB ×4 位的存储器构成的总存储容量为 1KB ×8 位的存储器位扩展逻辑电路如图 6－29 所示。

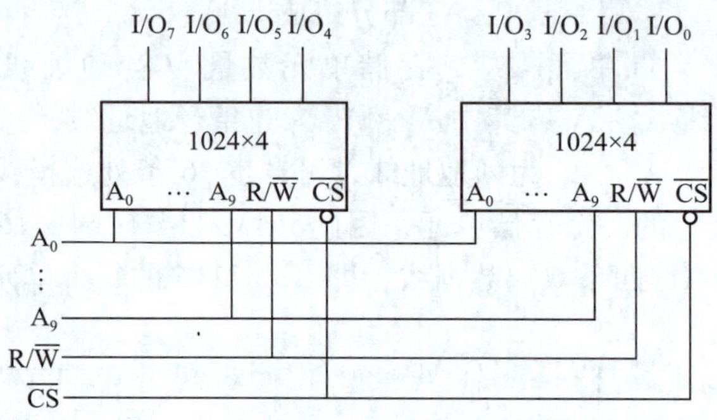

图 6－29　位扩展逻辑电路

2. 字扩展

用型号相同的存储器进行字扩展时，各存储器的数据线、地址线和读/写控制线并联使用。另外增加地址线，利用片选线和译码电路使各个存储器分时工作即可。用两片总存储容量为 1KB ×4 位的存储器构成的总存储容量为 2KB ×4 位的存储器字扩展逻辑电路如图 6－30 所示。当地址线 A_{10} 为 0 时，片 1 被选中，片 2 被禁止；当地址线 A_{10} 为 1 时，片 2 被选中，片 1 被禁止。

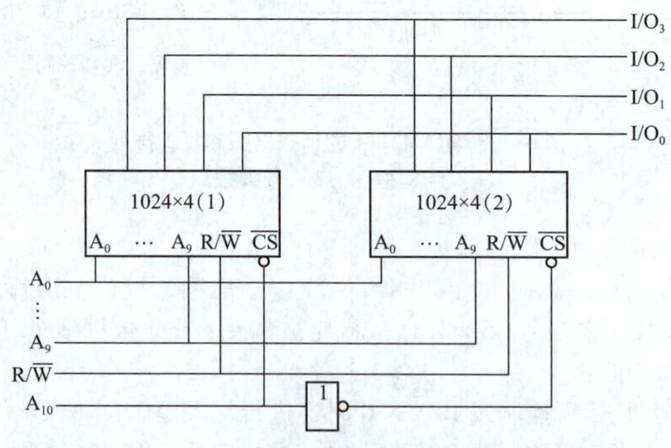

图 6－30　字扩展逻辑电路

三、SDRAM 同步动态随机存储器

RAM 的读写速度远远大于 ROM，包括 SRAM 静态随机存储器和 DRAM 动态随机存储

器。SRAM 主要是依靠触发器存储数据，不需要刷新，而 DRAM 依靠 MOSFET 中栅极电容存储数据，需要随时刷新。较之 SRAM，DRAM 集成度高、功耗低，但其刷新过程影响传输速率。

从 DRAM 发展而来的 SDRAM 同步动态随机存储器，工作中需要同步时钟，内部命令的发送与数据的传输都以时钟为基准；存储阵列需要不断地刷新、充电，以防止电容电量丢失，从而保留住数据，与处理器交换数据；根据随机指定地址进行数据读写。SDRAM 提高了存储器的读写速度，得到广泛应用。

SDRAM 的内部结构是一个存储阵列，就像一张表格，通过先确定一行，再确定一列，可以准确地定位到所需要的单元格，此即内存芯片寻址的基本原理。对于 SDRAM，该单元格可称为存储单元，这个存储单元就是逻辑 Bank（L-Bank）。Bank 是内存中逻辑存储库数量的基本单位，控制内存与 CPU 之间数据交换的北桥芯片将内存总线的数据位宽等同于 CPU 数据总线的位宽，而这个位宽就是物理 Bank（P-Bank）的位宽。

SDRAM 工作时先进行初始化，然后进入工作状态。初始化阶段包括稳定延时、L-Bank 预充电、自刷新（8 个）、模式寄存器配置四个阶段，工作过程如图 6－31 所示。

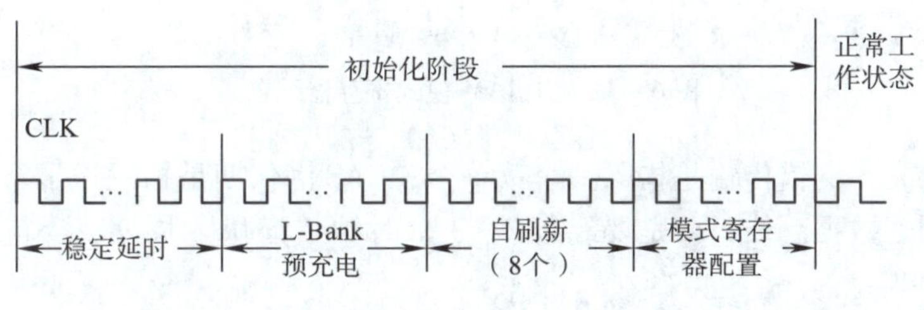

图 6－31　SDRAM 的工作过程

1. 初始化

（1）稳定延时：利用计数器产生稳定延时，然后完成稳定延时。

（2）L-Bank 预充电：每当结束当前寻址，开始新寻址时，L-Bank 关闭现有工作行，准备打开新行的操作就是预充电。

（3）自刷新：动态随机存储器为了确保未被读写过的数据不丢失（因为电容漏电），需要定期对存储单元进行自刷新，每过一个固定的时间，需要发送一个自刷新命令。

（4）模式寄存器配置：SDRAM 模式寄存器的 $A_0 \sim A_2$ 位为 SDRAM 读写 Burst Length（突发长度）的设置；A_3 为 Burst Type（突发传输类型），用于选择顺序模式或交叉模式；$A_4 \sim A_6$ 为 CAS 潜伏期设置；A_9 用于选择操作模式。具体说明如图 6－32 所示。

操作模式可以分为“突发读”“突发写”“单一写”，如果设置为“突发读”，那么在读取第一个数据之后，如果想读取这个存储单元后面一个存储单元的数据，就不必再次发送行列地址，自动地读取接下来的数据；读取数据单元的数量就是突发长度，全页就是将这一行上的数据全部读出或写入；突发传输类型分为顺序和交错传输，顺序传输是指依次

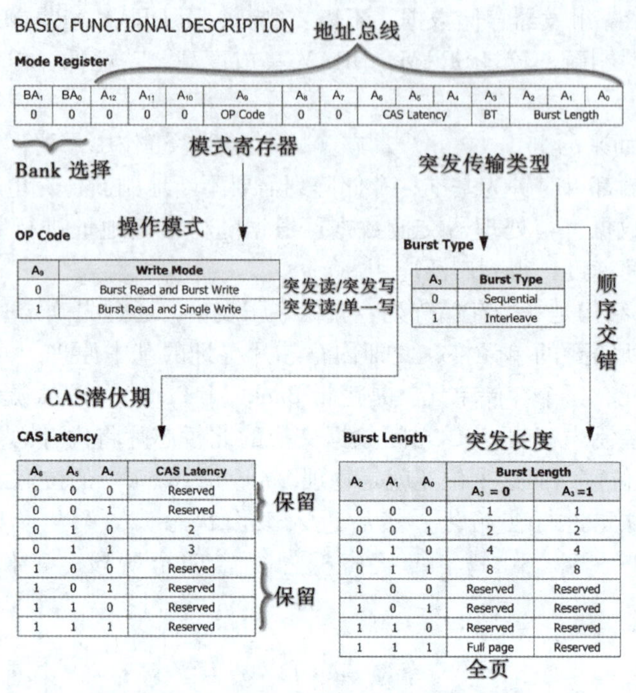

图 6－32　SDRAM 模式寄存器配置

读后面的存储单元，交错传输是指隔一个读一个；CAS 潜伏期是指发送了行列地址后，数据并不是马上到达数据总线，而是要经过 2～3 个时钟“潜伏”周期，等待数据信号增强后才能输出。

2. 工作状态

初始化结束以后，SDRAM 即可正常工作。若此时收到读写信号以及地址，SDRAM 就会进行相应的寻址，并将数据做相应的处理，在后续过程中伴随刷新与预充电操作。

任务实施

一、任务分析

本任务主要使用准备好的 SDRAM 的 Verilog 测试程序进行 SDRAM 读写测试，任务中所用的 SDRAM 为 FPGA 开发板中的 SDRAM，测试程序为 FPGA 开发板自带的 sdram_test 测试程序。该 SDRAM 采用了 SK hynix 公司的 HY57V2562 型 SDRAM，容量为 256 Mbit，数据宽度都为 16 位，工作电压为 3.3 V，并采用时钟信号同步所有输入接口。其含有 16 位数据总线，4 个 P-Bank，通过片选信号控制相应的 Bank。存储架构为 4 Banks × 4 Mbit × 16 位（其乘积即为内存容量 256 Mbit），最高工作频率为 133 MHz。其结构框图如图 6－33 所示。

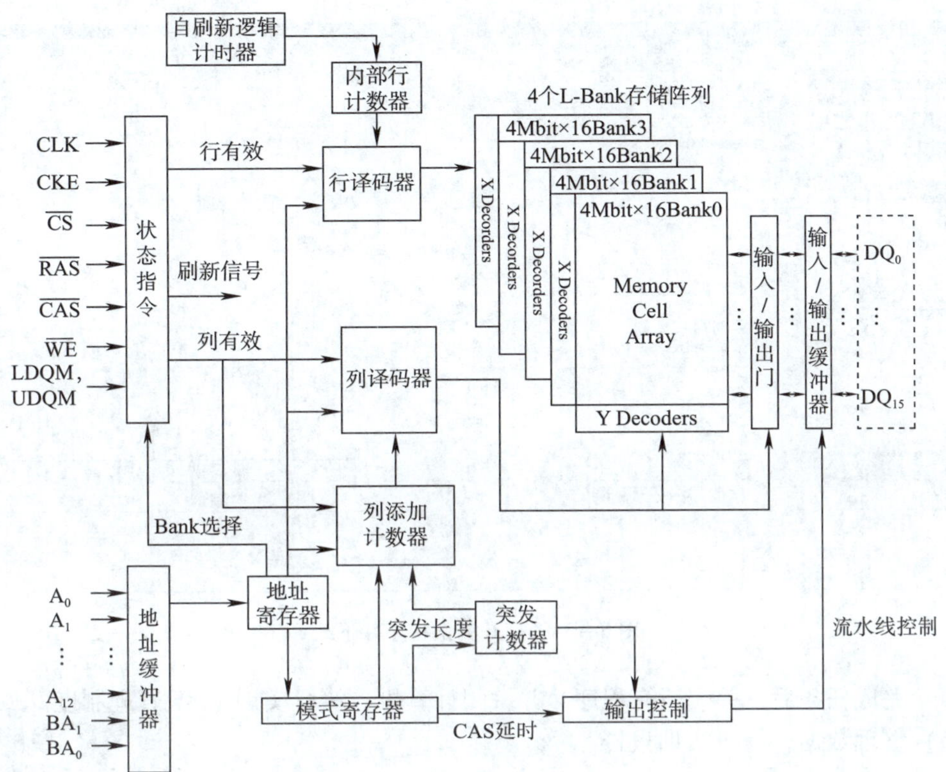

图 6-33　SDRAM 结构框图

二、任务准备

1. 实训器材

(1) FPGA 开发板　　1 块

(2) JTAG 下载器　　1 个

(3) FPGA 软件开发环境及计算机　　1 套

(4) SDRAM 的 Verilog 测试程序　　1 个

2. 注意事项

参考本课题任务 1。

三、操作步骤

(1) 关闭 FPGA 开发板电源，连接 USB 电源线及 JTAG 下载器。

(2) 通过 Quartus 打开下载界面，将 sdram_test 测试程序下载到开发板，如图 6-34 所示。

(3) 接通电源后，观察发光二极管 LED0 测试灯是否闪烁。

(4) 若 LED0 测试灯不断闪烁，同时故障灯 LED1 不亮，说明 SDRAM 读写测试正常进行，且测试结果正常。

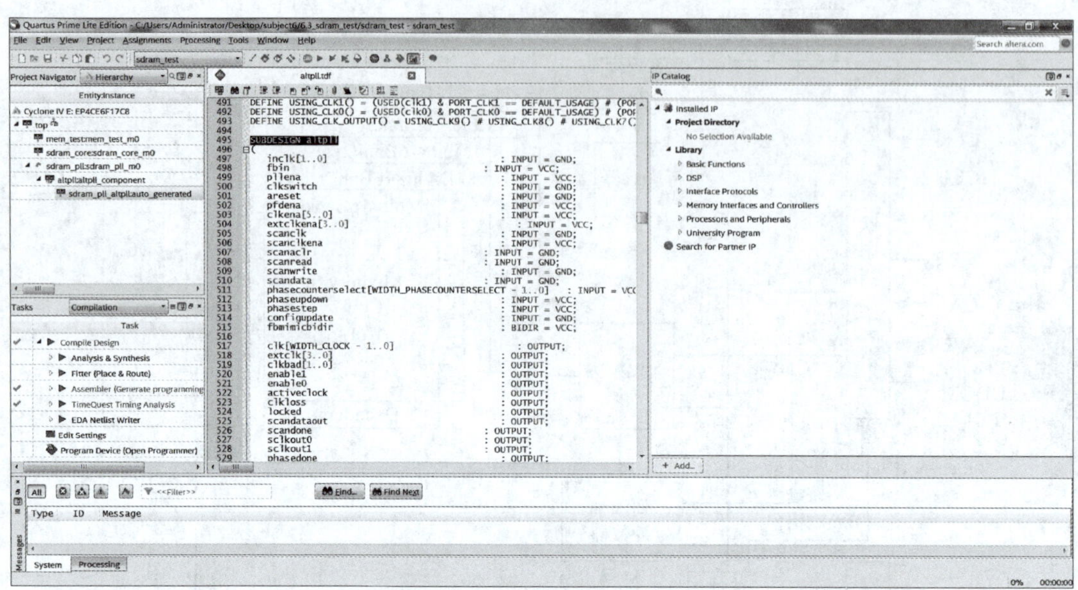

图 6－34　打开测试程序并下载

（5）完成任务后，关闭所有程序，并关闭计算机，执行实训室 8S 管理制度。

（6）整理数据，填写实训报告。

课题七　数模与模数转换器的应用

模拟信号和数字信号都是工业控制中常见的信号，要想在数字电路中处理模拟信号，必须先将其转换为数字信号。例如，在恒温控制系统中，温度传感器将现场温度转换为模拟信号，模数转换器将该模拟信号转换为数字信号后才能送入运算控制器。运算控制器输出的控制信号是数字信号，要通过数模转换器转换为模拟信号来控制加热器的电压高低，以达到恒温控制的目的，其系统框图如图 7－1 所示。

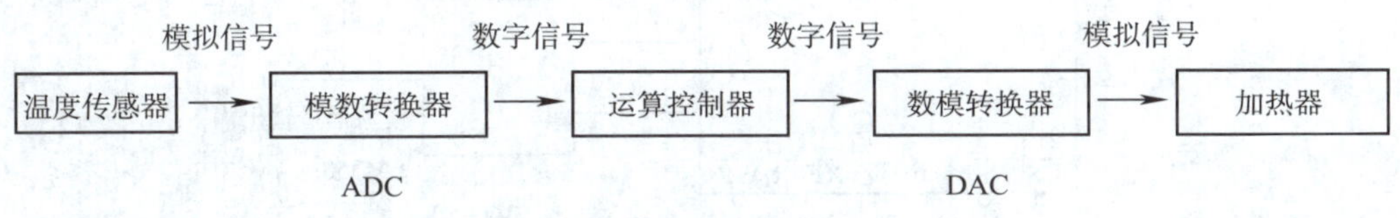

图 7－1　恒温控制系统框图

将模拟信号转换为数字信号的过程称为模数转换。将数字信号转换为模拟信号的过程称为数模转换。

本课题主要通过组装与测试数模转换器、应用模数转换器制作数字电位器两个任务的学习，介绍数－模、模－数转换的基本工作原理和常用的 D/A 转换器和 A/D 转换器。

任务 1　组装与测试数模转换器

学习目标

1. 能叙述数模转换器的结构、工作原理和主要参数。
2. 能叙述数模转换器 DAC0832 的内部结构、功能、管脚排列和工作方式。
3. 能说明集成运算放大器 LM358 的内部结构和管脚排列。
4. 能分析用 DAC0832 构成的数模转换测试电路输出电压与输入数字量二进制权值之间的关系。
5. 能正确应用 Multisim 14.0 仿真软件对数模转换器进行功能测试。
6. 能正确组装数模转换测试电路并测量模拟量。

任务引入

在自动化控制系统中，数模转换电路的作用是将数字信号转换为不同数值的直流电压或电流，去控制转速、温度、流量和压力等不同的物理量。与开关量控制不同的是，用模拟量控制可以实现无级调速、恒温、恒压等控制。实现这种数－模转换功能的电路称为数－模转换器，简称 D/A 转换器或 DAC。本任务以集成数模转换器 DAC0832 为例，介绍数模转换器的工作原理、组装与测试。

用 DAC0832 构成的数模转换测试电路如图 7－2 所示。DAC0832 将输入的数字量转换为模拟电流输出，运算放大器 LM358 将模拟电流转换为模拟电压输出。

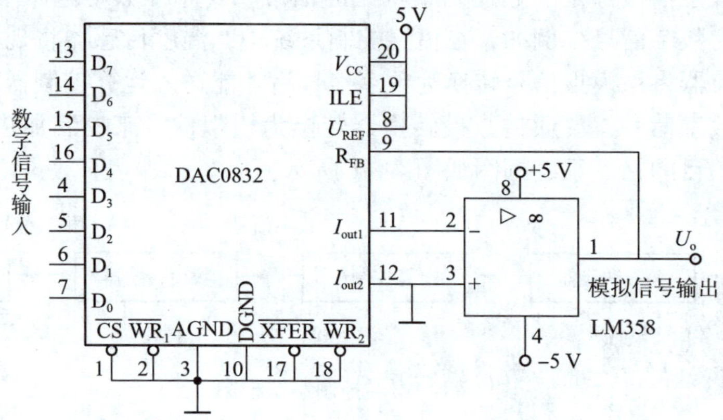

图 7－2　用 DAC0832 构成的数模转换测试电路

相关知识

一、数模转换器的结构、工作原理和主要参数

1. 4 位电阻网络 DAC 电路

4 位电阻网络 DAC 电路如图 7－3 所示，该电路由输入寄存器、电子开关、基准电压、电阻网络和运算放大器组成。

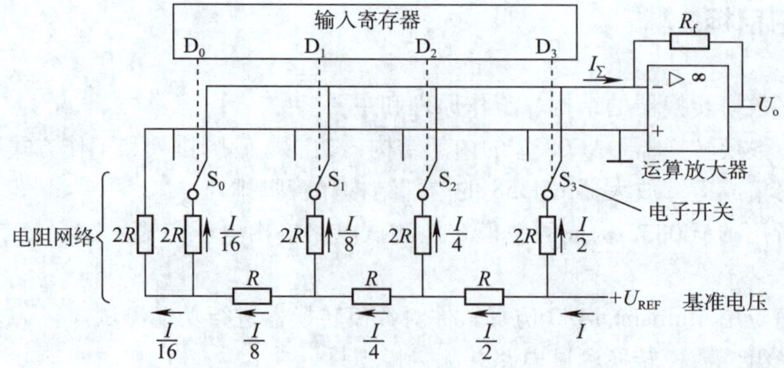

图 7－3　4 位电阻网络 DAC 电路

输入寄存器的数据 $D_0 \sim D_3$ 控制电子开关 $S_0 \sim S_3$ 的拨动方向。某位数据为1时，电子开关拨向右侧，由基准电压 U_{REF} 提供的电流经电阻网络（电阻网络等效电阻为 R，$R = R_f$）流向运算放大器的反相输入端参加运算；某位数据为0时，电子开关拨向左侧，电流流向地。

当 $D_3D_2D_1D_0 = 1111$ 时，全部电流流向运算放大器的反相输入端参加运算，运算放大器输入的总电流 I_Σ 为各支路电流的和。

$$I_\Sigma = I_1 + I_2 + I_3 + I_4 = \frac{U_{REF}}{R}\left(\frac{1}{2} + \frac{1}{4} + \frac{1}{8} + \frac{1}{16}\right)$$

由运算放大器的工作原理可知，此时输出电压 U_o 最大。

$$U_o = -I_\Sigma R_f = -U_{REF}\left(\frac{1}{2} + \frac{1}{4} + \frac{1}{8} + \frac{1}{16}\right)\frac{R_f}{R} = -\frac{15}{16}U_{REF}$$

由于电流大小受数码 D_3、D_2、D_1、D_0 的控制，因此，输出电压 U_o 的表达式为：

$$U_o = -\frac{1}{16}U_{REF}\left(2^3 D_3 + 2^2 D_2 + 2^1 D_1 + 2^0 D_0\right)$$

当输入数字信号为0000～1111时，输出模拟电压为0～$-\frac{15}{16}U_{REF}$，输出模拟电压与输入数字量的二进制权值成正比，实现了数模转换。

由此可以推广到 n 位的DAC输出为：

$$U_o = -\frac{1}{2^n}U_{REF}\left(2^{n-1} D_{n-1} + 2^{n-2} D_{n-2} + \cdots + 2^1 D_1 + 2^0 D_0\right)$$

【例7-1】 有一个4位DAC，基准电压 $U_{REF} = 10$ V，输入的数字量 $D_3D_2D_1D_0 = 1010$，求输出的模拟电压。同样的基准电压，若是一个8位DAC，输入的数字量 $D_7D_6D_5D_4D_3D_2D_1D_0 = 10101010$，求输出的模拟电压。

解：

4位DAC：$U_o = -\frac{1}{16}U_{REF}\left(2^3 + 2^1\right) = -\frac{1}{16} \times 10 \times 10\ \text{V} = -6.25\ \text{V}$

8位DAC：$U_o = -\frac{1}{256}U_{REF}\left(2^7 + 2^5 + 2^3 + 2^1\right) = -\frac{1}{256} \times 10 \times 170\ \text{V} \approx -6.64\ \text{V}$

2. DAC的主要参数

（1）分辨率

分辨率用以说明DAC在理论上可以达到的精度，用于表示DAC对输入量变化的敏感程度。显然，输入数字量的位数越多，输出电压可分离的等级越多，即分辨率越高，所以实际应用中，往往用输入数字量的位数表示DAC的分辨率。

从【例7-1】可以看出，4位DAC输入的数字量有0000～1111共16种不同的组合，所以输出电压也只能是16个可能值。而8位DAC则有256个可能值，因此，数模转换器的位数越多，转换精度就越高。此外，DAC的分辨率也可以用电路所能分辨的最小输出电压 U_{LSB} 与最大输出电压 U_m 之比来表示，即：

$$分辨率=\frac{U_{LSB}}{U_m}=\frac{-\frac{U_{REF}}{2^n}}{-\frac{U_{REF}}{2^n}(2^n-1)}=\frac{1}{2^n-1}$$

上式说明，DAC 的位数 n 越多，分辨率越高。例如，10 位 DAC 的分辨率为：

$$\frac{1}{2^{10}-1}=\frac{1}{1\ 023}\approx 0.001$$

（2）建立时间

建立时间是指在输入数字量各位由全 0 变为全 1 或由全 1 变为全 0 时输出电压达到规定的误差范围（±LSB/2，表示误差为最低有效位的半个字）所需的时间。目前，内部只含有解码网络和电子开关的单片集成 DAC，其建立时间最短可达 0.1 μs；内部除包含解码网络和电子开关外，还包含基准电压源和求和运算放大器的集成 DAC，其建立时间最短的在 1.5 μs 左右。

二、数模转换器 DAC0832

集成 D/A 转换器速度快、转换精度高、成本低，常见的集成 D/A 转换器有 DAC0808、DAC0832、DAC1230、AD561、AD7520、MC1408 等，下面仅以国内应用较多的 DAC0832 为例介绍集成 D/A 转换器。

1. 内部结构和功能

DAC0832 是一种常用的双列直插式单片 8 位 D/A 转换集成芯片，具有转换速度快、价格低、功耗小和接口简单等优点，广泛应用于单片机系统中。DAC0832 的内部结构和管脚排列如图 7－4 所示。从图中可以看出，DAC0832 内部有 8 位输入锁存器（第一级缓存，受控 $\overline{LE_1}$）、8 位 DAC 寄存器（第二级缓存，受控 $\overline{LE_2}$）、8 位 D/A 转换器和控制门电路。该芯片中没有运算放大器，在使用时需要外接运算放大器。

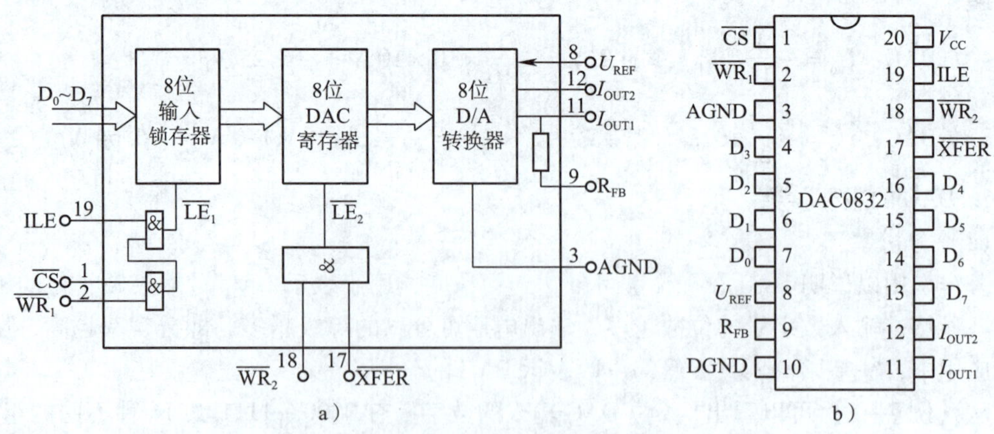

图 7－4　DAC0832 的内部结构和管脚排列

a）内部结构　b）管脚排列

DAC0832 的主要功能如下。

（1）输入数字量为 8 位。

（2）采用 CMOS 工艺，所有管脚的逻辑电平与 TTL 兼容。

（3）数字量输入采用双缓冲、单缓冲或直通 3 种方式。

（4）转换时间：1 μs。

（5）精度：±1LSB（误差小于最低有效位）。

（6）分辨率：8 位。

（7）单一电源：5～15 V，功耗 20 mW。

（8）基准电压：－10～＋10 V。

2. 管脚功能说明

D_0～D_7——8 位数字量输入端，TTL 电平。

ILE——数据锁存允许控制端，高电平有效。当 ILE＝1 时，8 位输入锁存器允许数字信号输入。

$\overline{CS}$——片选控制端，低电平有效。当$\overline{CS}$＝0 时，本片被选中。

$\overline{WR}_1$——8 位输入锁存器写信号，低电平有效。当 ILE、$\overline{CS}$、$\overline{WR}_1$ 同时有效时，数据装入 8 位输入锁存器，实现输入数据的第一级缓存。

$\overline{XFER}$——数据传送控制信号，低电平有效。

$\overline{WR}_2$——8 位 DAC 寄存器写信号，低电平有效。当$\overline{XFER}$和$\overline{WR}_2$ 同时有效时，将 8 位输入锁存器中的数据装入 8 位 DAC 寄存器，实现输入数据的第二级缓存。

U_{REF}——基准电压，－10～＋10 V。

R_{FB}——内部反馈电阻接线端。

I_{OUT1}——DAC 电流输出 1，其值随数字量二进制权值变化。

I_{OUT2}——DAC 电流输出 2。

V_{CC}——电源电压，5～15 V。

AGND——模拟信号地线。

DGND——数字信号地线。

3. DAC 工作方式

由于 DAC0832 芯片的内部含有两个数据寄存器，从而有 3 种可供选择的工作方式。

（1）双缓冲方式。即数据经过双重缓冲后再送入 D/A 转换电路，执行两次写操作才能完成一次 D/A 转换，适用于要求同时输出多个模拟量的场合。

（2）单缓冲方式。此时，两个数据寄存器之一处于直通状态，输入数据只经过一级缓冲送入 D/A 转换电路。这种方式只需要执行一次写操作，即可完成 D/A 转换，适用于只输出一个模拟量的场合。

（3）直通方式。此时，$\overline{LE}_1$、$\overline{LE}_2$ 均为高电平，DAC0832 芯片处于直通工作方式，数据可以从输入端经两个寄存器直接进入 D/A 转换器。这种方式适用于不采用计算机控制的数字系统。

三、集成运算放大器 LM358

集成运算放大器 LM358 包括两个独立的高增益的具有内部频率补偿功能的双运算放大器，能在电源电压范围很宽的单电源（3～30 V）或双电源（±1.5～±15 V）供电下使用。LM358 的管脚排列如图 7－5 所示。

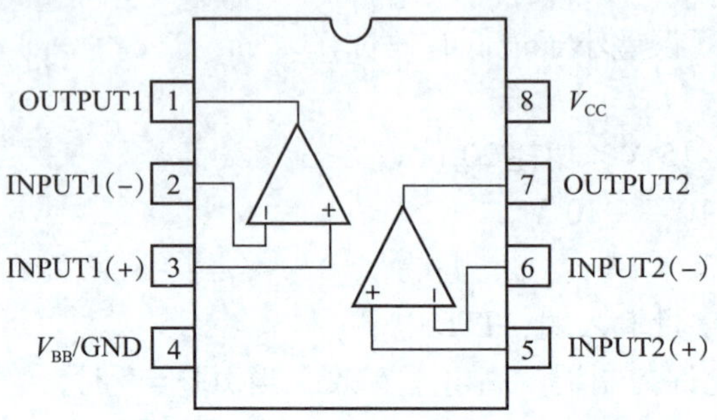

图 7－5　LM358 的管脚排列

四、DAC 测试

用 DAC0832 构成的数模转换测试电路如图 7－2 所示，D_7 和 D_0 分别为数据输入端的最高位和最低位，基准电压使用＋5 V；运算放大器使用 LM358，使用±5 V 双电源供电。使用数字式万用表直流 20 V 挡测量输出电压，测量结果见表 7－1。从表中可以看出，输出电压与输入数字量的二进制权值成正比关系，当 D_7～D_0 全部为 1 时，输出最大模拟电压值为 4.980 V。

表 7－1　数模转换电路测量值表

输入数字量								输出电压测量绝对值/V
D_7	D_6	D_5	D_4	D_3	D_2	D_1	D_0	
0	0	0	0	0	0	0	0	0.000
0	0	0	0	0	0	0	1	0.020
0	0	0	0	0	0	1	1	0.054
0	0	0	0	0	1	1	1	0.167
0	0	0	0	1	1	1	1	0.242
0	0	0	1	1	1	1	1	0.497
0	0	1	1	1	1	1	1	1.230
0	1	1	1	1	1	1	1	2.480
1	1	1	1	1	1	1	1	4.980

【例 7－2】 求图 7－2 所示测试电路输入数字量分别为 0、10000000、11111111 时的输出模拟电压值。

解：

当输入的数字量为 0 时，输出电压 $U_o=0$。

当输入的数字量为10000000时，输出电压为：

$$U_o = -\frac{1}{2^8}U_{REF}\ (2^7) = -\frac{1}{2}\times 5\ V = -2.5\ V$$

当输入的数字量为11111111时，输出电压为：

$$U_o = -\frac{1}{2^8}U_{REF}\ (2^7+2^6+2^5+2^4+2^3+2^2+2^1+2^0) = -\frac{255}{256}\times 5\ V \approx -4.98\ V$$

任务实施

一、任务分析

本任务先用Multisim 14.0搭建8位DAC模块并进行仿真测试，然后参考图7-2，以DAC0832芯片为主要元件组装数模转换器测试电路并进行测试，要求能正确识别DAC0832的管脚排列，根据相应的输入数字量，测量出对应的模拟电压并记录。

二、任务准备

1. 实训器材

(1) 面包板　1块

(2) 直流稳压电源（+5 V、-5 V）　1台

(3) DAC0832　1片

(4) LM358　1片

(5) 数字式电压表　1块

(6) 插接线　若干

(7) 集成电路起拔器、镊子　各1个

(8) Multisim 14.0仿真测试平台　1套

2. 注意事项

(1) 输出电压的大小应符合DAC转换规律，如有较大差别，应检查电路是否接错。

(2) 实际操作中，测量值与理论值可能有一定的差别，误差主要是由器件差异、电源电压与测试仪表的偏差造成的。

(3) 如果需要测量较为精确的值，可在DAC0832的⑨脚与LM358的①脚之间增加一个增益调节电位器，如果测量值与理论值相比仍有较大的差别，应检查电路是否接错。

三、操作步骤

1. 数模转换器仿真测试

(1) 双击桌面上的“NI Multisim 14.0”图标，启动Multisim 14.0软件。

(2) 从混合元件库中选取DAC模块并拖到电路中。

(3) 从电源库中拖出电源V_{CC}、地和一个10 V的直流电源（DAC的参考电压）。

(4) 从显示器材库中拖出电压表，按照图7-6连接电路。

（5）测试前需要先输入数字量，如图 7－6 所示，D_7、D_6 接高电平（10 V 电压），D_5、D_4、D_3、D_2、D_1、D_0 均接地，即当前输入数字量为 11000000（0C0H）。

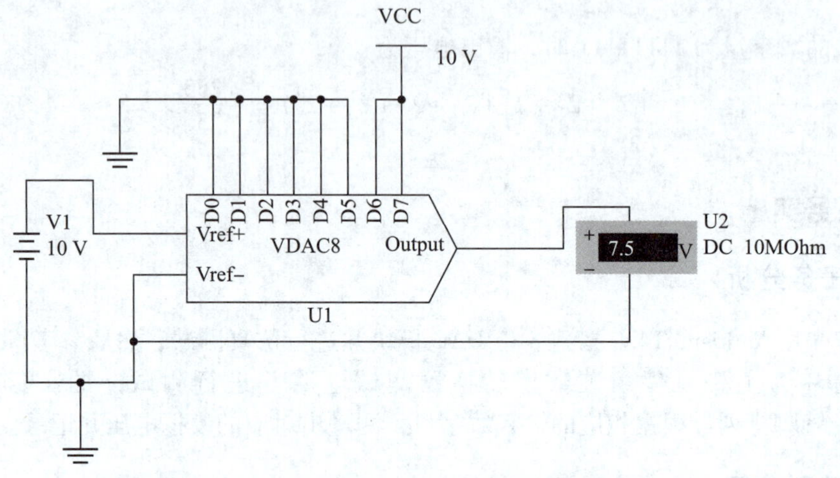

图 7－6　数模转换器仿真测试电路

（6）单击“仿真”菜单中的“运行”命令或按快捷键【F5】进行测试，结果表明，数字量 0C0H 对应的输出模拟电压值为 7.5 V，将输入数字量和输出电压值记录在表 7－2 中。

（7）重新输入数据，即改变 $D_7 \sim D_0$ 接线（接高电平为 1，接低电平为 0），按快捷键【F5】再次仿真测试并将数据记录在表 7－2 中。

表 7－2　数模转换器仿真测试表

数字量	00H	80H	0A0H	0C0H	0E0H	0FFH
模拟电压/V				7.5		

（8）单击“文件”菜单中的“另存为”命令，以“课题七任务 1. ms14”为文件名保存文件，退出 Multisim 14.0 软件。

2. 数模转换测试电路硬件组装与测试

（1）按照图 7－2 连接数模转换测试电路，$D_7 \sim D_0$ 端口为数字信号输入端，U_o 为模拟信号输出端。

（2）将 $D_7 \sim D_0$ 全部接地，然后通过拨码器将 $D_7 \sim D_0$ 逐个接入高电平（其余 7 位均为低电平），用数字式电压表的直流电压挡测量数模转换测试电路的输出电压，并将测量结果记录在表 7－3 中。

表 7－3　数模转换测试电路测量结果记录表 1

数字量为 1 的位	D_7	D_6	D_5	D_4	D_3	D_2	D_1	D_0
模拟电压/V								

（3）将 $D_7 \sim D_0$ 全部接地，然后按照表 7－4 中数据依次逐个接入高电平，用数字式电压表的直流电压挡测量数模转换测试电路的输出电压，并将测量结果记录在表 7－4 中。

表 7－4　数模转换测试电路测量结果记录表 2

输入数字量								输出电压测量绝对值/V
D_7	D_6	D_5	D_4	D_3	D_2	D_1	D_0	
0	0	0	0	0	0	0	0	
0	0	0	0	0	0	0	1	
0	0	0	0	0	0	1	1	
0	0	0	0	0	1	1	1	
0	0	0	0	1	1	1	1	
0	0	0	1	1	1	1	1	
0	0	1	1	1	1	1	1	
0	1	1	1	1	1	1	1	
1	1	1	1	1	1	1	1	

（4）对比实际测量值、仿真值和理论值，分析产生误差的原因。如果误差太大，注意检查 DAC0832 输入端 $D_7 \sim D_0$ 管脚的对地电压是否正常。

（5）按要求做好实训室 8S 管理，填写实训报告。

任务 2　应用模数转换器制作数字电位器

学习目标

1. 能叙述模数转换器的工作原理和主要技术指标。
2. 能叙述模数转换器 ADC0809 的内部结构和管脚排列。
3. 能叙述 8 位数字电位器测试电路的工作原理。
4. 能正确应用 Multisim 14.0 仿真软件对模数转换器进行功能测试。
5. 能正确组装 8 位数字电位器测试电路并测试其功能。

任务引入

人们日常使用的电位器都是模拟电位器，其阻值变化是连续发生的。例如，使用音量电位器调节收音机音量大小，使用调光台灯的亮度电位器调节光线强弱。但也可以通过数字电路将模拟电位器转换为数字电位器，图 7－7 所示为 8 位数字电位器测试电路，图中 RP 为模拟电位器，数字量输出为 $D_7 \sim D_0$，其输出最小值为 0（即 00000000B），最大值为 255（即 11111111B）。

在可编程序控制器中多使用 8 位数字电位器，可在 0～255 范围内调整数值，给操作控制带来很大的方便。例如，某生产设备用可编程序控制器控制，在生产 A 类产品时时间常数为 10 s（控制参数为 100），在生产 B 类产品时时间常数为 20 s（控制参数为 200）。如果不使用数字电位器，在生产不同产品时需要装入新的控制程序，而使用数字电位器时，只要轻轻地旋转电位器的调节轴即可更新控制参数，不需要更新程序。

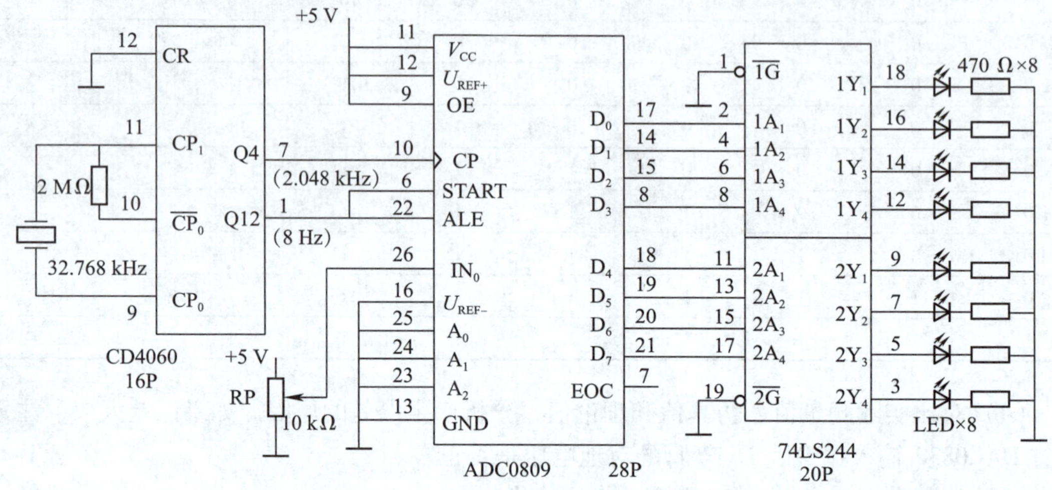

图 7 - 7　8 位数字电位器测试电路

相关知识

一、模数转换器 ADC0809

实现将模拟量转换为数字量并使输出数字量与输入模拟量成正比的转换电路称为模 - 数转换器，简称 A/D 转换器或 ADC。常见的集成 A/D 转换器有 ADC0809、ADC0804、MC14433 等，下面仅以 ADC0809 为例介绍集成 A/D 转换器。

1. ADC0809 芯片

ADC0809 芯片是 8 位 CMOS 型模数转换器芯片，它的转换时间为 100 μs，分辨率为 8 位，单电源 5 V 供电，其管脚排列如图 7 - 8 所示。

ADC0809 各管脚功能说明如下。

V_{CC}——电源正极，电压范围 4.75 ~ 5.25 V，典型值为 + 5 V。V_{CC}在管脚⑪处，与一般芯片位置不同。

GND——电源负极，GND 在管脚⑬处，与一般芯片位置不同。

IN_0 ~ IN_7——8 位模拟量输入端，输入模拟电压范围为 0 ~ 5 V。

A_0、A_1、A_2——控制 8 路模拟信号输入通道的 3 位地址码输入端。

ALE——地址锁存允许输入端，该信号的上升沿使地址码 A_0、A_1、A_2 锁存到地址寄存器中。

START——启动信号，此输入信号的脉冲上升沿使内部寄存器清零，脉冲下降沿使 A/D 转换器开始转换。

EOC——A/D 转换结束信号，它在 A/D 转换开始时由高电平变为低电平，转换结束时由低电平变为高电平，此信号的脉冲上升沿表示 A/D 转换完毕，常用作计算机中断申请信号。

OE——输出允许信号，高电平有效，允许三态输出锁存器将数据送到数据总线。

$D_7 \sim D_0$——8 位数字量输出端。

CP——时钟脉冲信号，时钟脉冲的频率决定 ADC 的速度，频率范围为 10 ~ 1 280 kHz，典型值为 640 kHz。当时钟脉冲频率为 640 kHz 时，A/D 转换时间为 100 μs。

U_{REF+} 和 U_{REF-}——基准电压输入端，通常 U_{REF+} 接 V_{CC}，U_{REF-} 接 GND。

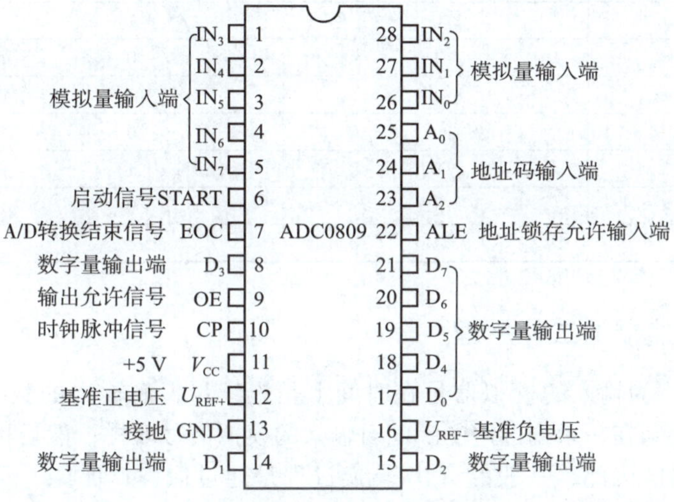

图 7－8　ADC0809 管脚排列

ADC0809 由 8 路模拟量开关、地址锁存与译码器、比较器、控制与时序电路、逐次逼近寄存器、树状电子开关、256R 电阻 T 型网络、三态输出锁存器等组成，如图 7－9 所示。

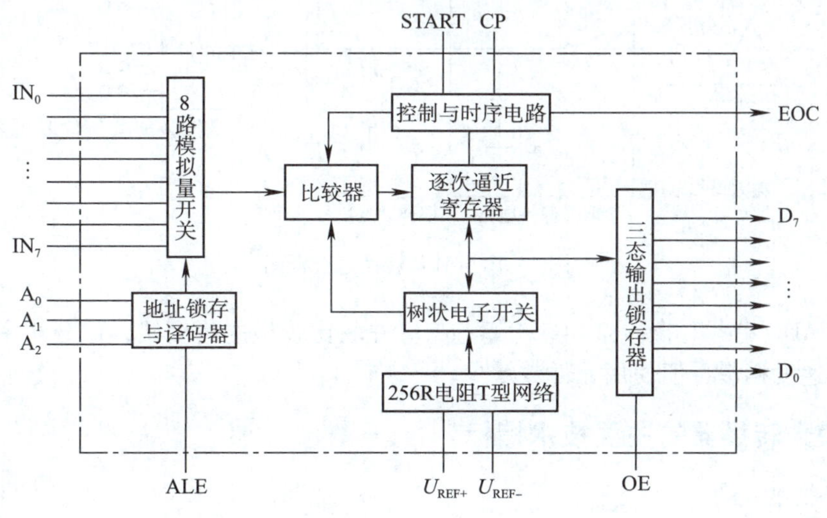

图 7－9　ADC0809 内部结构

2. 输入模拟量选择

8 路模拟输入信号选择哪一路进行转换，由地址锁存器决定，ADC0809 地址码对应的模拟通道见表 7 - 5。

表 7 - 5　ADC0809 地址码对应的模拟通道

地址码			模拟通道
A_2	A_1	A_0	
0	0	0	IN_0
0	0	1	IN_1
0	1	0	IN_2
0	1	1	IN_3
1	0	0	IN_4
1	0	1	IN_5
1	1	0	IN_6
1	1	1	IN_7

二、模数转换器的工作原理

在 ADC 中，因为输入的模拟信号在时间上是连续量，而输出的数字信号是离散量，所以进行转换时必须在一系列选定的瞬间对输入的模拟信号取样，然后再把这些取样值转换为输出的数字量。因此，一般的 A/D 转换过程是通过取样、保持、量化和编码这四个步骤完成的，即首先对输入的模拟电压信号取样，取样结束后进入保持时间，在这段时间内将取样的电压量转换为数字量，并按一定的编码形式给出转换结果，然后开始下一次取样。图 7 - 10 给出了从模拟量转换到数字量的过程框图。

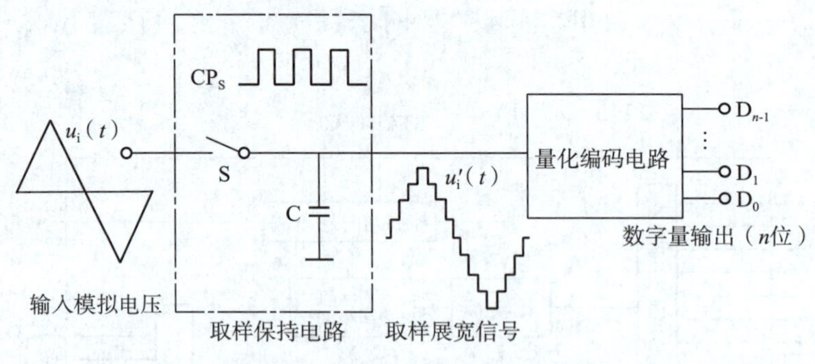

图 7 - 10　ADC 转换过程框图

常用的 ADC 有并联比较型和逐次逼近型。并联比较型的速度快，但分辨率不易提高；逐次逼近型速度稍慢，但使用元件数量少。

三、模数转换器的主要技术指标

1. 转换精度

模数转换器的转换精度是用分辨率和转换误差来描述的。

（1）分辨率

分辨率表示 ADC 对输入信号的分辨能力。ADC 的分辨率以输出二进制数的位数表示。从理论上讲，n 位输出的 ADC 能区分 2^n 个不同等级的输入模拟电压，能区分输入电压的最小值为满量程输入的$\frac{1}{2^n}$。在最大输入电压一定时，输出位数越多，量化单位越小，分辨率越高。例如，ADC 输出为 8 位二进制数，最大输入电压为 5 V，那么 ADC 应能区分输入电压的最小值为 $5\ \text{V}\times\frac{1}{2^8}\approx 19.53\ \text{mV}$。

（2）转换误差

转换误差表示 ADC 实际输出的数字量和理论上应得到的输出数字量之间的差别，常用最低有效位的倍数表示。例如，某个 ADC 的转换误差≤±LSB/2，说明实际输出的数字量和理论上应得到的输出数字量之间的误差小于最低有效位的半个字；如果转换误差≤±LSB，说明实际输出的数字量和理论上应得到的输出数字量之间的误差小于最低有效位。

2. 转换时间

转换时间是指 ADC 从转换控制信号到来开始，到输出端得到稳定的数字信号所经过的时间。不同类型的转换器的转换速度相差甚远，8 位二进制输出的并联比较型单片集成 ADC 的转换时间为几十纳秒，逐次逼近型 ADC 的转换时间在几十至几百微秒之间。

四、8 位数字电位器测试电路的工作原理

8 位数字电位器测试电路如图 7－7 所示。地址码 $A_2A_1A_0=000$，选中 IN_0 模拟通道，模拟电位器 RP 接入 ADC0809 的 IN_0 端口。

CD4060 是脉冲振荡器，从⑦脚输出 2.048 kHz 信号，作为 ADC0809 的脉冲信号；从 CD4060 的①脚输出 8 Hz 信号，作为 ADC0809 的地址锁存信号和转换启动信号。

由于 ADC0809 的输出电流较小，不足以驱动发光二极管，所以 ADC0809 的输出端接入 8 位数据缓冲器 74LS244，用于驱动 8 只发光二极管。

任务实施

一、任务分析

本任务先用 Multisim 14.0 搭建一个 8 位的 ADC 模型进行仿真测试，然后以 ADC0809、CD4060、74LS244 为主要元件组装 ADC 数字电位器，要求能正确识别 ADC0809、CD4060、74LS244 的管脚排列，并通过调节电位器，控制发光二极管的亮灭。

二、任务准备

1. 实训器材

（1）面包板　　1 块

（2）直流稳压电源（5 V）　　1 台

（3）ADC0809　1片
（4）CD4060　1片
（5）74LS244　1片
（6）晶振（32.768 kHz）　1个
（7）电阻器（2 MΩ）　1个
（8）电位器（10 kΩ）　1个
（9）发光二极管　8只
（10）电阻器（470 Ω）　8个
（11）数字式万用表　1块
（12）插接线　若干
（13）集成电路起拔器、镊子　各1个
（14）Multisim 14.0 仿真测试平台　1套

2. 注意事项

ADC0809 的电源管脚与一般芯片不同，务必注意，不要错接，以免损坏芯片。

三、操作步骤

1. 模数转换器仿真测试

（1）双击桌面上的“NI Multisim 14.0”图标，启动 Multisim 14.0 软件。

（2）从混合元件库中选取 ADC 模块拖到电路中。

（3）从电源库中拖出电源 V_{CC}、地和一个 5 V 的直流电源（ADC 的参考电压）。

（4）从电源库中拖出方波信号源（ADC 的 CP 脉冲，100 Hz）。

（5）从显示器材库中拖出电压表、逻辑指示灯等仪表和元件。

（6）如图 7－11 所示，从基本元件库中拖出 10 kΩ 电位器，将阻值变化率设为 50%，定义键名为 A。

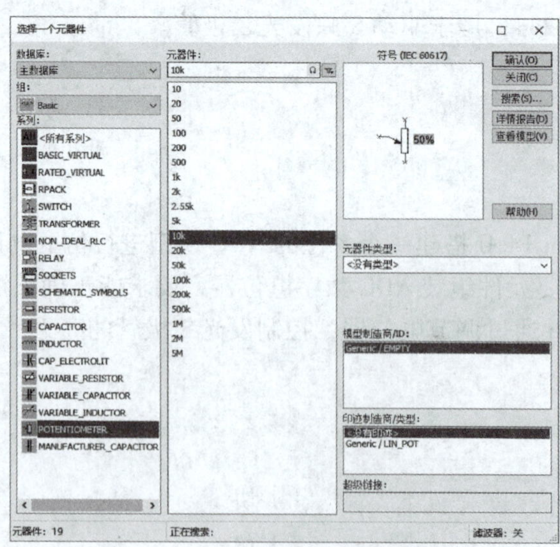

图 7－11　选择 10 kΩ 电位器

（7）参照图 7－12 连接电路后，单击“仿真”菜单中的“运行”命令或按快捷键【F5】进行测试。

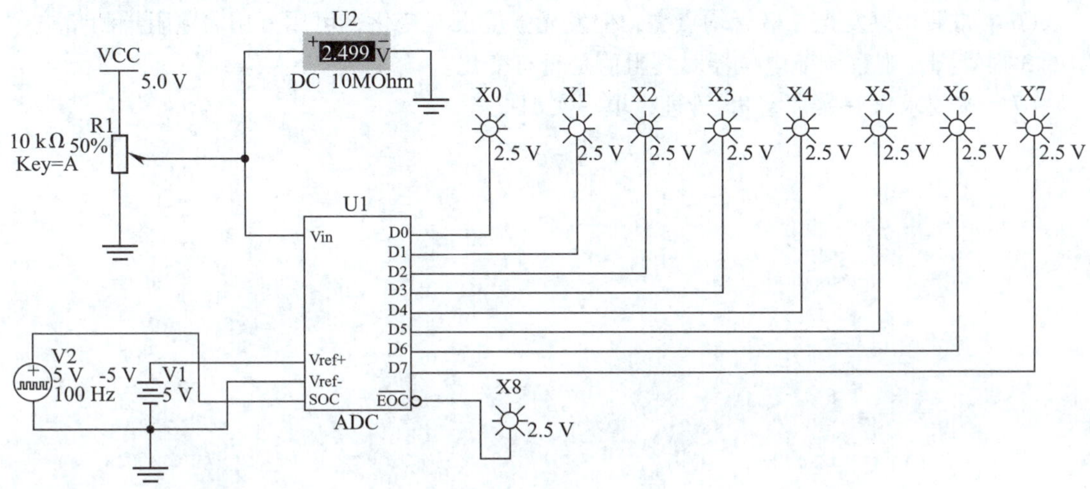

图 7－12　ADC 仿真测试电路

（8）按下【A】（增大）键或【Shift＋A】（减小）键，调整电位器的阻值（输入模拟电压值）。

（9）将测试的模拟电压数据和输出数据（逻辑指示灯的状态）记录在表 7－6 中。

（10）输入不同的模拟电压，进行测试并记录。

表 7－6　ADC 测试表

测试项目	输入状态（输入电压 U_i/V）	输出值（$D_7 \sim D_0$）
ADC 功能测试		

2. 8 位数字电位器测试电路硬件组装与测试

（1）关闭稳压电源开关，将 ADC0809、CD4060、74LS244 插入面包板，注意 ADC0809 的电源管脚与一般芯片管脚不同，⑪脚接正极 V_{CC}，⑬脚接地。

（2）按照图 7－7 连接电路中其他元件器，晶振分别接在 CD4060 的⑨脚和⑪脚。

（3）将 CD4060 的⑦脚与 ADC0809 的⑩脚相连，将 CD4060 的①脚与 ADC0809 的⑥脚、㉒脚相连。

（4）将面包板负极与直流电源负极相连，正极接＋5 V，打开电源，先将电位器调整到最小值，观察 8 只发光二极管的发光情况，此时 8 只发光二极管全部熄灭，然后将电位器逐渐调大，8 只发光二极管逐个点亮。当电位器调节到最大值时，8 只发光二极管全部点亮；当电位器调节到最小值时，8 只发光二极管全部熄灭。

（5）如果 8 只发光二极管均不亮，可用万用表电压挡测量 CD4060 的③脚，检查振荡电路是否起振；检查 ADC0809 的⑪、⑫、⑨脚是否接 V_{CC}，⑯、㉕、㉔、㉓、⑬脚是否接地；检查 74LS244 的①、⑲脚是否接地。

（6）如果 8 只发光二极管均点亮，但发光强度没有变化，可用万用表电阻挡测量电位器的 3 根管脚，观察调节电位器时其阻值是否有变化。

（7）按要求做好实训室 8S 管理，填写实训报告。

课题八　制作接口电路

数字系统在实际使用中涉及可靠传输、接收信号以及驱动大功率负载的问题，相关电路称为输入、输出接口电路，其作用主要有以下四个方面。

1. 实现生产现场与数字系统电气隔离，提高抗干扰性。
2. 防止造成系统损坏。避免外部电路出现故障时，外部强电侵入数字系统造成系统损坏。
3. 输入电平转换。现场开关信号可能有多种电平，可通过接口电路将其转换为标准逻辑电平。
4. 驱动强电大功率负载工作。

任务1　应用光耦制作输入接口电路

学习目标

1. 能叙述光耦的种类、内部结构和工作原理。
2. 能叙述光耦的基本驱动电路、输出类型和检测方法。
3. 能叙述光耦 4N26 的管脚排列和主要参数。
4. 能叙述光耦输入接口电路的工作原理和特点。
5. 能正确组装光耦输入接口电路并测试其功能。

任务引入

数字系统与输入信号源可能相距较远（如 50 m 以外水位控制中的水位探头），如果只用导线连接来传输信号，在导线电阻上产生的噪声干扰将造成数字系统不能接收到正确的电平信号。为了可靠地传输数字信号，在实际生产中常应用光电耦合器（简称光耦）制作输入接口电路，如图 8－1 所示。图中 S 为信号源开关，通过光耦 4N26 传输信号。当 S 处于断开状态时，光耦不传输信号，非门 74LS04 输入端为高电平，输出端为低电平，发光二极管发光；当 S 处于接通状态时，光耦传输信号，74LS04 输入端为低电平，输出端为高电平，发光二极管熄灭。图中，V_{CC}和V_{DD}可以是两个不同的电源，为了提高输入接口电路的抗干扰能力，V_{DD}通常大于5 V，例如，V_{DD}可为直流24 V。

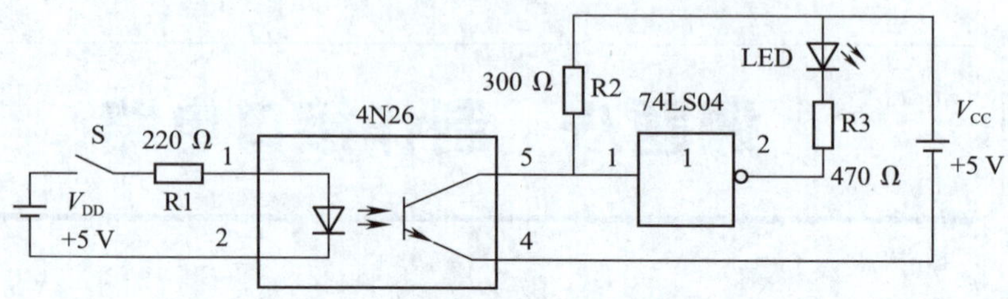

图 8－1　光耦输入接口电路

图 8－1 所示电路具有较高的抗干扰能力，其原因：一是信号输入端与数字系统完全电隔离；二是将电平信号转换为电流信号，通常噪声以尖脉冲形式出现，能量很小，不足以驱动光耦内部发光二极管发光，从而有效地屏蔽掉噪声信号；三是可以在输入端加入 RC 滤波电路来抑制噪声。

相关知识

光耦能在电路完全隔离的情况下传输信号，具有使用寿命长、体积小、耐冲击、无触点且与逻辑电路相配合等优点，目前广泛用于机电一体化接口电路。

一、光耦的种类、内部结构和工作原理

1. 光耦的种类

光耦分为两种，一种为非线性光耦，另一种为线性光耦。

非线性光耦的电流传输特性曲线是非线性的，这类光耦适合数字信号的传输，常用的 4N 系列光耦属于非线性光耦。

线性光耦的电流传输特性曲线接近直线，并且小信号时性能较好，能以线性特性进行隔离控制，适用于模拟电路。

2. 光耦的内部结构和工作原理

光耦的发光管和光敏管封装在一起，元件之间用透明硅胶绝缘隔离，如图 8－2 所示。当输入信号接通发光管电路后，电信号转换为相同变化规律的光信号并通过透明硅胶传递给光敏管，由光敏管放大输出同样变化规律的电信号。因此，光耦是电-光-电转换器件，其输入端与输出端完全实现电隔离。

二、光耦的基本驱动电路

光耦的基本驱动电路如图 8－3 所示。光耦的工作原理与一般的三极管相同，流过发光二极管的电流 I_F 相当于基极电流 I_B，电流变换比 CTR（等于 I_C/I_F）相当于三极管电流放大倍数 β。

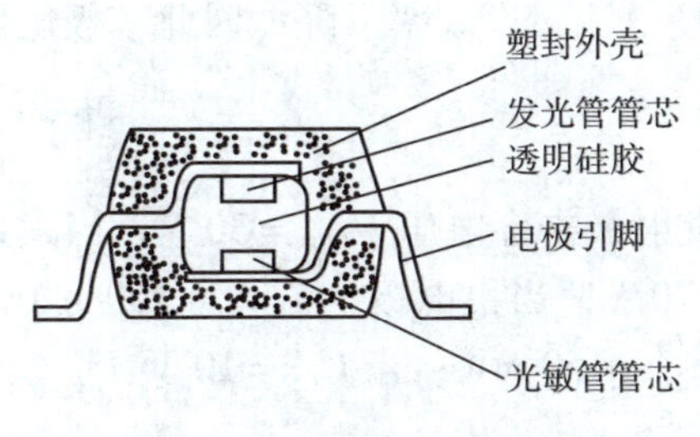

图 8－2　光耦的内部结构

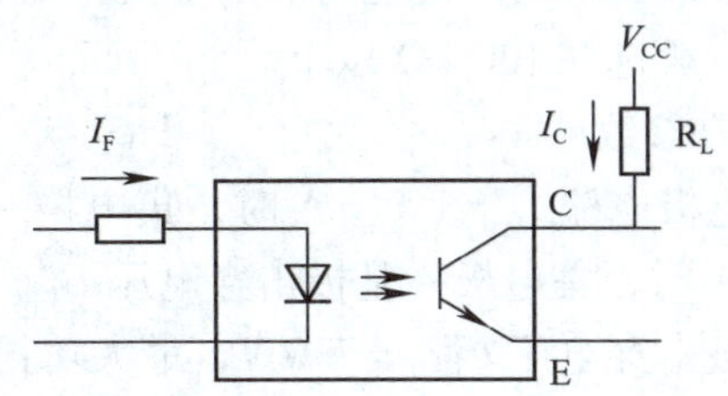

图 8－3　光耦的基本驱动电路

三、光耦的输出类型

光耦输入部分大都是红外发光二极管，输出部分有不同的光敏器件，常见光耦的内部电路如图 8－4 所示。其中，图 8－4a 所示为普通晶体管型，主要用来驱动直流负载，I_F 为 10 mA 左右，电流变换比为几十；图 8－4b 所示为采用达林顿晶体管输出结构，I_F 为 1 mA 以上，电流变换比高达数千，可直接用 CMOS 器件驱动；图 8－4c 所示为双向晶闸管型，主要用来驱动交流负载。

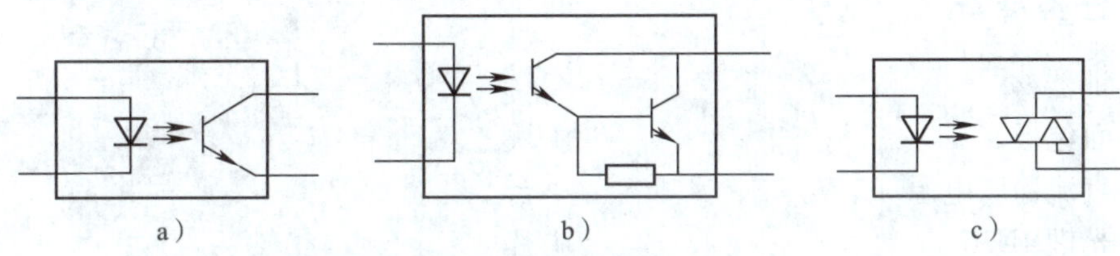

图 8－4　常见光耦的内部电路

a）普通晶体管型　b）达林顿晶体管型　c）双向晶闸管型

四、光耦的检测方法

由于光耦的发射管（输入端）和接收管（输出端）是相互隔离的，因此可以用万用表单独检测这两部分，方法如下。

（1）将万用表置于 $R\times1$ k 或 $R\times100$ 挡，测发射管的正、反向电阻值。正常情况下，正向电阻值为几百欧，反向电阻值为几十千欧。

（2）测量接收管的集电极和发射极电阻，其正、反向电阻值都应为无穷大。否则，说明接收管已损坏。

五、光耦 4N26 的管脚排列和主要参数

1. 管脚排列

光耦 4N26 的管脚排列如图 8－5 所示，①、②脚为输入端，④、⑤脚为输出端。在工作频率较高的情况下，为了使光耦加速，可以在⑥脚（基极 B）与地之间接入适当的电阻，使基极存储的电荷及时释放掉，减轻三极管饱和

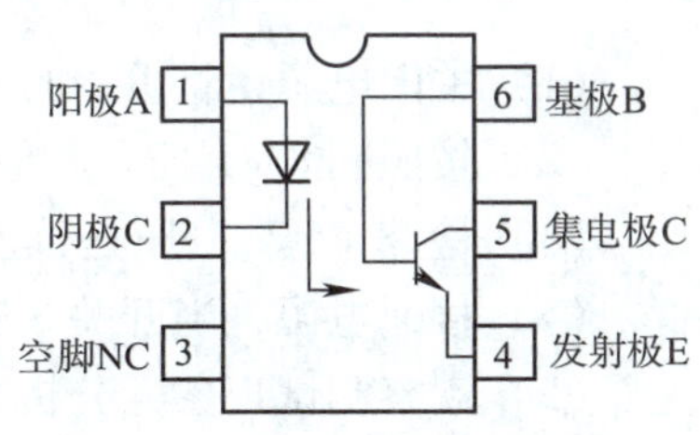

图 8－5　4N26 管脚排列

程度，改善开关时间。但是附加的基极电阻会使电流转换效率下降，因此基极电阻的值不能过小，一般选在 100 kΩ 以上。

2. 主要参数

当集电极电流 $I_C=1.0$ mA 时，集电极 - 发射极击穿电压 $U_{CEO}=30$ V；当发射极电流 $I_E=100$ μA 时，集电极 - 基极击穿电压 $U_{CBO}=70$ V；当集电极电流 $I_C=100$ μA 时，集电极 - 发射极击穿电压 $U_{CEO}=7.0$ V，最大功耗 $P_{CM}=150$ mW；当 $U_{CE}=10$ V、输入电流 $I_F=10$ mA 时，电流变换比 $CTR=20$。

任务实施

一、任务分析

本任务以光耦 4N26 为核心元件制作输入接口电路，要求能正确识别 4N26 的管脚排列，通过光耦输入接口电路控制 LED 的亮灭，测试输入接口电路的功能，从而进一步了解输入接口电路的作用。

二、任务准备

1. 实训器材

（1）面包板	1 块
（2）直流稳压电源（5 V）	1 台
（3）光耦 4N26	1 片
（4）74LS04	1 片
（5）电阻器（220 Ω、300 Ω、470 Ω）	各 1 个
（6）发光二极管	1 只
（7）万用表	1 块
（8）插接线	若干
（9）集成电路起拔器、镊子	各 1 个

2. 注意事项

为了方便测试，V_{CC} 和 V_{DD} 使用同一个电源。

三、操作步骤

（1）关闭电源，将 IC 和光耦插入面包板。

（2）按照图 8 - 1 插入其他元件，并用插接线连接电路，开关 S 用插接线替代。

（3）检查 +5 V 电压是否正常。

（4）接通电源，当开关 S 断开时，LED 点亮；当开关 S 接通时，LED 熄灭。

（5）观察测试现象，分析光耦输入接口电路的功能是否正常。

（6）按要求做好实训室 8S 管理，填写实训报告。

任务2　应用继电器制作输出接口电路

学习目标

1. 能叙述继电器的组成和工作原理。
2. 能叙述继电器线圈电流的含义。
3. 能正确选择继电器的额定工作电压、触点的额定电压与电流。
4. 能叙述三极管驱动电路的工作原理。
5. 能叙述集成驱动电路 ULN2003 的内部结构和管脚排列，并能检查其管脚好坏。
6. 能叙述继电器输出接口电路的工作原理。
7. 能应用继电器制作并测试输出接口电路。

任务引入

数字电路是一个弱电控制系统，一般情况下工作在 5 V，驱动电流在毫安级以下。而要把它直接用于大功率场合，如控制电动机，显然是不行的。因此，要有一个环节来衔接，这个环节就是“功率驱动”。继电器驱动就是一个典型的、简单的功率驱动环节。继电器驱动有两层含义：一是对继电器进行驱动，因为继电器本身对于数字电路来说就是一个功率器件；二是用继电器去驱动其他负载，如用继电器驱动中间继电器或交流接触器。因此，继电器驱动电路就是数字电路与其他大功率负载的接口电路。

图 8 - 6 所示为继电器输出接口电路，CD4060 是脉冲振荡器，从③脚输出幅度为 5 V、频率为 2 Hz 的脉冲信号，通过 NPN 开关型三极管 VT 的放大作用，控制直流继电器 K，再用继电器 K 的常开或常闭触头去控制其他大功率负载。

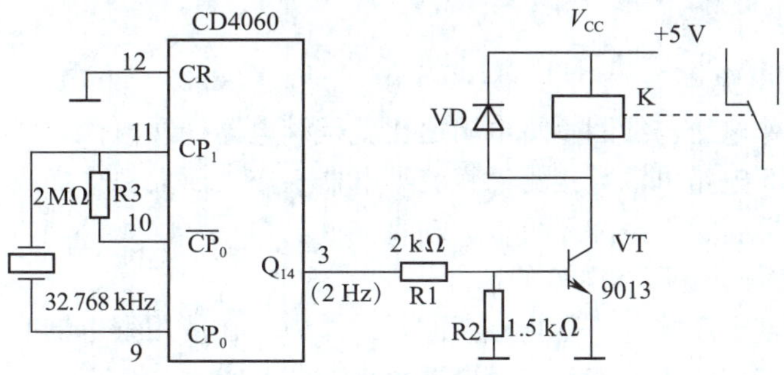

图 8 - 6　继电器输出接口电路

相关知识

一、继电器

1. 继电器的组成和工作原理

继电器由电磁铁（铁芯、线圈）、衔铁、弹簧和触点组成，如图 8－7 所示。闭合开关 C，在线圈 D、E 两端加上工作电压，线圈中就会流过一定的电流，从而产生电磁效应，使衔铁向下运动，带动衔铁上的动触点与静触点吸合；当断开开关 C，线圈断电后，电磁吸力消失，衔铁就会在弹簧的作用下返回原来的位置，使动触点与静触点分断，从而达到接通或切断电路的目的。线圈部分和触点部分在物理上是绝缘的，因此线圈工作于低电压，而触点部分可以控制高电压负载。

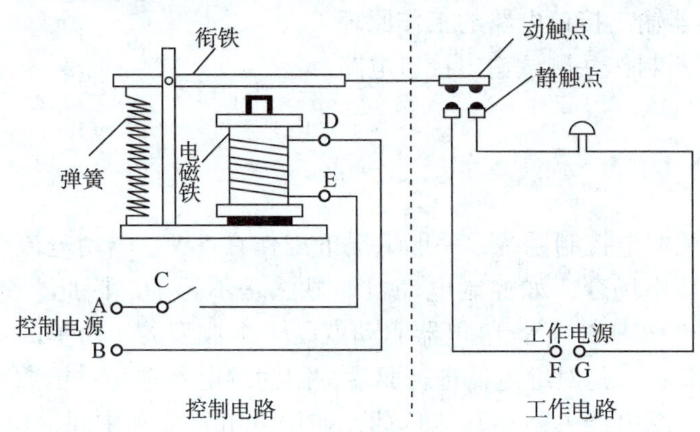

图 8－7 继电器的结构

2. 继电器额定工作电压的选择

继电器额定工作电压是指继电器线圈的工作电压，通常继电器线圈的工作电压分为直流 5 V、6 V、9 V、12 V、15 V、24 V 等系列。继电器的额定工作电压应等于线圈所在电路的工作电压。

3. 继电器线圈电流

继电器额定工作电压与线圈直流电阻之比就是继电器线圈电流，通常为几十毫安。有些集成电路，如 555 电路可以直接驱动直流继电器工作，而大部分集成电路的输出电流较小，需要加一级三极管放大电路才可以驱动直流继电器。

4. 继电器触点额定电压与电流的选择

继电器触点额定电压与电流是指触点的负载能力。在使用继电器时，应考虑加在触点上的电压和通过触点的电流不能超过继电器触点的负载能力。

图 8－6 所示电路中的直流继电器型号为 JQC－3F，额定工作电压为 5 V（DC），线圈电流为 60 mA，有一对常开、常闭触点，触点额定电压为 250 V（AC）或 30 V（DC），额定电流为 10 A。

直流继电器的线圈断电时会产生较大的感应电动势，为了防止该感应电动势击穿驱动电路，必须在线圈两端并联续流二极管，以吸收感应电动势，续流二极管一般选 1N4148 即可。

二、驱动电路

1. 三极管驱动电路

通常用硅 NPN 型开关三极管驱动直流继电器。图 8－6 所示电路中，当三极管 VT 基极输入高电平时，三极管饱和导通，集电极变为低电平，继电器线圈通电，常开触点闭合。当三极管 VT 基极输入低电平时，三极管截止，继电器线圈断电，常开触点分断。电阻 R1 起限流作用，R2 使三极管可靠截止。

图 8－6 所示电路中的三极管型号为 9013，封装类型为 TO－92，如图 8－8 所示。最大功耗 $P_{CM}=0.625$ W，最大集电极电流 $I_{CM}=0.5$ A，集电极－发射极击穿电压 $U_{CEO}=25$ V。

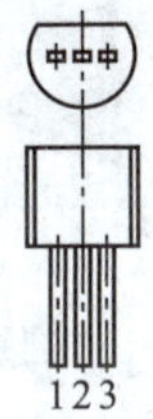

图 8－8　三极管 9013

1—发射极　2—基极　3—集电极

2. 集成驱动电路 ULN2003

ULN2003 管脚排列如图 8－9a 所示，①～⑦脚是输入端（IN），⑩～⑯脚是输出端（OUT），⑧脚和⑨脚是集成电路的地和电源端。

ULN2003 是七路三极管开关电路，每路为达林顿晶体管反相器结构。当 ULN2003 输入端为高电平时，对应的输出端为低电平；当 ULN2003 输入端为低电平时，对应的输出端为高电平。在 ULN2003 内部已集成了续流二极管，因此，用它驱动继电器不必再接入续流二极管。此外，ULN2003 内部还集成了发射极和集电极保护二极管（图 8－9b 中虚线连接）。

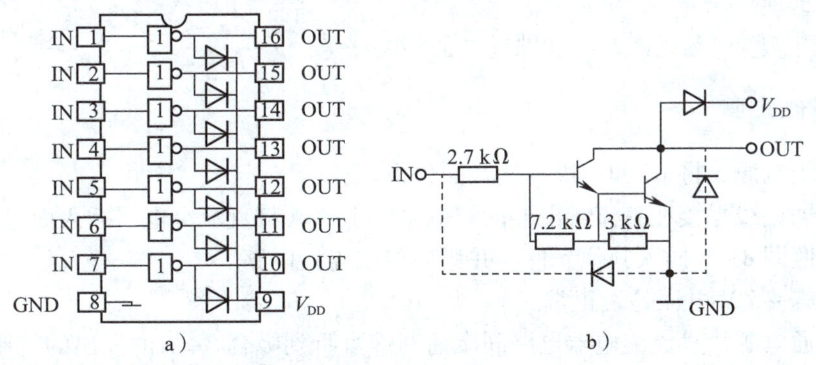

图 8－9　ULN2003 管脚排列和电路结构

a）管脚排列　b）某支路电路结构

ULN2003 的输出电压 $U_o = 50\ V$，输入电压 $U_i = 30\ V$，输出电流 $I_C = 500\ mA$，输入电流 $I_B = 25\ mA$，由 $I_C = \beta I_B$，可得 $\beta = \frac{I_C}{I_B} = \frac{500\ mA}{25\ mA} = 20$。

判断 ULN2003 好坏的方法非常简单，即用万用表直流电压挡分别测量其输入、输出端电压，如果输入端①～⑦脚是低电平，输出端⑩～⑯脚必然是高电平；如果输入端①～⑦脚是高电平，输出端⑩～⑯脚必然是低电平，否则，说明 ULN2003 已损坏。

任务实施

一、任务分析

本任务要求能正确利用 CD4060、继电器、二极管、三极管等元件制作并测试输出接口电路。

二、任务准备

1. 实训器材

（1）面包板	1 块
（2）直流稳压电源（5 V）	1 台
（3）CD4060	1 片
（4）晶振 32.768 kHz	1 个
（5）电阻器（2 MΩ、2 kΩ、1.5 kΩ）	各 1 个
（6）二极管 1N4148	1 只
（7）三极管 9013	1 只
（8）直流继电器 JQC－3F	1 个
（9）插接线	若干
（10）焊接工具	1 套
（11）集成电路起拔器、镊子	各 1 个

2. 注意事项

本任务注意事项参见课题一和课题二的相关任务。

三、操作步骤

（1）关闭电源，将 IC 和三极管插入面包板。

（2）将插接线焊接在直流继电器的线圈管脚上，并将直流继电器插入面包板。

（3）按照图 8－6 插入其他元件，并用插接线连接电路。

（4）检查 +5 V 电压是否正常。

（5）接通电源，直流继电器电路间歇通断，可听到吸合/释放时发出的“吧嗒”声。

（6）分析继电器输出接口电路的功能是否正常。

（7）按要求做好实训室 8S 管理，填写实训报告。

任务3　应用光耦制作输出接口电路

学习目标

1. 能叙述光耦 4N35 的内部结构和管脚组成。
2. 能叙述光耦输出接口电路的工作原理。
3. 能应用光耦 4N35 制作输出接口电路。

任务引入

由于继电器触点的动作缓慢、触点簧片使用寿命短等原因，继电器输出接口电路只能应用于低速控制场合。在高速控制时，通常应用如图 8－10 所示的光耦输出接口电路。图中 4N35 是达林顿结构的光耦，其管脚排列同 4N26，$U_{CEO}=30$ V，$I_C=150$ mA，$CTR\geqslant 100$，最大功耗 $P_{CM}=150$ mW，可直接用 CMOS 集成电路芯片 CD4060 驱动。电路工作时，CD4060 输出 2 Hz 的时钟信号，驱动 4N35 按照该时钟信号周期性不断导通或关断 LED 所在的回路，从而使得该 LED 以 2 Hz 的频率进行闪烁。

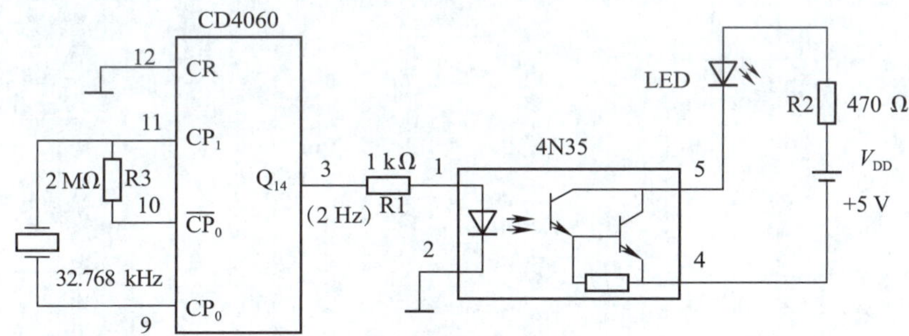

图 8－10　光耦输出接口电路

任务实施

一、任务分析

本任务要求能正确利用 CD4060、光耦 4N35、发光二极管等元件制作并测试输出接口电路。

二、任务准备

1. 实训器材

(1) 面包板　　1 块

(2) 直流稳压电源（5 V）　　1 台

（3）CD4060	1片
（4）晶振32.768 kHz	1个
（5）电阻器（2 MΩ、1 kΩ、470 Ω）	各1个
（6）发光二极管	1只
（7）光耦4N35	1片
（8）插接线	若干
（9）集成电路起拔器、镊子	各1个

2. 注意事项

本任务注意事项参见课题一和课题二的相关任务。

三、操作步骤

（1）关闭电源，将IC和光耦插入面包板。

（2）按照图8-10插入其他元件，并用插接线连接电路。

（3）检查+5 V电压是否正常。

（4）接通电源，发光二极管应间歇亮灭。

（5）分析光耦输出接口电路的功能是否正常。

（6）按要求做好实训室8S管理，填写实训报告。

附 录

附录 A Multisim 14.0 软件的使用方法

随着电子技术和计算机技术的发展，以电子电路计算机辅助设计（CAD）为基础的电子设计自动化（electronic design automation，EDA）技术已成为电子学领域的重要内容。Multisim 是基于 PC 平台的电子设计与仿真软件，是 Electronics Workbench（简称 EWB）电路设计软件的升级版本。从 2001 年开始，EWB 的仿真设计软件被更名为 Multisim。

本教材使用的 Multisim 版本为 Multisim 14.0。Multisim 14.0 软件是电子电路进行分析、设计和仿真的工具。Multisim 软件系统高度集成，界面直观，操作方便，具有丰富的元件数据库和仪器库。在 Multisim 软件中可以利用各种元件搭建电路模型，使用众多仪器来测量电路参数，观察信号波形，分析电路状况，从而大大提高了学习和工作效率。

一、Multisim 14.0 软件界面

运行 Multisim 14.0 软件后，主界面如图 A－1 所示。

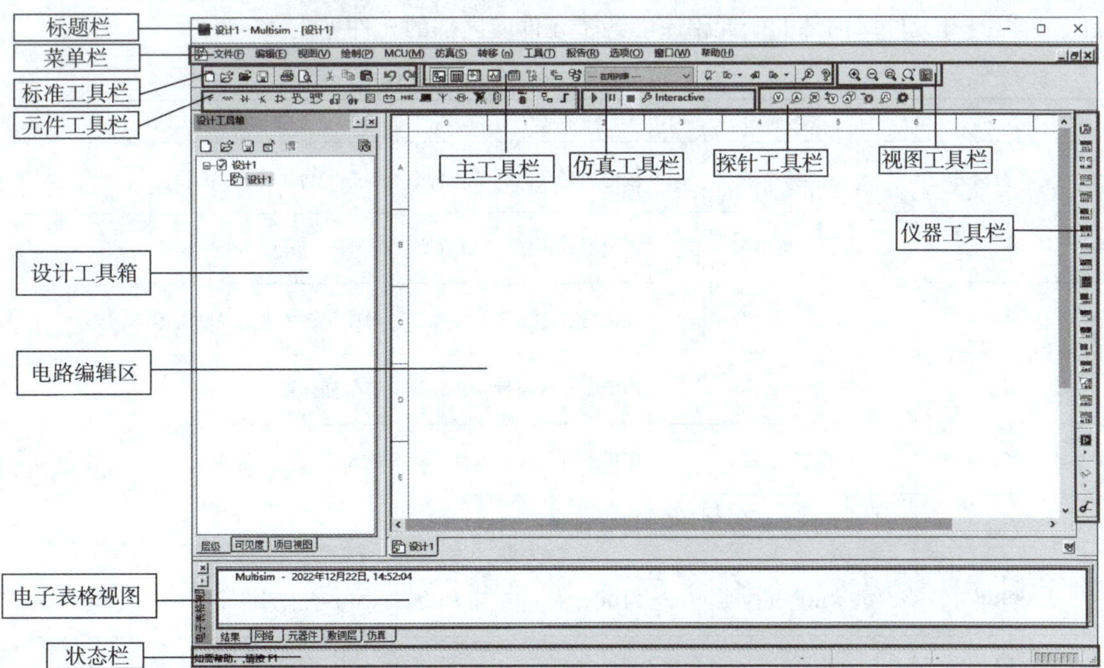

图 A－1 Multisim 14.0 软件主界面

1. 菜单栏

与所有的 Windows 应用程序一样，可以在菜单栏中找到各个功能的命令。

Multisim 14.0 菜单栏中有“文件”“编辑”“视图”“绘制”“MCU”“仿真”“转移”“工具”“报告”“选项”“窗口”“帮助”共 12 个菜单。

2. 标准工具栏

使用标准工具栏中的按钮可以更快捷地新建设计、打开文件、打开样本、保存文件，还可以进行剪切、复制、粘贴、撤销、重复等编辑操作。

3. 元件工具栏

元件工具栏包含 20 个元件库的图标，如图 A-2 所示。

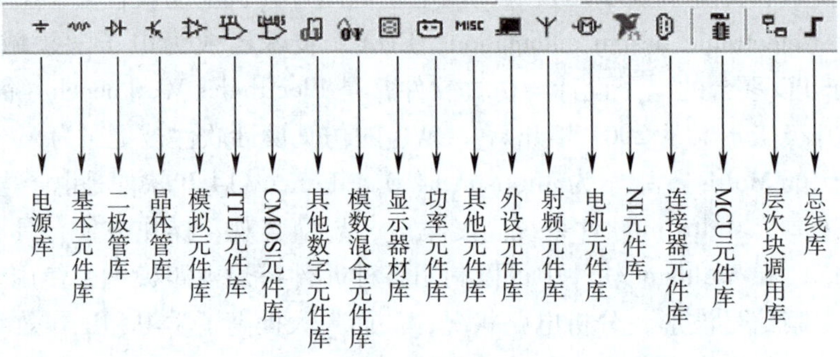

图 A-2　元件工具栏

Multisim 14.0 软件将所有元件模型放在 120 个元件库中。单击元件工具栏中的图标按钮，可以打开元件库内部的子元件库。各子元件库内部的元件见表 A-1。

表 A-1　各子元件库内部的元件

库图标	名称	内部子元件
	电源库	接地、交（直）流电源、交流信号源、受控源等
	基本元件库	电阻器、电容器、电感器、变压器、开关、继电器等
	二极管库	虚拟管、普通管、发光管、稳压管、桥堆、晶闸管等
	晶体管库	虚拟管、双极性管、场效应管、复合管、功率管等
	模拟元件库	虚拟元件、线性元件、运算放大器、比较器等
	TTL 元件库	74 系列 TTL 元件
	CMOS 元件库	74HC、NC、4××××系列 CMOS 元件等
	其他数字元件库	TTL、RAM、ROM、VHDL、LINE 元件等

续表

库图标	名称	内部子元件
	模数混合元件库	ADC、DAC、555 定时器、模拟开关等
	显示器材库	电压表、电流表、指示灯、数码管等
	功率元件库	熔断器等
MISC	其他元件库	晶振、集成稳压器、电子管、熔丝等
	外设元件库	键盘、LCD 显示器等
	射频元件库	射频 NPN、PNP 晶体管，射频 FET 场效应管等
	电机元件库	开关、电动机、继电器等
	NI 元件库	myRIO、myDAQ 等
	连接器元件库	USB、signal - I/O 等
	MCU 元件库	805X、PIC、RAM、ROM 等
	层次块调用库	实现电路的模块化设计
	总线库	创建总线

4. 仪器工具栏

图 A - 1 中仪器工具栏从上到下依次是：万用表、函数发生器、瓦特计、示波器、4 通道示波器、波特测试仪、频率计数器、字发生器、逻辑变换器、逻辑分析仪、IV 分析仪、失真分析仪、光谱分析仪、网络分析仪、Agilent 函数发生器、Agilent 万用表、Agilent 示波器、Tektronix 示波器、LabVIEW 仪器、NI ELVISmx 仪器、电流探针。

5. 电路编辑区

电路编辑区即绘图区，用于将元件和仪表模型拖到电路编辑区合适位置进行电路连接。

二、操作环境设置

1. 符号标准设置

软件缺省设置采用的符号标准为美国标准，由于我国的标准与欧洲标准相近，因此应用时常将符号标准栏的设置改为欧洲标准，其他设置均采用缺省设置。

单击“选项”→“全局偏好”，在弹出的“全局偏好”对话框中单击“元器件”选项卡，选择“DIN(D)”（欧洲标准）后单击“确认”按钮，如图 A－3 所示。

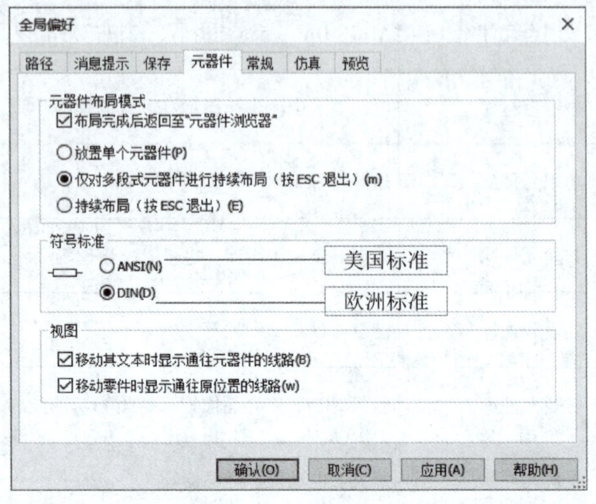

图 A－3　符号标准设置

2. 符号显示和元件颜色设置

为了适应不同的电路要求和用户习惯，可以根据需要设置是否显示电路元件的符号、序号和参数值等信息，还可以设置图纸背景颜色和元件颜色。

单击“选项”→“电路图属性”，弹出“电路图属性”对话框，如图 A－4 所示。在“电路图可见性”和“颜色”选项卡中可以进行相关设置。

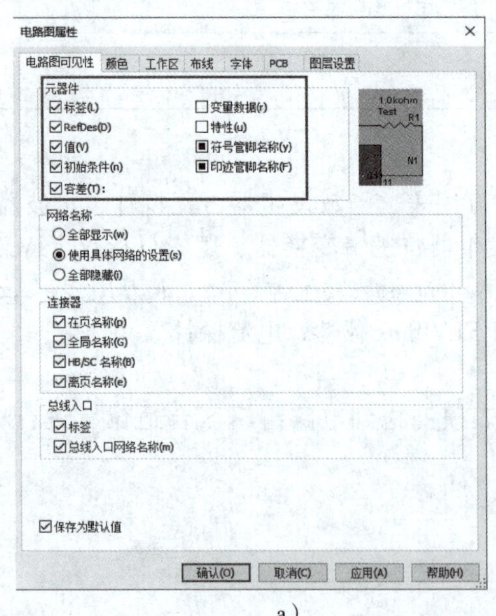

a）

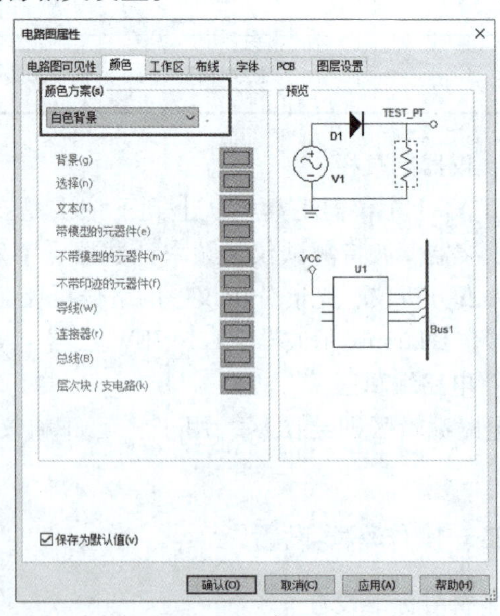

b）

图 A－4　参数显示和元件颜色设置

a）“电路图可见性”选项卡　b）“颜色”选项卡

3. 工作空间设置

单击“选项”→“电路图属性”，弹出“电路图属性”对话框，选择“工作区”选项卡，如图 A-5 所示，在该选项卡中可以对工作空间进行设置，如设置图样格式、图样规格及放置方向等。

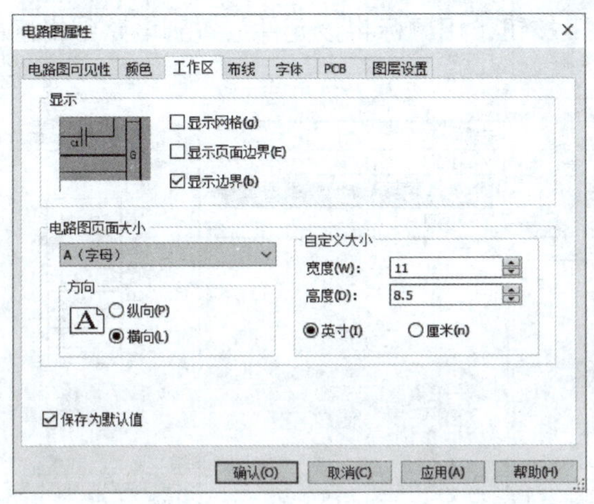

图 A-5　工作空间设置

三、创建电路

1. 新建设计

单击“文件”→“设计”，弹出“New Design”对话框，如图 A-6 所示，选中“Blank”后，单击“Create”按钮，可以创建一个新的设计。

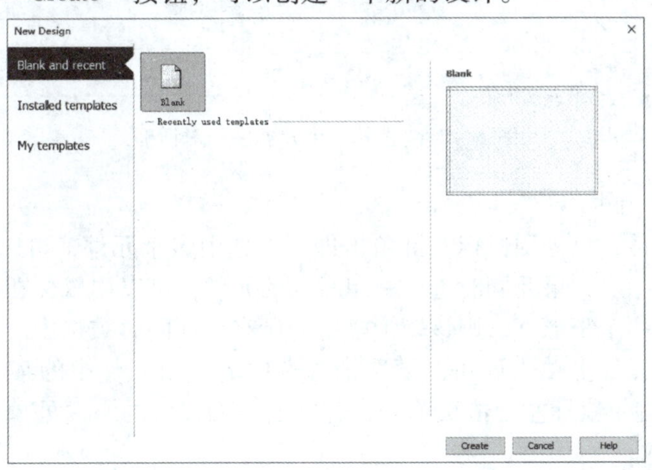

图 A-6　“New Design”对话框

2. 元件基本操作

（1）选用元件

选用元件时，首先在“元件工具栏”中单击包含该元件的图标，打开该元件库。然后在选中的元件库对话框中单击该元件，单击“确认”按钮，用鼠标将该元件放置到电路编辑区的适当位置即可。

例如，如图 A－7 所示，若要选用 74LS161D 芯片，则单击元件工具栏中的“TTL 元件库”按钮，弹出“选择一个元器件”对话框，在该对话框中搜索或浏览到“74LS161D”，选中该元件并单击“确认”按钮，用鼠标将该元件放置到电路编辑区的适当位置。

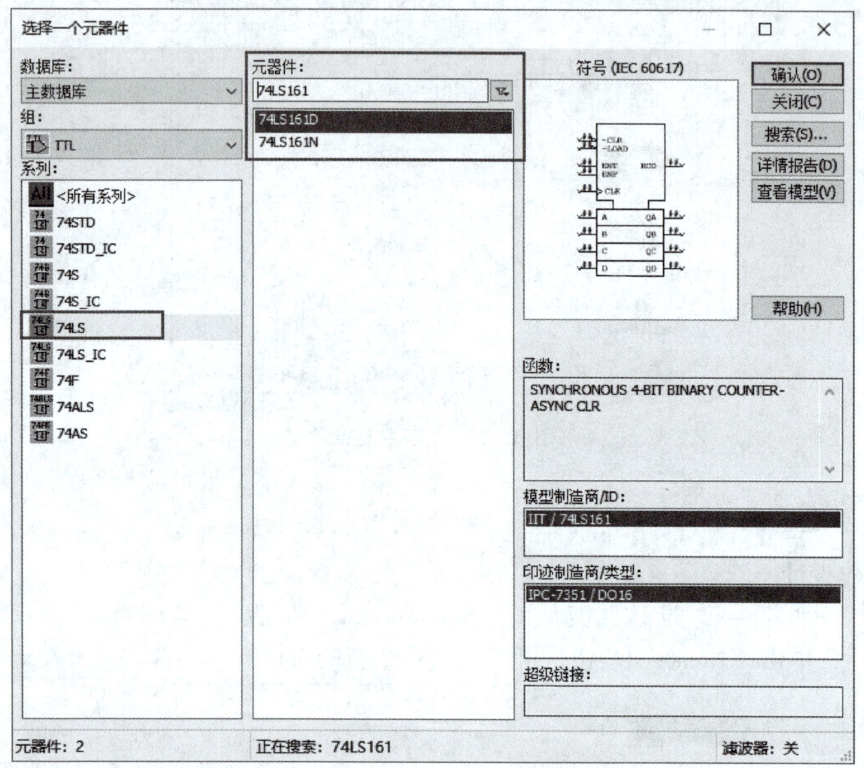

图 A－7 “选择一个元器件”对话框

（2）选中多个元件

选中某一个元件，只需用鼠标左键单击即可。选中多个元件，可以用【Ctrl】键＋鼠标左键单击依次选中。如果要同时选中一组相邻的元件，可以用鼠标在电路编辑区中的适当位置拖曳，画出一个矩形框，则该矩形框中的所有元件同时被选中。要取消某一个元件的选中状态，在该元件上单击即可。要取消被选中的一组元件中的某几个元件的选中状态，可用【Ctrl】键＋鼠标左键依次单击；若在电路编辑区的空白处单击，则取消所有元件的选中状态。

（3）复制和删除元件

可以使用“编辑”菜单中的复制、粘贴、删除等相关命令实现元件的复制、粘贴和删除操作。也可以右击所选元件，在弹出的快捷菜单中选择复制、粘贴、删除等相关命令。

（4）旋转和翻转元件

常用的元件编辑功能有垂直翻转、水平翻转、顺时针旋转 90°、逆时针旋转 90°等。

执行这些操作可以在“编辑”菜单的“方向”子菜单中选择相应命令，也可以使用快捷键进行快捷操作，如图 A－8 所示。

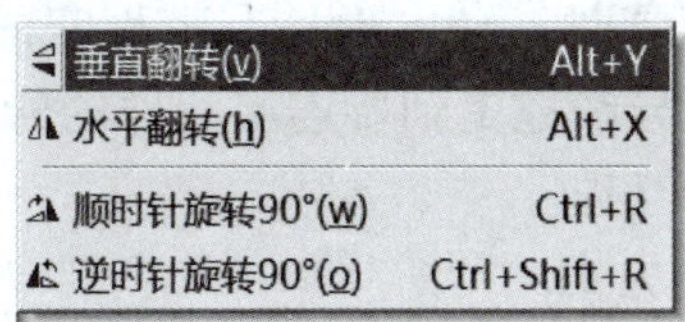

图 A－8　旋转和翻转编辑命令

（5）调整元件摆放位置

若要移动一个元件，只需用鼠标拖曳该元件。若要移动一组元件，须用前述方法先选中这些元件，然后用鼠标左键拖曳其中一个，则所有被选中的元件将一起移动。元件被移动后，与其相连接的导线会自动重新排列。另外，还可以使用键盘上的方向键使被选中的元件做微小的位移。

（6）设置元件标签、编号、数值和模型参数

在选中元件后，双击该元件，或者单击“编辑”→“属性”，弹出元件属性对话框，在该对话框中可以对相应的元件属性进行设置。如图 A－9 所示为将电阻器的阻值改为 1.2 kΩ。电阻器属性对话框中有多种选项可供设置，包括标签、显示、值、故障、管脚、变体和用户字段等内容。

电阻器
标签 显示 值 故障 管脚 变体 用户字段
电阻（R）： 1.2k Ω
容差： 0 %
元器件类型：
超级链接：
其他 SPICE 仿真参数
温度（TEMP）： 27 °C
温度系数（TC1）： 0 1/°C
温度系数（TC2）： 0 1/°C²
标称温度（TNOM）： 27 °C
布局设置
印迹： 编辑印迹...
制造商：
替换(R) 确认(O) 取消(C) 帮助(H)

图 A－9　电阻器属性对话框

3. 导线的操作

（1）绘制导线

将光标移到要连接元件的管脚时，会出现一个带十字的小黑点，此时，单击该管脚，拖曳鼠标会出现一根导线，将此导线拖曳到要连接元件的管脚时，再次单击鼠标左键，即可自动实现两个元件管脚之间的互连。

（2）设置导线的走向及排列方式

导线的走向及排列方式由系统自动生成。每个小黑点（连接点）有 4 个方向可以引出导线，绘制导线时选择不同的方向会引起导线走向及排列方式的差异。对于二端子元件，还可以直接将元件拖放到某根导线上实现插入连接。

用鼠标单击绘制好的导线，拖动导线可以改变导线的位置。

（3）删除导线

删除导线时，可以在该导线上单击鼠标右键，在弹出的快捷菜单中选择“删除”命令来完成。

（4）改变导线颜色

在复杂的电路中，可以将导线设置为不同的颜色，以方便识读电路图。若要改变导线的颜色，可以用鼠标右击该导线，在弹出的快捷菜单中选择“网络颜色”或“区段颜色”命令，弹出“颜色”对话框，在该对话框中选择合适的颜色即可。也可以在弹出的快捷菜单中选择“属性”命令，弹出“网络属性”对话框，如图 A－10 所示，单击“网络颜色”后的色块即可进行颜色设置。

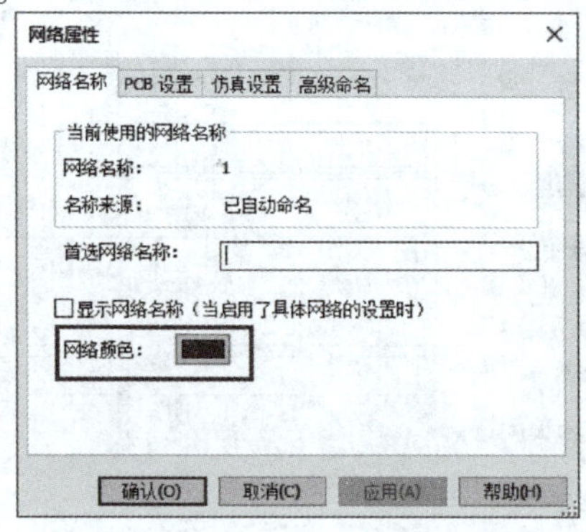

图 A－10 “网络属性”对话框

（5）在导线中插入元件

将元件直接拖曳放置在导线上，然后释放即可插入元件。

（6）使用“连接点”

对于两条交叉而过的导线，通常情况下系统会自动判断是否添加“连接点”。“连接点”是一个小圆点，单击“绘制”菜单中的“结”命令，可以根据需要放置“连接点”。一个“连接点”最多可以连接来自四个方向的导线。

（7）连接地线

在电路图绘制中，必须添加一根公共的地线。

4. 开关的使用

在基本元件库中选取开关元件放置到电路编辑区后，若要设置开关元件的属性，可以双击开关元件图标，弹出如图 A－11 所示的开关属性对话框。开关元件切换键的缺省设置是【A】键，可以修改为空格、A～Z、0～9。在电路中每按一次定义键，开关闭合或断开一次。

5. 电位器的使用

在基本元件库中选取电位器放置到电路编辑区后，还要设置电位器的属性。双击电位器图标，弹出如图 A－12 所示的电位器属性对话框。电位器的缺省设置是【A】键为阻值增大键，【Shift＋A】键为阻值减小键。阻值变化率的缺省设置为 5%，可以根据需要进行调整。

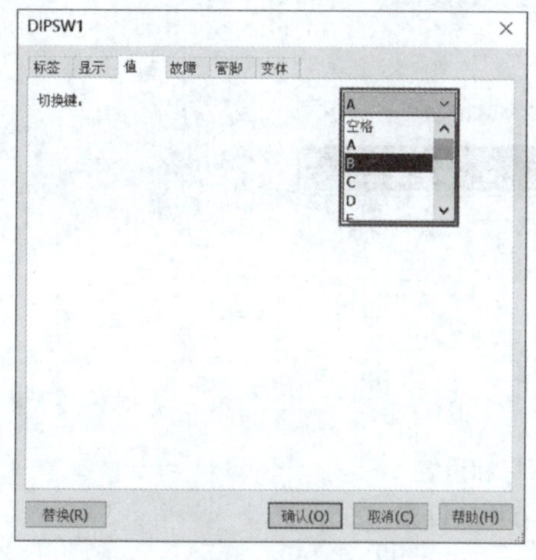

图 A－11　开关属性对话框

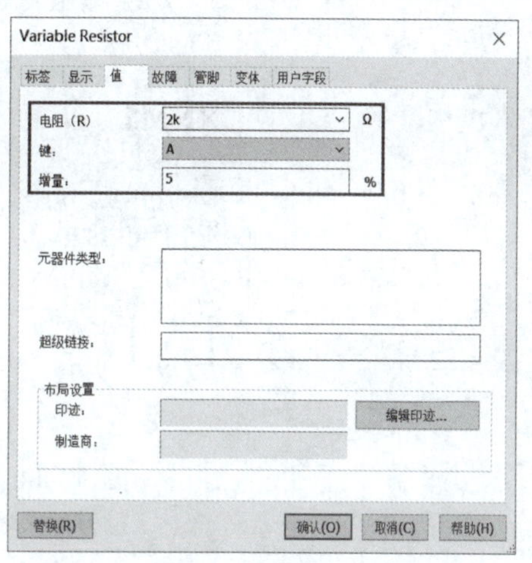

图 A－12　电位器属性对话框

四、虚拟仪表的使用

1. 调用与设置电压表

调用电压表时可以单击“元件工具栏”中的“显示器材库”按钮，在弹出的元件库中选中电压表图标，在列表中选择一种所需要的电压表，然后单击“确认”按钮。在电路编辑区合适的位置单击，即可放入电压表。电压表图标和设置如图 A－13 所示。

电压表在接入电路时，它的两个端子应与被测电路并联，并应根据电路极性选择交、直流电压表，在测量直流电压时应注意正、负极性。

2. 调用与设置万用表

单击“仪器工具栏”中的万用表按钮，光标指针上就出现万用表的图标，移动光标到电路编辑区合适的位置单击，即可放入万用表。万用表图标和设置如图 A－14 所示。

3. 调用与设置函数发生器

单击“仪器工具栏”中的函数发生器按钮，光标指针上就出现函数发生器的图标，移动光标到电路编辑区合适的位置单击，即可放入函数发生器。函数发生器图标和设置如图 A－15 所示。

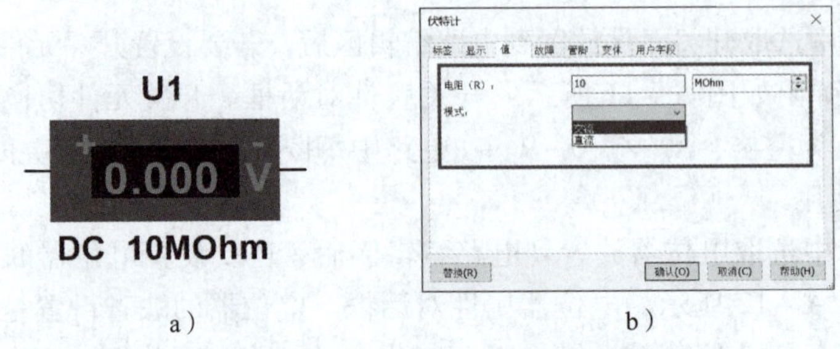

a）　　　　　　　　b）

图 A－13　电压表图标和设置

a）电压表图标　b）电压表设置

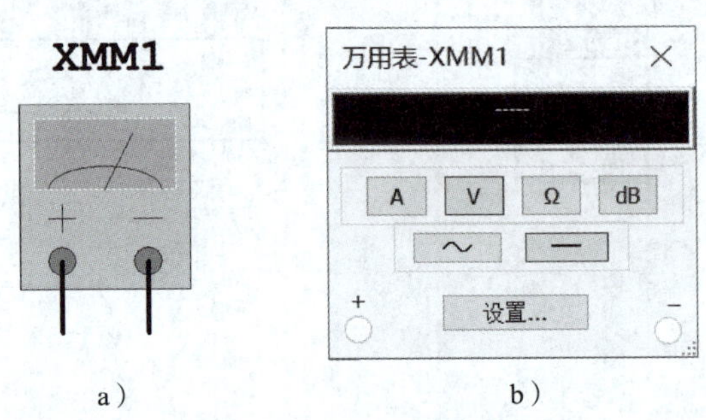

a）　　　　　　　　b）

图 A－14　万用表图标和设置

a）万用表图标　b）万用表设置

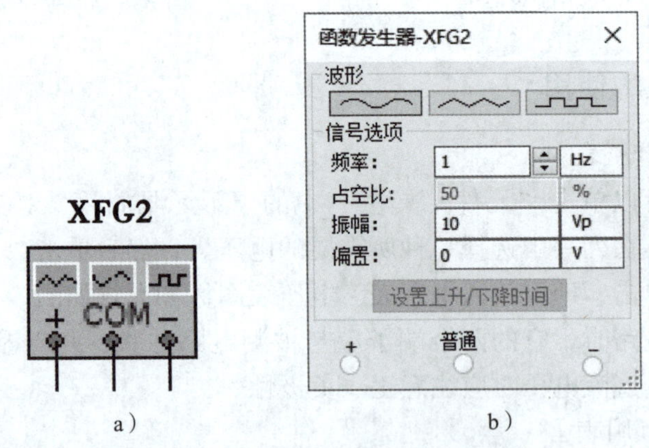

a）　　　　　　　　b）

图 A－15　函数发生器图标和设置

a）函数发生器图标　b）函数发生器设置

4. 调用与设置示波器

单击“仪器工具栏”中的示波器按钮，光标指针上就出现示波器的图标，移动光标到电路编辑区合适的位置单击，即可放入示波器。示波器图标和设置如图 A－16 所示。

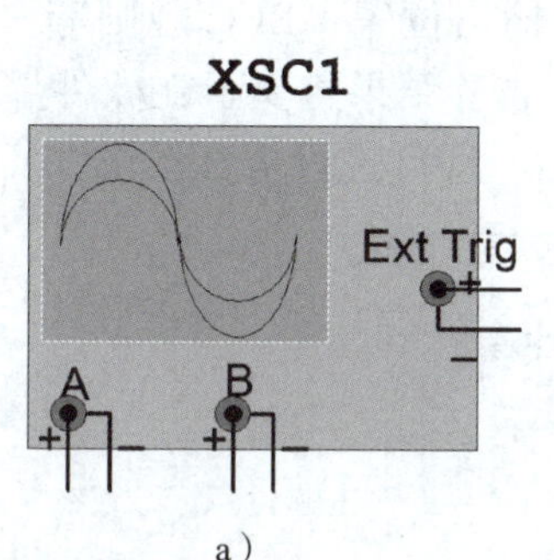

a）

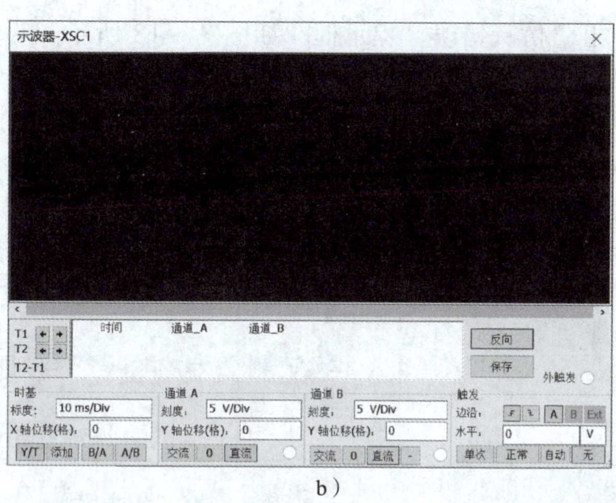

b）

图 A－16　示波器图标和设置

a）示波器图标　b）示波器设置

5. 调用与设置逻辑变换器

单击“仪器工具栏”中的逻辑变换器按钮，光标指针上就出现逻辑变换器的图标，移动光标到电路编辑区合适的位置单击，即可放入逻辑变换器。逻辑变换器图标如图 A－17a 所示，端子 A～H 为逻辑变量输入端，端子 OUT 为逻辑变量输出端。

双击逻辑转变换器图标，弹出其工作界面，如图 A－17b 所示。

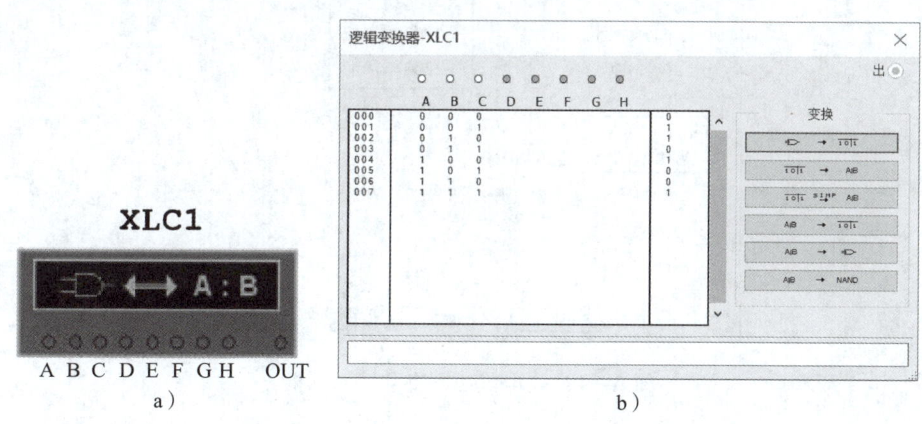

a）　b）

图 A－17　逻辑变换器图标和工作界面

a）逻辑变换器图标　b）逻辑变换器工作界面

五、仿真

电路设计、连接完成后，最后一个环节就是进行仿真操作，通常分两步进行。

1. 电气法则查验

当完成导线连接后，如果电路设计或连接存在电气错误，直接进行仿真操作，系统会自动弹出“仿真错误”提示框，如图 A－18 所示。为避免在仿真运行过程中出现此类错误，可以先进行电气法则查验操作。

单击“工具”菜单中的“电气法则查验”命令，弹出“电气法则查验”对话框，如图 A－19 所示，在该对话框中可以设置作用域、查验结果输出位置、ERC 规则等。ERC 电气法则查验可以分析出未连接的管脚或导线连接错误等，查验结果将显示在软件界面正下方的“电子表格视图”中，根据查验提示，把错误清除后，即可进行仿真操作。

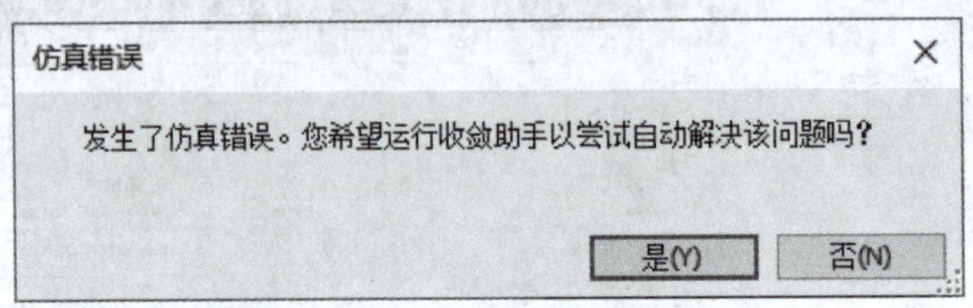

图 A－18 “仿真错误”提示框

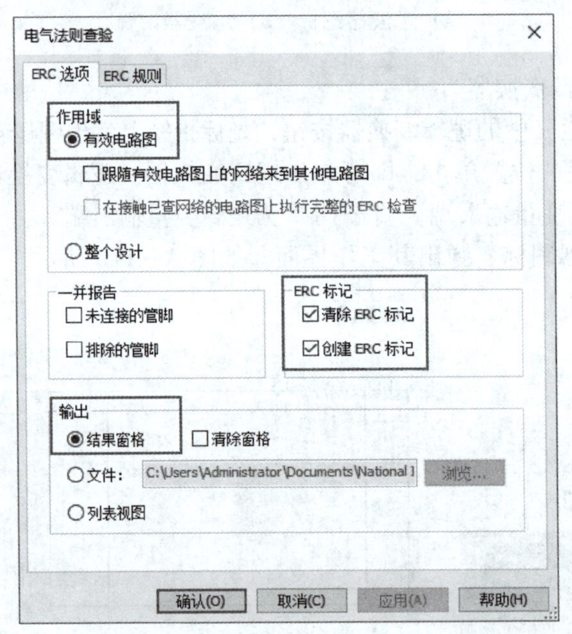

图 A－19 “电气法则查验”对话框

2. 仿真操作

仿真工具栏中有“运行”“停止”“暂停”和“交互仿真”等按钮。

电路连接完成后，单击“仿真工具栏”中的“运行”按钮或按快捷键【F5】进行仿真，如图 A－20 所示。在仿真过程中，单击“暂停”或“停止”按钮，即可暂停或停止仿真操作。

图 A－20 仿真工具栏

单击“仿真”菜单中的“Analyses and Simulation”命令，弹出“Analyses and Simulation”对话框，如图 A－21 所示，可以进行交互仿真的有关设置，然后单击“Run”按钮运行，即可观察电路运行状况。在该对话框中，还可以设置交流分析、瞬态分析等参数。

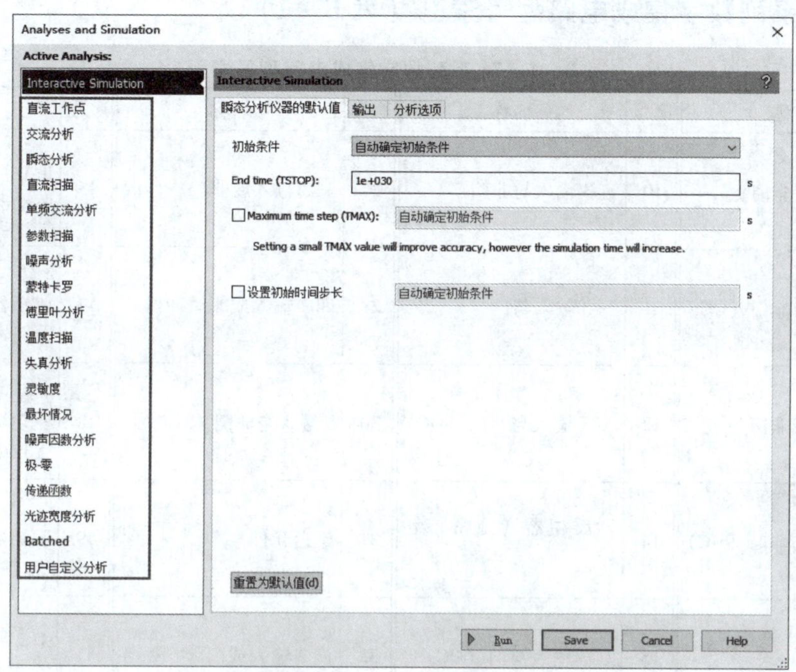

图 A－21 “Analyses and Simulation”对话框

附录 B　部分数字集成电路型号索引

一、74 系列数字集成电路型号索引（表 B－1）

表 B－1　74 系列数字集成电路型号索引

序号	名称	序号	名称	序号	名称	序号	名称
00	四 2 输入与非门	10	三 3 输入与非门	27	三 3 输入或非门	45	BCD－十进制译码器/驱动器（OC）
01	四 2 输入与非门（OC）	11	三 3 输入与门	28	四 2 输入或非缓冲器	47	4 线－七段译码器/驱动器（BCD 输入，开路输出，15 V）
02	四 2 输入或非门	12	三 3 输入与非门（OC）	30	8 输入与非门	48	4 线－七段译码器/驱动器（BCD 输入，上拉电阻）
03	四 2 输入与非门（OC）	14	六反相器（施密特触发）	31	延迟元件	49	4 线－七段译码器/驱动器（BCD 输入，OC 输出）
04	六反相器	15	三 3 输入与门（OC）	32	四 2 输入或门	51	双 2 路 2－2（3）输入与或非门
05	六反相器（OC）	17	六高压输出缓冲器/驱动器（OC）	33	四 2 输入或非缓冲器（OC）	52	4 路 2－3－2－2 输入与或门（可扩展）
06	六反相缓冲器/驱动器（OC）	20	双 4 输入与非门	37	四 2 输入与非缓冲器	53	4 路 2－2－2（3）－2 输入与或非门（可扩展）
07	六缓冲器/驱动器（OC）	21	双 4 输入与门	38	四 2 输入或非缓冲器（OC）	54	4 路 2－2（3）－2（3）－2 输入与或非门
08	四 2 输入与门	22	双 4 输入与非门（OC）	40	双 4 输入与非缓冲器	55	2 路 4－4 输入与或非门（可扩展）
09	四 2 输入与门（OC）	26	四 2 输入高压输出与非缓冲器（OC）	42	4 线－10 线译码器（BCD 输入）	58	2 路 2－2 输入，2 路 3－3 输入与或门

续表

序号	名称	序号	名称	序号	名称	序号	名称
61	三3输入与扩展器	76	双JK触发器（有预置和清除）	97	同步6位二进制（比例系数）乘法器	124	双压控振荡器（有允许功能）
62	4路2-3-3-2输入与或扩展器	78	双主从JK触发器（有预置、公共清除和公共时钟）	98	4位数据选择器/存储寄存器	125	四总线缓冲器（三态输出）
63	六电流读出接口门	83	4位二进制全加器（带快速进位）	102	与门输入下降沿JK触发器（有预置和清除）	126	四3总线缓冲器
64	4路4-2-3-2输入与或非门	85	4位数值比较器	106	双下降沿JK触发器（有预置和清除）	131	3线-8线译码器/多路分配器（有地址寄存）
65	4路4-2-3-2输入与或非门（OC）	86	四2输入异或门	107	双主从JK触发器（有清除）	132	四2输入与非门（有施密特触发）
68	双4位十进制计数器	87	4位正/反码、0/1电路	108	双下降沿JK触发器（公共清除，公共时钟，有预置）	133	13输入与非门
69	双4位二进制计数器	90	十进制计数器	109	双上升沿JK触发器（有预置和清除）	135	四异或/异或非门
70	与门输入上升沿JK触发器（有预置和清除）	91	8位移位寄存器	112	双下降沿JK触发器（有预置和清除）	136	四2输入异或门（OC）
72	与门输入主从JK触发器（有预置和清除）	92	十二分频计数器	113	双下降沿JK触发器（有预置）	137	3线-8线译码器/多路分配器（有地址锁存）
73	双JK触发器（有清除）	93	4位二进制计数器	114	双下降沿JK触发器（有预置、公共清除、公共时钟）	138	3线-8线译码器/多路分配器
74	双上升沿D触发器（有预置和清除）	95	4位移位寄存器（并行存取，左移/右移，串联输入）	122	可重触发单稳态触发器（有清除）	139	双2线-4线译码器/多路分配器
75	4位双稳态锁存器	96	5位移位寄存器	123	双可重触发单稳态触发器（有正、负输入，直接清除）	140	双4输入与非线驱动器（线阻抗为50Ω）

续表

序号	名称	序号	名称	序号	名称	序号	名称
145	BCD－十进制译码器/驱动器（驱动灯、继电器、MOS）	161	4位二进制同步可预置计数器（异步清除）	181	四位算术逻辑单元/函数发生器	219	64位随机存储器（三态）
147	10线－4线优先编码器	162	4位十进制同步计数器（同步清除）	182	超前进位产生器	221	双单稳态触发器
148	8线－3线优先编码器	163	4位二进制同步可预置计数器（同步清除）	183	双进位保留全加器	225	异步先入先出存储器（16×15）
151	8选1数据选择器/多路转换器（原、反码输出）	164	8位移位寄存器（串行输入，并行输出，异步清除）	189	64位随机存取存储器（三态，反码）	231	八缓冲器/线驱动器（三态）
152	8选1数据选择器/多路转换器（反码输出）	165	8位移位寄存器（并联置数，互补输出）	190	4位十进制可预置同步加/减计数器	237	3线－8线译码器/多路分配器（地址锁存）
153	双4线－1线数据选择器/多路转换器	166	8位移位寄存器（并/串行输入，串行输出）	191	4位二进制可预置同步加/减计数器	238	3线－8线译码器/多路分配器
154	4线－16线译码器/多路转换器	169	4位二进制可预置加/减同步计数器	192	4位十进制可预置同步加/减计数器（双进钟、有清除）	239	双2线－4线译码器/多路分配器
155	双2线－4线译码器/多路分配器（图腾柱输出）	170	4×4寄存器阵（OC）	193	4位二进制可预置同步加/减计数器（双进钟、有清除）	240	八反相缓冲器/线驱动器/线接收器（三态）
156	双2线－4线译码器/多路分配器（OC输出）	171	四D触发器（有清除）	194	4位双向通用移位寄存器（并行存取）	241	八缓冲器/线驱动器/线接收器（三态）
157	双2选1数据选择器/多路转换器（原码输出）	173	4位D型寄存器（三态，Q端输出）	195	4位移位寄存器（JK输入，并行存取）	242	四总线收发器（反相，三态）
158	双2选1数据选择/多路转换器（反码输出）	174	六上升沿D型触发器（Q端输出，公共清除）	197	可预置二进制计数器/锁存器	243	四总线收发器（三态）
160	4位十进制同步可预置计数器（异步清除）	175	四上升沿D型触发器（互补输出，公共清除）	215	1024×1随机存取存储器（片选端E简化扩展，三态）	244	八缓冲器/线驱动器/线接收器（三态）

续表

序号	名称	序号	名称	序号	名称	序号	名称
245	八双向总线发送器/接线器（三态）	264	超前进位发生器	294	可编程分频/数字定时器（最大 2^{15}）	355	8 选 1 数据选择器/多路转换器/透明寄存器（OC）
247	4 线 – 七段译码器/高压驱动器（BCD 输入，OC，15 V）	266	四 2 输入异或非门（OC）	295	4 位双向通用移位/存储寄存器	356	8 选 1 数据选择器/多路转换器/边沿触发寄存器（三态）
248	4 线 – 七段译码器/驱动器（BCD 输入，上拉输出）	269	8 位加/减计数器	297	数字锁相环滤波器	363	八 D 型透明锁存器和边沿触发器（三态，公共控制）
250	16 选 1 数据选择器/多路转换器（三态）	273	八 D 型触发器	298	四 2 输入多路转换器（有存储）	365	六总线驱动器（同相，三态，公共控制）
251	8 选 1 数据选择器/多路转换器（三态，原、反码输出）	275	7 位位片华莱士树乘法器（输出可控）	299	8 位双向通用移位/存储寄存器	366	六总线驱动器（反相，三态，公共控制）
253	双 4 选 1 数据选择器/多路转换器（三态）	279	四 RS 锁存器	322	8 位移位寄存器（有信号扩展，三态）	367	六总线驱动器（三态，两组控制）
256	8 位寻址锁存器	280	9 位奇偶产生器/校验位	323	8 位双向移位/存储寄存器（三态）	368	六总线驱动器（反相，三态，两组控制）
257	四 2 选 1 数据选择器/多路转换器（三态）	283	4 位二进制超前进位全加器	348	8 线 – 3 线优先编码器（三态）	373	八 D 型锁存器（三态，公共控制）
258	四 2 选 1 数据选择器/多路转换器（三态，反相）	286	9 位奇偶发生器/校验器（有总线驱动、奇偶 I/O 接口）	350	4 位移位器（三态）	374	八 D 型锁存器（三态，公共控制，公共时钟）
259	8 位寻址锁存器	290	十进制计数器（÷2，÷5）	352	双 4 选 1 数据选择器/多路转换器（反码输出）	375	4 位 D 型（双稳态）锁存器
260	双 5 输入或非门	292	可编程分频/数字定时器（最大 2^{31}）	353	双 4 选 1 数据选择器/多路转换器（反码，三态）	377	八 D 型触发器（Q 端输出，公共允许，公共时钟）
261	2 位 ×4 位并行二进制乘法器（锁存器输出）	293	四位二进制计数器（÷2，÷8）	354	8 选 1 数据选择器/多路转换器/透明寄存器（三态）	378	六 D 型触发器（Q 端输出，公共允许，公共时钟）

续表

序号	名称	序号	名称	序号	名称	序号	名称
379	四D型触发器（互补输出，公共允许，公共时钟）	422	双重触发单稳态多谐振荡器（双端输出）	518	8位恒等比较器（OC）	544	八接收发送双向锁存器（三态，反码输出）
381	4位算术逻辑单元/函数发生器（8个功能）	436	线驱动器/存储器驱动电路－MOS存储器接口电路	520	8位恒等比较器（反码），输入上拉电阻	561	4位二进制同步计数器（三态，同步或异步清零）
382	4位算术逻辑单元/函数发生器（脉动进位，溢出输出）	440	四总线收发器（OC，三方向传输，同相）	521	8位恒等比较器（反码）	563	八D型透明锁存器（反相输出，三态）
384	8位×1位补码乘法器	442	四总线收发器（三态，三方向传输，同相）	527	熔断型可编程8位恒等比较器和4位比较器（反相输出）	564	八D型上升沿触发器（反相输出，三态）
386	四2输入异或门	443	四总线收发器（三态，三方向传输，反相）	528	熔断型可编程12位恒等比较器	568	4位十进制同步加/减计数器（三态）
390	双二－五－十进制计数器	444	四总线收发器（三态，三方向传输，反相和同相）	533	八D型透明锁存器	569	4位二进制同步加/减计数器
393	双4位二进制计数器（异步清除）	445	BCD－十进制译码器/驱动器（OC）	534	八D型上升沿触发器（三态，反相）	573	八D型透明锁存器
395	4位可级联移位寄存器（三态，并行存取）	447	BCD－七段译码器/驱动器（OC）	537	4线－10线译码器/多路分配器	574	八D型上升沿触发器（三态）
396	八进制存储寄存器	465	八缓冲器（三态，原码）	539	双2线－4线译码器/多路分配器（三态）	575	八D型上升沿触发器（三态，有清除）
398	四2输入多路转换器（倍乘器）（有存储，互补输出）	466	八缓冲器（三态，反码）	540	八缓冲器/驱动器（三态，反相）	576	八D型上升沿触发器（三态，反相）
399	四2输入多路转换器（倍乘器）（有存储）	467	双四缓冲器（三态，原码）	541	八缓冲器/驱动器（三态）	577	八D型上升沿触发器（三态，反相，有清除）
402	扩展循环冗余校验产生器/检测器	468	双四缓冲器（三态，反码）	543	八接收发送双向锁存器（三态，原码输出）	580	八D型透明锁存器（三态，反相输出）

续表

序号	名称	序号	名称	序号	名称	序号	名称
583	4 位 BCD 加法器	603	存储器刷新控制器（64KB）	629	双压控振荡器（有允许，反相输出）	645	八总线收发器（三态，原码）
589	8 位移位寄存器（有输入锁存，三态）	604	八 2 输入多路复用寄存器（三态）	630	16 位误差检测及校正电路（三态）	646	八双向总线收发器和寄存器（三态，原码）
590	8 位二进制计数器（有输出寄存器，三态）	606	八 2 输入多路复用寄存器（三态，消除脉冲尖峰）	631	16 位误差检测及校正电路（OC）	647	八双向总线收发器和寄存器（OC，原码）
591	8 位二进制计数器（有输出寄存器，OC）	612	存储器映像器（三态映像输出）	632	32 位并行误差检测及校正电路（三态）	648	八双向总线收发器和寄存器（三态，反码）
592	8 位二进制计数器（有输出寄存器）	620	八总线收发器（三态，反相）	637	8 位并行误差检测及校正电路（OC）	649	八双向总线收发器和寄存器（OC，反码）
593	8 位二进制计数器（有输出寄存器，并行三态输入/输出）	621	八总线收发器（OC）	638	八总线收发器（双向，三态，互补）	651	八双向总线收发器和寄存器（三态，反码）
594	8 位移位寄存器（有输出锁存）	622	八总线收发器（OC，反相）	639	八总线收发器（双向，三态）	652	八双向总线收发器和寄存器（三态，原码）
595	8 位移位寄存器（有输出锁存，三态）	623	八总线收发器（三态）	640	八总线收发器（三态，反码）	653	八总线收发器/寄存器（三态，反向）
596	8 位移位寄存器（有输出锁存，OC）	624	压控振荡器（有允许，互补输出）	641	八总线收发器（OC，原码）	654	八总线收发器/寄存器（正向三态，反向 OC）
597	8 位移位寄存器（有输入锁存）	626	双压控振荡器（有允许，互补输出）	642	八总线收发器（OC，反码）	656	八缓冲器/线驱动器（有奇偶，同相，三态）
598	8 位移位寄存器（有输入锁存，并行三态输入/输出）	627	双压控振荡器（反相输出）	643	八总线收发器（三态，原、反码）	657	八双向收发器（8 位奇偶产生/检测，三态输出）
601	存储器刷新控制器（64KB）	628	压控振荡器（有允许，互补输出，外接电阻 R_r）	644	八总线收发器（OC，原、反码）	659	八总线收发器（有奇偶，三态）

续表

序号	名称	序号	名称	序号	名称	序号	名称
666	8位D型透明重复锁存器（三态）	679	12位-4位地址比较器（有允许）	757	双四缓冲器/线驱动器/线接收器（OC，原码）	825	8位并联寄存器（正沿D触发器，同相输出）
667	8位D型透明重复锁存器（三态，反相）	680	12位-4位地址比较器（有锁存）	758	四路总线收发器（OC，反码）	827	10位缓冲器/线驱动器（三态，同相输出）
669	4位二进制可预置加/减同步计数器	681	4位并行二进制累加器	760	双四缓冲器/线驱动器/线接收器（OC，原码）	828	10位缓冲器/线驱动器（三态，反相输出）
670	4×4寄存器阵（三态）	682	双8位数值比较器（上拉）	763	双四缓冲器/线驱动器（OC，反码）	832	六2输入或驱动器
671	4位通用移位寄存器/锁存器（三态，直接清除）	684	双8位数值比较器	804	六2输入与非驱动器	841	10位并行透明锁存器（三态，同相）
672	4位通用移位寄存器/锁存器（三态，同步清除）	685	双8位数值比较器（OC）	805	六2输入或非驱动器	842	10位并行透明锁存器（三态，反相）
673	16位移位寄存器（串入，串/并出，三态）	688	双8位数值比较器（有允许）	808	六2输入与驱动器	843	9位并行透明锁存器（三态，同相）
674	16位移位寄存器（并/串入，串出，三态）	693	二进制同步计数器（有输出寄存器，三态，同步清除）	810	四2输入异或非门	844	9位并行透明锁存器（三态，反相）
675	16位移位寄存器（串入，串/并出）	696	十进制同步加/减计数器（有输出寄存器，三态，直接清除）	821	10位总线接口触发器（三态）	845	8位并行透明锁存器（三态，同相）
676	16位移位寄存器（串/并入，串出）	697	二进制同步加/减计数器（有输出寄存器，三态，直接清除）	822	10位总线接口触发器（三态，反码）	851	16选1数据选择器/多路分配器（三态）
677	16位-4位地址比较器（有允许）	699	二进制同步加/减计数器（有输出寄存器，三态，同步清除）	823	9位总线接口触发器（三态）	857	六2选1通用多路转换器（三态）
678	16位-4位地址比较器（有锁存）	756	双四缓冲器/线驱动器/线接收器（OC，反码）	824	9位总线接口触发器（三态，反码）	866	8位数值比较器

续表

序号	名称	序号	名称	序号	名称	序号	名称
867	8位同步加/减计数器（异步清除）	877	8位通用收发器/通道控制器（三态）	1000	四2输入与非缓冲器/驱动器	2640	八总线收发器/MOS驱动器（三态，反码）
869	8位同步加/减计数器（同步清除）	878	双4位D型正沿触发器（三态，同相）	1002	四2输入或非缓冲门	2645	八总线收发器/MOS驱动器（三态，原码）
870	双16×4寄存器阵（三态）	880	双4位D型锁存器（三态，反相）	1003	四2输入与非缓冲门（OC）	3037	四2输入与非30 Ω传输线驱动器
873	双4位D型锁存器（三态）	881	算术逻辑单元/函数发生器	1004	六驱动器（反码）		
874	双4位D型正沿触发器（三态）	882	32位超前进位发生器	1645	八总线收发器（三态，原码）		
876	双4位D型正沿触发器（三态，反相）	885	8位数值比较器	2623	八总线收发器/MOS驱动器（三态）		

二、4000系列数字集成电路型号索引（表B－2）

表B－2　4000系列数字集成电路型号索引

序号	名称	序号	名称	序号	名称	序号	名称
4000	双3输入或非门及反相器	4008	4位二进制超前进位全加器	4013	双上升沿D触发器	4018	可预置N分频计数器
4001	四2输入或非门	4009	六缓冲器/变换器（反相）	4014	8位移位寄存器（串入/并入，串出）	4019	四2选1数据选择器
4002	双4输入正或非门	4010	六缓冲器/变换器（同相）	4015	双4位移位寄存器（串入，并出）	4020	14位同步二进制计数器
4006	18位静态移位寄存器（串入，串出）	4011	四2输入与非门	4016	四双向开关	4021	8位移位寄存器（异步并入，同步串入/串出）
4007	双互补对加反相器	4012	双4输入与非门	4017	十进制计数器/分频器	4022	八计数器/分频器

续表

序号	名称	序号	名称	序号	名称	序号	名称
4023	三 3 输入与非门	4035	4 位移位寄存器（补码输出，并行存取，JK′[①]输入）	4050	六同相缓冲器	4068	8 输入与非/与门
4024	7 位同步二进制计数器（串行）	4038	三级加法器（负逻辑）	4051	模拟多路转换器/分配器（8 选 1 模拟开关）	4069	六反相器
4025	三 3 输入或非门	4040	12 位同步二进制计数器（串行）	4052	模拟多路转换器/分配器（双 4 选 1 模拟开关）	4070	四异或门
4026	十进制计数器/脉冲分配器（七段译码输出）	4041	四原码/反码缓冲器	4053	模拟多路转换器/分配器（三 2 选 1 模拟开关）	4071	四 2 输入或门
4027	双上升沿 JK 触发器	4042	四 D 锁存器	4054	4 段液晶显示驱动器	4072	双 4 输入或门
4028	4 线 – 10 线译码器（BCD 输入）	4043	四 RS 锁存器（三态，或非）	4055	4 线 – 七段译码器（BCD 输入，驱动液晶显示器）	4073	三 3 输入与门
4029	4 位二进制/十进制加/减计数器（有预置）	4044	四 RS 锁存器（三态，与非）	4056	BCD – 七段译码器/驱动器（有选通和锁存）	4075	三 3 输入或门
4030	四异或门	4045	21 级计数器	4059	程控 1/N 计数器（BCD 输入）	4076	四 D 寄存器（三态）
4031	64 位静态移位寄存器	4046	锁相环	4060	14 位同步二进制计数器和振荡器	4077	四异或非门
4032	三级加法器（正逻辑）	4047	非稳态/单稳态多谐振荡器	4063	4 位数值比较器	4078	8 输入或/或非门
4033	十进制计数器/脉冲分配器（七段译码输出，行波消隐）	4048	8 输入多功能门（三态，可扩展）	4066	四双向开关	4081	四 2 输入与门
4034	8 位总线寄存器	4049	六反相器	4067	16 选 1 模拟开关	4082	双 4 输入与门

① “′”代表“非”。

续表

序号	名称	序号	名称	序号	名称	序号	名称
4085	双2–2输入与或非门（带禁止输入）	4504	六TTL/CMOS电平移位器	4522	可预置BCD 1/N计数器	4553	三位数BCD计数器
4086	四路2–2–2–2输入与或非门（可扩展）	4508	双4位锁存器（三态）	4526	二–N–十六进制减计数器	4555	双2线–4线译码器
4089	4位二进制比例乘法器	4510	十进制同步加/减计数器（有预置端）	4527	BCD比例乘法器	4556	双2线–4线译码器（反码输出）
4093	四2输入与非门（有施密特触发器）	4511	BCD–七段译码器/驱动器（锁存输出）	4529	双4通道模拟数据选择器	4558	BCD–七段译码器
4094	8位移位和存储总线寄存器	4512	八通道数据选择器	4530	双5输入多功能逻辑门	4560	BCD全加器
4095	上升沿JK触发器	4513	BCD–七段锁存/译码/驱动器	4531	12输入奇偶校验器/发生器	4562	128位静态移位寄存器
4096	上升沿JK触发器（有J′K′输入端）	4514	4线–16线译码器/多路分配器（有地址锁存）	4532	8线–3线优先编码器	4566	工业时基发生器
4097	双8选1模拟开关	4515	4线–16线译码器/多路分配器（反码输出，有地址锁存）	4536	程控定时器	4568	相位比较器/可编程计数器
4098	双可重触发单稳态触发器（有清除）	4516	4位二进制同步加/减计数器（有预置端）	4538	双精密单稳多谐振荡器（可重置）	4569	双可预置BCD/二进制计数器
4099	8位可寻址锁存器	4518	双十进制同步计数器	4539	双4路数据选择/多路开关	4580	4×4多端寄存器
4502	六反相器/缓冲器（三态，有选通）	4520	双4位二进制同步计数器	4541	程控定时器	4582	超前进位发生器
4503	六缓冲器（三态）	4521	24位分频器	4543	BCD–七段锁存/译码/LCD驱动器	4584	六施密特触发器

续表

序号	名称	序号	名称	序号	名称	序号	名称
4585	4位数值比较器	40104	4位双向移位寄存器（三态）	40147	10线－4线优先编码器（BCD输出）	40175	四上升沿D触发器
4724	8位可寻址锁存器	40105	4位×16字先进先出寄存器（三态）	40160	十进制同步计数器（有预置，异步清除）	40181	四位算术逻辑单元/函数发生器
40100	32位左右移位寄存器	40106	六反相器（有施密特触发器）	40161	4位二进制同步计数器（有预置，异步清除）	40192	BCD可预置可逆计数器（双时钟）
40101	9位奇偶发生器/校验器	40107	双2输入与非缓冲器/驱动器	40162	十进制同步计数器（同步清除）	40193	四位二进制可预置可逆计数器（双时钟）
40102	8位同步BCD减计数器	40109	四低－高电压电平转换器（三态）	40163	4位二进制同步计数器（同步清除）	40257	四2线－1线数据选择器
40103	8位同步二进制减计数器	40110	十进制加/减计数/译码/锁存/驱动器	40174	六上升沿D触发器		